科学与哲学讲演录

〔奥〕恩斯特·马赫 著

庞晓光 李醒民 译

Ernst Mach

POPULAR SCIENTIFIC LECTURES

Translated by Thomas J. McCormack, Open Court Publishing Company,

La Salle Illinois, U. S. A., 1986.

根据1986年开放法庭出版公司英译本译出

恩斯特·马赫(1838～1916)

目　录

作者初版序

《科学与哲学讲演录》由于其预先设定的知识和所处的时期，因而只能提供**少量**的教育。为此意图，它们必须选择容易的题目，并把自身限制在阐明最简单和最基本的要点上。不过，借助内容的恰当选择，它们能够传达研究的**魅力**和**诗意**。只是有必要陈述问题的有吸引力的和迷人的特征，表明通过个别的和不引人注目的要害的解决辐射出的光辉，能够照亮事实的广阔领域。

此外，这样的讲演通过显示科学思维和日常思维实质的同一性，能够施加有利的影响。大众以这种方式丢掉对科学问题的惧怕，获得对科学工作的兴趣，而兴趣对探究者来说大有帮助。这反过来使探究者理解，他的工作只是普通生活过程的一小部分，他的劳动的结果不仅必须增进他自己和他的几个同事的利益，而且也必须增进整个集体的利益。

我真诚地希望，以眼前的出色译文，这些讲演将在已经指明的方向上大有裨益。

E. 马赫

1894 年 12 月于布拉格

英译者第三版说明

这本著作现时的第三版被扩大了，增添一个新讲演——“论伴随射弹飞行的一些现象”。增添到第二版的由下述四篇讲演和文章组成：马赫教授的维也纳就职演说“偶然事件在发明和发现中扮演的角色”，最近提交的、总结一个重要的心理学研究成果的讲演“论取向感觉”，以及论声学和视觉的两篇历史文章（参见附录）。

从 1864 年到 1898 年，这些讲演延续了一个漫长的时期，在风格、内容和意图方面大相径庭。它们最初以合集的形式用英文出版，后来应要求出版了两个德文版本。

由于头五篇讲演的日期在脚注中未给出，因此在这里予以附加。第一篇讲演“论液体的形状”在 1868 年提供，并与在 1872 年提供的“论对称”一起刊印（布拉格）。第二篇讲演和第三篇论声学的讲演首次发表于 1865 年（格拉茨）；第四篇和第五篇论光学的讲演在 1867 年出版（格拉茨）。它们属于马赫教授科学活动的最早时期，与论静电学和教育的讲演一起，将更多地实现在作者序中表达的希冀。

第八、第九、第十、第十一和第十二篇讲演具有较多的哲学特征，主要论述科学探究的方法和本性。在这些讲演概括的观念中，能够发现在刚刚过去的四分之一世纪做出的、对知识论的最重要的贡献。心理学方法中有意义的提示，心理学和物理学中示范的样本研究，也都呈现出来；而在物理学中，许多观念第一次得到讨论，此后在其他人名和作者之下，它们在这个探究领域中变成口号和呐喊。

马赫教授本人读了这本译著的全部校样。

T. J. 麦科马克

伊利诺伊州拉萨勒

恩斯特·马赫和夸克

在三十多年间，我是恩斯特·马赫迷。1948 年春在哈佛，我了解物理学的第一门真正的课程是菲利普·弗兰克(Philipp Frank)讲授的；用爱因斯坦的话来说，弗兰克"像吮吸他们的母亲的乳汁一样汲取了马赫的观点"。弗兰克教授甚至至少有两次机会与马赫亲自交谈。其中一次出现在爱因斯坦 1905 年发明狭义相对论之后的某个时候。我猜想，它必定发生在 1910 年。正如弗兰克教授向我说明的，他受召唤在维也纳看望马赫——他们俩都住在维也纳，弗兰克教授当时是维也纳大学的无公薪物理学讲师——为的是向马赫说明数学家赫尔曼·闵可夫斯基(Hermann Minkowski)最近崭新的、相当彻底的相对论的四维形式化表述。我记得弗兰克教授告诉我，马赫对它不是十分热情。他还告知我，爱因斯坦在研究了闵可夫斯基之后评论道，目前数学家抓住他的理论，而他本人再也无法理解它了。第二次与马赫际遇发生在几年之后，也把爱因斯坦卷入其中，但这次是直接去的。会见的主题与手头的主要论题有关：马赫在他的科学工作生涯的大部分时间为什么否定原子的存在。

只有一部资料完整的马赫传记，就是约翰·T. 布莱克莫尔(John T. Blackmore)撰写的《恩斯特·马赫：他的生平、工作和影响》(*Ernst Mach: His Life, Work and Influence*)。在1916年逝世的马赫没有想要为他写一部传记,他的儿子路德维希(Ludwig)曾经为传记收集了材料,显然在第二次世界大战焚毁了。但是,布莱克莫尔能够访问马赫一些活着的亲属,以及弗兰克教授一代与马赫有某种直接接触的少数人。现在,我认为,马赫甚至不是那些"经常引用但却罕见阅读"的人物之一。在数十年间,人们罕见引用他的言论,几乎从未阅读他的论著,尽管现在有某些迹象表明,对马赫的兴趣正在复活,其中包括Open Court出版社出版的这个新译本。 vi

我们中的大多数人都了解马赫,即便完全是因为马赫数而了解,马赫数比如说是飞机的速率与音速之比。之所以如此命名它,是由于马赫关于超音速射弹的工作。他在1886年勉力完成了拍摄这样的射弹——高速运动的子弹——激起的冲击波。生理学家很可能遇见马赫带,而马赫带与变得阴暗的带有关;例如,如果人们观看白色旋转圆盘和黑色旋转圆盘,就出现马赫带,它比客观的光学现象更加呈现出神经病学的抑制。宇宙学家继续讨论马赫原理,但是就它严格地讲是什么,他们难得能够取得一致,更不用说爱因斯坦的广义相对论和引力理论是否满足它了。但是,他们之中的许多人未必读过马赫的历史争论著作《力学及其发展的批判历史概论》,该书初版于1883年,马赫在书中抨击牛顿力学的基础。爱因斯坦在接近他的生命的终点时写道:这本书"对他产生了深刻而持久的影响"。它有助于把爱因斯坦从牛顿的空间和时间是绝对的观念中解放出来,而且马赫关于加速度的相对性的观念,即与作为马赫原理变得众所周知的东西关联的观念,确实影响了 vii

爱因斯坦,当时他开始思考加速度和引力。

尽管情况可能如此,可是马赫实际上不是一位伟大的物理学家——伟大是与像爱因斯坦、马克斯·普朗克(Max Planck)、路德维希·玻耳兹曼(Ludwig Boltzmann)这样的他的同时代人相比。他甚至难得算是一位数学家。他曾经写道:"[例如]集合论远非我能所及。其理由可以追溯到我年青时数学训练薄弱,不幸的是,我从来没有找到机会改正这一点。"不过,对他所处时代的科学生活和智力生活以及他会见过的人,马赫却具有十分深远的影响。例如,威廉·詹姆斯(William James)1882 年在布拉格遇见马赫,马赫当时在布拉格德语大学教书。在聆听了马赫的讲演后,詹姆斯给妻子写信说:"我不认为,任何人始终会给我如此强烈的纯粹智力天才的印象。他显然无所不读、无所不想,行为举止绝对质朴无华,他容光焕发,笑容可掬,这一切都极其富有魅力。"弗兰克教授肯定认为自己是马赫主义者,他喜欢指出,列宁写了一本完整的书《唯物主义和经验批判主义》,以批驳马赫一类的实证论。列宁对马赫的反对之一似乎是,在物理学的某些状况中,他准备好避开力的概念。

viii 1838 年 2 月 18 日,马赫出生在奥匈帝国摩拉维亚首都布鲁恩附近希尔利茨镇的恩斯特·瓦尔德弗里德·约瑟夫·文策尔(Ernst Waldfried Joseph Wenzel)家里,严格地讲,他不是一个神童。九岁时,他被招收到维也纳近郊的贝内迪克蒂内高级中学。他的成绩相当糟糕,一年后校方请他离开学校。情况好像是,马赫在拉丁语和希腊语语法方面异常低劣。他回忆起,他对"敬畏上帝乃智慧之始"的格言特别难以理解。贝内迪克蒂内神父把它归入

“没有天资”一类——或多或少是没有希望了。幸运的是，马赫的父亲约翰(Johann)作为家庭教师发挥讲授作用，他继续在家里教年青的马赫，偶尔大声诅咒他是“斯堪的纳维亚人的头脑”，或者“格陵兰人的脑袋”。

大约在这个时候，马赫决定，他乐于做一个细木工，并移居美国。两年间，马赫在邻村跟一个细木木匠当学徒，并且在做事情方面养成毕生的天真。他的著作《力学史评》充满古怪的机械图，人们设想，这些图画是由马赫或他的助手绘制的。在十五岁时，他转入高级中学。提到那个时期，他后来写道：“关于社会关系等等，我必定显得是极其不成熟的和孩子气的。除了在这个方向上我才干薄弱外，这在某种程度上可以用下述事实说明：在我开始参与社会交往，特别是与我的同龄人交往之前，我已经十五岁了。……开头，事情进展得并不特别顺利，由于在这些问题上，首先必须把学校学生的伶俐和狡猾学到手，而我缺乏的正是这一点。”

ix

马赫在 1855 年能够进入维也纳大学，1860 年他在那里获取物理学博士学位。于是，在 1861 年，他成为无公薪讲师——弗兰克教授在半个世纪后担任同一不支付薪水的讲课职位。注意到在该大学由马赫和其他人践行的物理学水准，是很有趣的。1942 年，奥地利物理学家克里斯蒂安·多普勒(Christian Doppler)基于理论理由提出变得众所周知的多普勒效应：现在我们熟知这样的事实，例如光波源或声波源向一个人运动时，波的音调或频率就要增加。现在，这对我们来说是如此显而易见——我们通过听汽车喇叭声可以例行地检验它——以至于很难想象，甚至在发明它之后二十年，它曾经是激烈争论的物理学小问题。（顺便说一下，在多普勒移动发明两年后，荷兰气象学家比埃伊斯·巴洛特(Buijs Ballot)在荷兰检验了它。他使装满小号吹奏者的铁路平板货车以各种速率牵引，而把与绝对音调对照的乐师安置在地面上，以便证明他们是否听到频率的任何改变。情况好像是，这样做了两天，确认了多普勒移动。)

马赫自己的教授之一约瑟夫·佩茨瓦尔(Joseph Petzval)甚至宣称，多普勒移动是不可能的，因为它违背佩茨瓦尔所谓的"振动周期守恒定律"。1860年，马赫建造了一个简单的装置，以证明声音的多普勒移动。马赫的仪器大体上是由一个长管构成的，长管可以自由绕中心轴旋转。强迫气流通过长管，使哨子或芦笛在管中发出声音。如果人自身站在管子的旋转平面，多普勒移动就变得明显；如果人自身站在旋转轴上，多普勒移动就会消失。在中欧，这成为教学仪器的一个标准演示。可是，即使在1878年，即马赫到布拉格德语大学赴任后十一年，多普勒移动依然是争论的主题。那年冬天，马赫说服一群学生和教授坐在山坡上，俯瞰火车轨道，聆听奔驰的火车的汽笛声。过后，他们签署文件，为他们听见的东西作证。

的确，这一切没有一个是伟大的物理学，连十分重要的物理学都不是。马赫的真正重要性在于，他对他所处时代的物理学中已被接受的许多智慧采取怀疑态度，这种怀疑态度与他极其明晰地就这样的问题写作和讲演的能力结合一起。当这种怀疑论用于原子理论时，尽管在其起源上肯定是有理由的，但最终却使马赫在某种程度上狂暴起来——情况确实如此，我将力图厘清这一点。在指出马赫如何陷入怀疑原子之前，值得简要叙述一下19世纪中期原子假设所处的状况。第一件事大体是清楚的,原子假设真确是假设。没有一个人看见原子;确实,各种证据使物理学家和化学家深信,原子即使存在,它们也仅仅具有大约 10^{-8} 厘米难以置信的尺寸——我们相信这大致是典型的原子的大小。事实上,当时实际上有两类原子,即物理学家的原子和化学家的原子,19 世纪中期大多数物理学家和化学家相信,这两类原子是不同的。牛顿在他的《原理》中就宣称自己是原子论者,当时他写道:"整体的广延、坚硬性、不可穿透性、可动性和惯性,来源于部分的广延、坚硬性、不可穿透性、可动性和惯性。"所谓的"部分",他意指不可分的原子。这种关于物质的概念,尤其是关于气体的概念,被牛顿的同代人、更年轻的丹尼尔·伯努利(Daniel Bernoulli)用来说明气体如何施加压力,即不可见的气体粒子随机碰撞气体容器的器壁。特别是在 19 世纪伊始,由于约翰·道尔顿(John Dalton)的工作,化学家对利用原子假设说明在化学反应中观察到的某些规则性颇感兴趣:例如,当碳和氧化合时,它们总是以确定的重量比如此进行,以至于如果我们认为单个碳原子和氧原子或分子相互勾连,就能说明该事实。在这个图像中,原子的实际大小和质量是不相关的;爱因斯坦在《自述》中讨论马赫的观点时提及这一点:"在化学中只有原子质量比起作用,不是它们的绝对大小起作用,以致[对化学家来说],与其能够把原子理论看做是关于物质实际结构的知识,还不如看做是形象化的符号。" xii

为了在维也纳大学谋生,马赫给医学学生做物理学讲演。这些讲演在 1863 年以书名《医学学生物理学纲要》出版。几年后,他描述了所发生的事情:"在 1862 年,我为医学人拟定了物理学纲要，因为我在纲要中力图寻求某种哲学满足，所以我严格实施力学的原子理论。这项工作首次使我意识到这个理论的不充分性，并在这本书的序言和结语中明确表达出来，我在那里讲到，我们关于物理学基础的观点要全面变革。”

在他的《纲要》中，马赫把原子假设看做是给予的，并借助原子假设尝试给物理学几个分支以统一的说明。他陷入烦恼——或多或少隐藏在他心底的烦恼——尤其是当他用经典原子理论力图说明灼热气体放出的光的谱线即光的分立的颜色时。关于这项工作，他后来写道：“我用力学说明化学谱线的尝试以及理论与实验的分歧增强了我的下述观点：我们不必在三维空间中向我们自己描述化学元素。然而，我没有冒险在正统的物理学家面前直言不讳地谈论这种观点。”事实上，马赫在量子论发明前并未祈祷说明线光谱。尼耳斯·玻尔(Niels Bohr)的工作是在五十年后的1913年完成的，它至少就简单元素谱线的许多特征提供了一种说明。严格地讲，对于马赫通过放弃原子的三维意指什么，我没有把握，但是我确信，它与现代量子论毫无关系；在量子论中，借助波函数讨论原子的大小和形状，而波函数一般地不是三维函数。

xiv

1863年后，马赫由于生理学和心理学工作，或多或少放弃了原先的物理学研究，虽然他继续思考和撰写物理学的哲学和历史的基础，他还完成了引起爱因斯坦及其同代人注意的多部著作。在这些问题上通常就是这样，在马赫和这些新一代的物理学家之间几乎不可避免地存在智力碰撞，在他们之中有爱因斯坦、玻耳兹曼、马克斯·普朗克。这些人开始极其认真地采纳原子假设作为他们的统计力学工作的必不可少的基础。在1895年，马赫重返维也纳大学,但却处在哲学教授职位。是年前,校方把物理学教授职位授予玻耳兹曼,于是这个舞台对智力冲突来说是布景。从玻耳兹曼提议给一些哲学家所作的讲演的标题,大体可以估量出他的情绪和才智,即"证明叔本华是一个堕落的、无思想的、无知识的、胡说乱写的哲学家,他的理解纯粹由空洞的语词垃圾组成"。(我感谢我的同行约翰·贝尔(John Bell)引起我注意这篇精彩的讲演。它能够在玻耳兹曼选集的英译本中找到。)玻耳兹曼写道:"我曾经与一群院士就原子理论的价值进行热烈的辩论,其中包括科学院本身席位右边的枢密官马赫教授。……马赫从人群中突然发出响亮的声音,简洁地说:'我不相信原子存在。'这句话萦绕在我的脑际。"

在像这样的争论中,马赫喜欢问:"你看见原子了吗?"——这是一个有趣的、不完全琐细的问题。有时听说,六十二岁的玻耳兹曼在1906年自杀,是因马赫批评他的统计力学工作和使用原子假设引起的。弗兰克教授认为,这是一派胡言;弗兰克认识玻耳兹曼,他常常告诉我,玻耳兹曼是他以往所知的在数学上最强的杰出理论物理学家。弗兰克写道:"据说,玻耳兹曼对物理学家拒绝原子理论——这导致马赫攻击原子理论——感到如此绝望,以致他夺去自己的生命。事实上,这几乎不可能是真的,由于从哲学上讲,玻耳兹曼本人宁可说是马赫的追随者。玻耳兹曼曾经对我说过:'你看,如果我说原子模型仅仅是图像,对我而言那就没有造成任何差异。我对此并不介意。我不要求它们具有绝对真实的存在。……马赫说'经济的描述'。也许原子就是经济的描述。这并没有伤害我很多。从物理学家的观点看,这并没有造成差别。'"到 xv

玻耳兹曼生命的末期，他受到反复阵发的沮丧折磨，几乎完全失明，遭到难以忍受的头痛；当他变得确信他无法再工作时，他了结了他的生命。

马赫与爱因斯坦的关系相当复杂。从所有的报道看，爱因斯坦作为一个令人信服的马赫的实证论者，开始他的生涯。爱因斯坦对空间和时间的分析是由时钟和量尺的操作定义的，他在他的1905年的狭义相对论论文中提出这种分析；乍看起来，他的分析似乎是马赫的实证论的典型运用。但是，当人们更为仔细地考察事情时，就开始感到惊讶。相对论论文的时钟和量尺是高度理想化的。它们像是时钟和量尺，但是没有实际的时钟和量尺严格地与它们相似。在后来的岁月，爱因斯坦讲出这样一个事实，即这些时钟和量尺本身不是作为运动的原子组态处理的，而宁可说是作为假设的基本实体处理的；这个事实是一个"罪过"，人们有义务"在该理论的后继阶段消除"它。人们感到惊奇，马赫是否很快理解非马赫的爱因斯坦的分析实际上恰恰是怎么样的。无论如何，他确实必须理解，爱因斯坦在1905年这个"奇迹年"的其他论文被认为是原子"存在"的重要证据。这就是爱因斯坦关于现今众所周 xvi 知的布朗运动——依照19世纪苏格兰植物学家罗伯特·布朗(Robert Brown)的名字命名——的论文。布朗观察到，当显微镜下的花粉颗粒在水中悬浮时，它看来好像以颤抖的无规则的方式无限期地向四周舞动。爱因斯坦把这解释为这些物体受到不可见的水分子不断撞击的结果，而且更为重要的是，他能够就悬浮粒子的"无规则步态"的本性做出定量的预言，该预言不久在实验上被证实。这使许多怀疑者深信，原子确实存在，但是它未能使马赫信服。就他而论,没有一个人看见原子。

马赫与爱因斯坦之间首次接触好像是在1909年。马赫在1909年撰写的关于能量守恒的著作第二版附加了一个注,他在其中说:"既然是那样,我赞成相对性原理。"事实上,他把该书寄给爱因斯坦,爱因斯坦在他的回信中感激地提到他自己是"您的忠诚的学生"。大约在1912年某个时候——弗兰克记得是1913年,但是年份似乎不是一致的——在维也纳安排了马赫和爱因斯坦的一次会见。很可能是弗兰克教授安排这次会见的,因为他认识二人。马赫在1898年突然中风,他的右半身永久地瘫痪了,但是依旧继续工作,甚至借助他的儿子路德维希做实验室科学。弗兰克写道:"在维也纳大学,马赫就'归纳'科学的历史和理论作讲演。……不过,十二年多[在这次会见之前]的时间,马赫经受了严重的偏瘫折磨,并从他的岗位退休。他住在维也纳郊区的一套房子,全神贯注地从事他的研究,偶尔接待来访者。进入他的房间,人们看见一个蓄着蓬乱络腮胡子的人;这个人面庞显得部分温厚、部分狡黠,看起来像一个斯拉夫农民。他说:'请大声对我讲话。除了我的其他令人不快的特征外,我几乎全聋了。'"在这次会见时,马赫年逾七旬,爱因斯坦恰恰三十出头,而弗兰克教授不久前才二十岁。 xvii

谈话涉及原子。爱因斯坦试图说服马赫在下述基础上接受原子假设:用原子假设,能够预言气体的性质;没有原子理论,就无法预言。他争辩说,这样的预言可能要求冗长计算的事实,并不意味这个理论不是"经济的"。马赫的立场始终是,理论仅仅是观察事实的经济描述。按照弗兰克教授的看法,马赫似乎愿意承认,这样的理论在逻辑的意义上也许是经济的;弗兰克教授的感觉是,这是一次心智的会战。即便情况如此，也没有长时间持续下去。在马赫于1916年2月19日逝世后，他的儿子路德维希在他父亲的论文中发现下述段落："我不认为牛顿原理是完备的和完美的；可是在我晚年，我不能接受相对论，正像我不能接受原子的存在和其他xviii这样的教条一样。"爱因斯坦写了一篇悼念马赫的悼词，他在其中注意到："可以说，甚至那些自命为马赫的反对者的人，几乎不知道他们曾经像吮吸他们的母亲的乳汁一样汲取了马赫的多少观点。"但是，在1912年巴黎的一次讲演中，当爱因斯坦谈到马赫是"一位卓越的力学家"(un bon mécanicien)，但却是"蹩脚的哲学家"(déplorable philosophe)时，他任由他的真情实感流露出来。

对这一切有两个脚注。第一个是，在1903年，玻耳兹曼的一位助手斯特凡·迈尔(Stefan Meyer)发明了叫做闪烁镜的仪器。当这个器械受到α粒子撞击时，它就产生闪烁。α粒子是氦核；当像铀这样的某些重核自发衰减时，便放射出α粒子。因此，α粒子是剥离其电子的氦原子，从而人们能够坚持认为，这个探测器是对单个氦原子的响应。根据几个消息来源，向马赫展示过这个器械；按照迈尔的说法，他向马赫演示它，当时马赫宣布："现在，我相信原子的存在。"天知道马赫实际上对斯特凡·迈尔说了什么话，但是在紧接着的十三年间，他以毫不含糊的方式就原子的实在——或者原子的非实在——表达了他的观点。例如，在1910年，即在这次所声称的态度转变后数年，马赫写道："倘若人们不如此匆忙地把原子当做实在看待的话，那么原子理论的结果恰好能够是多样的和有用的。因此，一切荣誉归于物理学家的信念！然而，我本人不能使我自己拥有这个特殊的信念。"还有什么比这更清楚呢？

最后的脚注与本文的标题"恩斯特·马赫与夸克"有关。在某 xix 种意义上，夸克是现代物理学家的原子。夸克是所谓的"基本粒子"由以构成的假设性的组分。例如，中子、质子都是由三个各种类型的夸克组成。人们可能问，在这里"组成"一词意味着什么。在旧式的核物理学中，当人们说核是由中子和质子组成时，人们意指的东西是，如果人们足够猛烈地重击核，中子和质子就显露出来，就像豆子从豆子袋里出来一样。假若流行的观点是正确的，其时人们便说质子由三个夸克组成时，但是这并不是意指的东西。假如这些观点是对的，那么即使大力捶击质子，也不会显露三个裸夸克。它将仅仅显露新粒子，而新粒子本身还是由夸克构成。无论如何，在许多实验中，质子等等的行为**仿佛**它们是由三个分立的夸克构成。一般说来，现代物理学家不是很有哲学修养的，以致我没有听见类似玻耳兹曼与马赫的关于夸克是否存在的争论。我猜测，只要该理论继续在使用，它将持续存在。就找到马赫"你看见原子了吗?"这个疑问的肯定答案而言，不管好坏，我们会长期停留在困扰中。

杰里米·伯恩斯坦(Jeremy Bernstein)

一　液体的形状

亲爱的游叙弗伦，你是如何看待神圣（the holy）、正义（the just）和善（the good）呢？神圣是因为神（the gods）喜爱它才是神圣的呢，还是因为神喜爱神圣神才是神圣的呢？由于这样容易的问题，智者苏格拉底着实使雅典的交流场所变得危险起来，而且他通过向自以为是的青年政治家表明，他们的观念是多么混乱不堪、含糊其辞和自相矛盾，使他们解除想象的知识的重负。

你们了解这个纠缠不休的询问者的命运。所谓的有教养的上流社会在散步场所躲避他。只有无知者与他相伴。于是，他最终喝下一杯毒芹酒——我们时常希冀的遭际总是降临在打上苏格拉底印记的近代批评者身上。

不管怎样，我们从苏格拉底那里学到的东西——我们从他那里继承的遗产——是科学的批判。每一个忙于科学工作的人都认识到，他从日常生活中随身带来的概念多么不稳定和不确定，并且通过对事物的缜密考察，辨别旧差异如何消除，新分歧如何引进。科学史充满这种观念不断变化、发展、澄清的例子。

但是，当我们考虑对观念涨落特征的这种一般思考应用于几乎每一个生活概念时，我们也不要因此而踯躅不前，它会变成真正令人不安的来源。我们宁愿通过物理实例的研究观察，当周密审察一个事物时，它有多大变化，并且在这样考虑时，逐渐增强的形状确定性是如何呈现的。

你们中的大多数人也许以为，你们对液体和固体的区分了如指掌。于是，从来没有忙于物理学的人恰好会认为，这个问题是能够被提出的最容易的问题之一。但是物理学家知道，它是最困难的问题之一。在这里，我仅提及特雷斯卡的实验，该实验表明，经受高压的固体其表现与液体的表现一模一样；例如，可以使固体以喷射的形式从容器底部的小孔中流出。由此表明，被信以为真的液体和固体之间的类型差异，只不过是程度的差异而已。

根据这些事实，下述日常推论是错误的：由于地球在形状上是扁平的，所以它最初是流体。老实讲，一个直径为几英寸的正在旋转的球体，只有当它非常软时，如由新揉成的黏土或某种黏性材料组成，才可能呈现扁平形状。可是纵使由最坚硬的石头组成的地[3]球，也经不住被它的巨大重量压碎，结果必定表现得与流体一样。甚至高山也不能超越某一高度而不碎裂。地球曾经**可能**是流体，但是这绝不是作为它的扁平性的必然结果出现的。

你们在学校都学过，施加最轻微的压力，液体的粒子就发生位移；液体完全符合容纳它的容器的外形；它没有自己的形状。液体在最细微的方面调整自身以适应它所处容器的状况，甚至在人们以为可能具有的最自由波动的液体表面，也仅仅显示圆滑的、谄笑的、木然的面容，因此液体是自然物体中**最绝妙**的侍臣。

液体没有它们自己的形状！非也；对于肤浅的观察者而言，液体确实没有它们自己的形状。但是，观察过雨滴是圆的、从来没有尖角的人，不会倾向于如此无条件地接受这个武断的意见。

如果在这个世界上保持性格不是太难的话，那么我们可以很公平的假定，每一个人，即使是最脆弱的人，都会拥有自己的性格。同样，如果环境的压力容许，也就是如果液体没有被它们自身重量压碎，我们也必然设想，液体可以拥有它们自己的形状。

一位天文学家曾经计算过，人类不可能在太阳上存在，因为除了太阳的巨大热量外，他们在那里会被自身的重量压成碎片。这个天体的较大质量会使那里的人体重量更大。但是在月球上，由于我们在此处会变得更轻一些，因此会毫无任何困难地用与我们现在具有的相同肌肉力量，跳得与教堂的尖顶一样高。即使在月球上，糖浆的塑像和"橡皮膏"模子，无疑是想象出来的东西，然而槭树汁在那儿会流得很慢，以至我们可以在月球上轻而易举地制造槭树汁人，这件事就像我们的孩子在这儿堆雪人一样好玩。

因此，就我们而言，如果液体在地球上没有它们自己的形状，也许它们在月球上，或者在一些更小、更轻的天体上有自己的形状。接下来，问题仅仅是摆脱引力的作用；做到这一点，我们就能够发现，液体特有的形状是什么样的。

这个问题由根特的普拉泰奥解决了，他的方法是将液体浸没于另一个具有同样特定引力的容器中。① 他的实验利用了油以及酒精和水的混合物。根据著名的阿基米德原理，在这个混合物中，油失去它的全部重量。它在它的重量的影响下不再下沉；尽管它形成的力非常微弱，但此刻却在充分地起作用。

① *statique expérimentale et théorique des Liquides*（《静力学实验及液体理论》），1873，也可以参见 *The Science of Mechanics*（《力学》），p. 384 et seqq.，The Open Court Publishing Co.，Chicago，1893.

事实上，令我们惊讶的是，我们现在看到，油不是蔓延开来成为一层，也没有以无形状的团块摊开，而是呈现出一个漂亮的、完美的球形，它自由地悬浮在混合物中，如同月球悬挂在太空中。我们能够以这种方式构造一个直径几英寸的油珠。

现在，如果我们将一个薄板系在金属丝上，并且将薄板插入油珠中，通过在手指间扭转金属丝，我们可以使整个球旋转起来。这样操作时，球状油珠呈扁平形；而且，如果技艺娴熟的话，通过这样的旋转，我们能够从球中分离出一个圆环，就像环绕土星的圆环一样。这个圆环最终被扯得粉碎，进而分裂为一些更小的球，从而向我们显示康德和拉普拉斯假设的行星系起源模型。

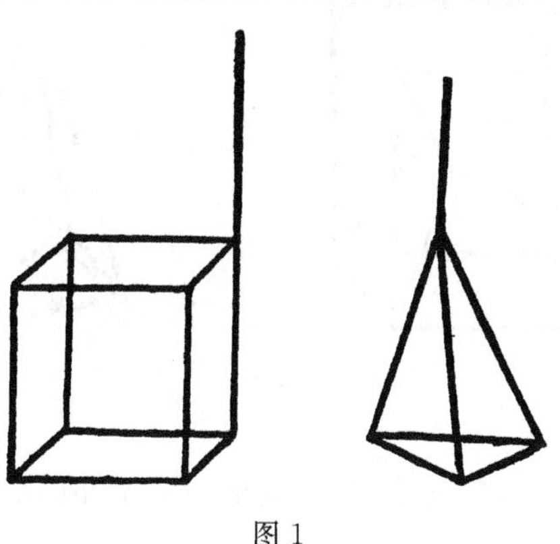

图 1

通过使某个刚体与液体表面接触，使液体形成的力部分地受到扰动时，此时显示出的现象更加不可思议。例如，如果我们将金属丝做的立方体框架浸没在油团块中，油就会从四面八方粘贴到这个金属丝框架上。如果油量恰好足够，那么我们会获得一个具有极为平滑外壁的油立方体。如果油量太多或太少，立方体的外

6 壁将鼓胀或坍缩。以这种方式，我们能够产生各种各样类型的油的几何图样，如三侧面棱锥体、圆柱（通过把油引入两个金属线圈之间）等等。当我们借助玻璃管从立方体或棱锥体中逐渐抽吸油时，所发生的形状变化相当有趣。金属丝迅速地使油保持某种状态。图样变得越来越小，直到最后它变得非常薄。终于，它只由若干薄而光滑的油平面组成，这些平面从立方体的棱向中心延伸，它们在那里汇聚成一个小油珠。棱锥体的情况同样如此。

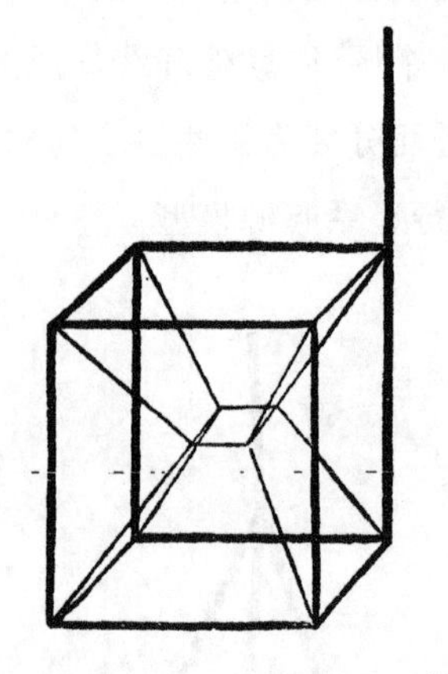
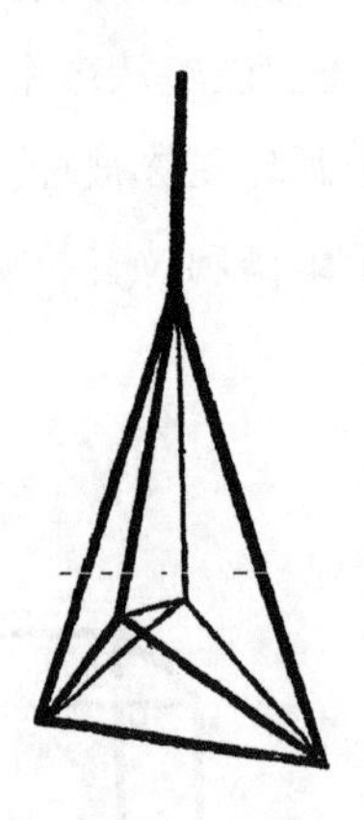

图 2

这时一个想法闪现出来：与这个一样薄、因而拥有的重量如此之轻的液体的图样，不会由于自身的重量而被压碎或变形；正如一个又小又软的黏土球，不会因其重量在这方面受影响一样。如果情况是这样，我们不再需要酒精和水的混合物产生图样，而在露天中就能够构造它们。事实上，普拉泰奥发现，用做成图样的金属丝 7 网浸入肥皂和水的溶液中，并且再迅速将它们抽出，就可以在空中产生这些薄图样，或者至少产生极为相似的图样。实验并不难。

图样自行形成了。前面的图示从外表上描绘了用立方体网和棱锥体网所得到形状。在立方体中,肥皂泡光滑的薄膜从各个棱向位于中心的正方形小薄膜延展。在棱锥体中,薄膜从每一个棱向中心延展。

这些图样美丽得几乎无法恰如其分地描述它们。它们异乎寻常的规则性和几何的精确性,激起所有初次见到的人的惊奇。可惜的是,它们只是昙花一现。如同我们在肥皂泡中经常看到的一样,这些图样仅仅向我们显示出五光十色后,因为在空气中溶液风干,立即就破灭了。部分是它们形状美丽,部分是我们想要更加缜密地检查它们,这诱使我们构想赋予这些持久形状的方法。做到这一点很简单。[①] 我们将金属丝网浸入完全融化的松脂(树脂)而不是肥皂溶液中。当抽出时,由于与空气接触,图样立刻形成并得以固化。

有必要注意一下,如果牢固的液体图样的重量足够轻,或者金属丝网的尺寸非常小,那么也可以在露天中构造它们。例如,如果我们用十分精细的金属丝制成一个各边约 1/8 英寸长的立方体网,我们只需要将这个网浸入水中,来获取一个小的、牢固的水的立方体。用一块吸水纸,可以很容易吸干多余的水分,立方体的各个面进而变得平滑了。 8

不过,还可以设计出另一个简易的方法观察这些图样。让一滴水处在涂油脂的玻璃板上,如果它足够小,那么将不流动,但是

① 对照马赫,*Ueber die Molecularwirkung der Flûssigkeiten*,(《关于流体的分子作用》),Reports of the Vienna Academy, 1862.

它会由于自身的重量而变得扁平，水滴的重量挤压它紧贴着支撑物。水滴越小，越不扁平。水滴越小，越近似球形。另一方面，悬挂在棍棒上的水滴由于自身的重量被拉长了。支撑物上水滴的最下部分紧贴着支撑物，较上面的部分挤靠着较下面的部分，这是由于后者无法被迫退出它所在的地方。但是，当一个水滴自由下落时，水滴的各个部分同样快地落下；没有一个部分受到另一部分的阻碍；也没有一个部分挤压另一部分。因此，自由下落的水滴不受自身重量的影响；它表现出的样子，就好像没有重量一样；它呈球形。

刹那一瞥我们用各种金属丝模型产生的肥皂膜图样，展现给我们的是千变万化的形状。不过，尽管这种多样性不可胜数，可是也很容易识别这些图样的共同特点。9

> “尽管没有一个形状彼此相同，但是自然界的所有形状都是密切相关的；因此，它们异口同声地指向隐匿的法则。”

普拉泰奥发现了这个隐匿的法则。或许可以用带有几分散文的语调表述如下：

1）如果在一个图样中，几个平面液体膜相遇，那么它们在数目上总是三个；而且，由于它们成双成对地呈现，一个与另一个之间形成近似相等的夹角。

2）如果在一个图样中，几个液体棱相遇，那么它们在数目总是四个；而且，由于它们成双成对地呈现，一个与另一个之间形成近似相等的夹角。

这是一条奇特的法则，它的原因并不明显。但是，我们可以把这种批评用于几乎所有的法则。法则制定者的动机，并不总是在他构造的形式中察觉的。然而，我们的法则容许被解析成十分简单的要素或原因。如果仔细检查陈述法则的段落，我们会发现它们的意思只不过是这样，液体表面呈现在这种情况下可能达到的最小面积的外形。

因此，某个拥有高等数学所有技巧知识的才智非凡的裁缝，如果他要给自己提出这样的任务，即用布盖住立方体的金属丝框架，使得每一块布都能够与金属丝联结，并且都能够与剩余的布拼结在一起，同时如果他要力求通过最大程度地节省材料来完成这项业绩，那么他将构造出无非是在肥皂和水溶液中的金属框架上形成的这个图样。在液体图样的构造中，自然按照吝啬的裁缝的原则行事，她在她的活计中不为样式花费心思。但是，说来也怪，在这个活计中，最美丽的样式是自然而然地产生的。

陈述我们定律的两段话最初只应用于肥皂膜图样，对牢固的油的图样当然不适用。但是在这种情况下液体的表面积应是尽可能小的原理，适用于所有流体的图样。不仅理解定律的字面意义，而且也理解定律原因的人，当面对字面意义不能准确应用的例子时，就不会感到困惑。面对最小表面积原理的例子正是这样。对于我们来说，即使在上述段落不适用的例子中，它也是一个确定无疑的指导原则。

我们现在首要的任务是根据最小表面积原理，借助明显的图解，来展示液体图样的形成模式。在我们的酒精和水的混合物中，金属丝棱锥体上的油，由于不能脱离金属丝的各个棱，所以黏附着棱，并且给定的油的团块竭力使自己成形，以至它的表面将具有尽可能小的面积。让我们试图模拟一下这个现象。我们拿一个金属丝棱锥体，在其上绷紧结实的橡胶薄膜，并把代替金属丝柄的小导管插入用橡胶膜封闭的空间内部。(图 3)通过这个管子，我们可以吹进或吸出空气。封闭的空气的量相当于油的量。被拉长的橡胶膜由于黏附在金属丝棱，于是竭力收缩，它相当于油的表面尽力减小它的面积。现在，通过吹进或吸出空气，我们实际上获得了从那些凸起到凹陷的所有油的棱锥体图样。最后，当所有的空气都被抽取或吸出时，肥皂膜的图样显露出来。橡胶膜碰到一起，呈现平面形状，并且汇聚在位于棱锥体中心的四个轮廓鲜明的棱上。

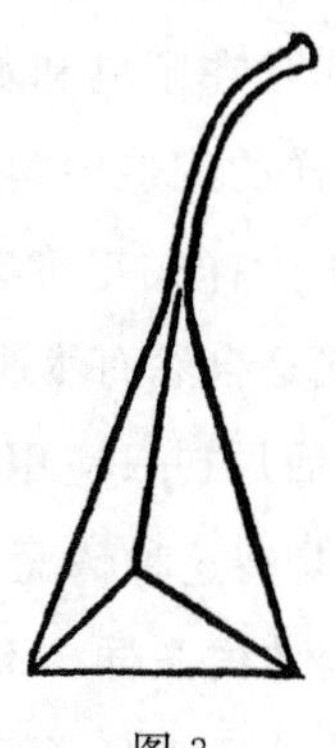

图 3

肥皂膜呈现较小形状的趋向，用范德门斯布吕格黑的方法可以直接证明。如果我们将一个缚有手柄的正方形金属丝框架浸到皂液中，我们在金属丝框架上会获得一个漂亮的肥皂水平面膜。(图 4)我们将一根线放在上面，让它的两端系在一起。现在，如果用线给封闭的部分穿孔，我们会获得一个内部有一个圆洞的肥皂膜，圆洞的周长就是这根线的长度。薄膜其余部分的面积竭其所能地减小，圆洞从而呈现出它所能具有的最大面积。但是，这个具有一定边周的最大面积的图样是圆。

图 4

同样，根据最小表面积原理，自由悬浮的油团块呈现球形。就特定容量而言，球是最小表面积的形状。这是显而易见的。我们往旅行袋里放的东西越多，它的外形越接近球形。

上面提到的两段与最小表面积原理的关联，还可以用更简单的例子证明。你自己设想一下四个固定的滑轮 a、b、c、d 和两个可移动的圆环 f、g（图形 5）；想象一条光滑的绳子绕过滑轮并从圆环中穿过，绳子的一端固牢在钉子 e 上，另一端系着重物 h。现在，这个重物总是趋于下沉，或者同样地，重物总是趋于使绳子 eh 那段尽可能地长，结果绳子剩下的部分将会尽量短地环绕滑轮。绳子必须依然保持和滑轮连接，并且由于圆环的缘故，绳子也一定要相互连接。因此，这个例子的状况与讨论过的液体图样的状况相似。结果也是相似的结果。如同右边那部分图，当四对绳子交叉时，一定会建立起不同的构形。绳子尽力缩短自身的结果是，两

13

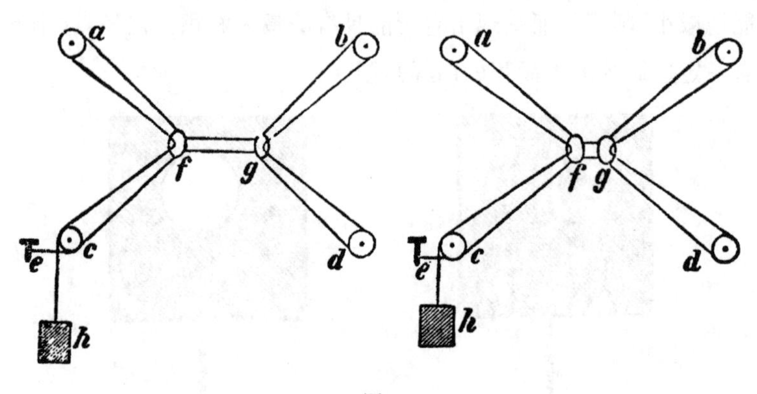

图 5

个圆环彼此分开,现在只有三对绳子完全交叉,每两对处于 120 度的相同角度。事实上,通过这样安排,达到绳子最大程度的缩短。这很容易用几何学证明。

这在某种程度上有助于我们根据液体呈现最小表面积曲面的纯粹倾向,理解液体创造的美丽而又复杂的图样。但问题产生了:**为什么液体追求最小表面积的曲面呢?**

液体的粒子黏在一起。导致接触的水珠结合在一起。我们可以说,液体的粒子相互吸引。如果是这样,它们试图尽可能紧密地相互接近。处于表面的粒子将力求尽其所能更远地穿入内部。直到表面变得与它在这种境况下能够变成的一样小,直到尽可能少的粒子留在表面,直到尽可能多的粒子穿进内部,直到吸引力不再做功,这个过程才停止,也才能够停止。[①]

① 在几乎所有良好发展的物理学分支中,这样的关于极大和极小的问题都起重要作用。

因此最小表面积原理的根源，不得不在另外的、更为简单的原理中寻找，这也许可以用诸如此类的类比来阐明。我们可以**想象**，自然的吸引力和排斥力是自然的目的或意图。事实上，经过最终分析，在行动之前我们感觉到的、我们称之为意图或目的的内部压力，与一块石头对它的支撑物的压力，或者一块磁石对另一块磁石的压力，并无本质的区别，以至于用同一术语表示二者，至少表示充分确定的目的，必然是容许的。[①] 因此，正是自然的目的，使铁更靠近磁石，使石头更靠近地心，如此等等。如果这样的目的能够实现，自然就实现它。但是，在自然不能实现她的目的之处，自然便什么也不做。在这方面，她全然像一个精明的商人一样行事。 15

正是自然恒定的目的，使重物落向较低处。我们可以通过使另一个更大的重物下沉，即通过满足自然的另一个更强有力的目的，来举起一个重物。如果我们幻想我们正在使自然在这个过程中服务于我们的目的，那么经过更仔细的检查，我们发现情况正相反，自然已经利用我们来达到她的目的。

平衡、静止只存在于而且总是存在于使自然按照她的意图停止之时，存在于自然力在该境况中尽可能地得到充分满足之时。举例来说，当重物所谓的重心尽可能低时，或者当环境所许可的那么多的重量已经下沉得尽可能低时，重物就处在平衡状态。

也许这个原理在其他领域也适用，这个想法强有力地闪现出来。当各党派的目的暂时尽可能充分地得到满足时，或者也许我

---

① 对照马赫 *Vortrâge ûber Psychophysik*（《关于物理心理学的报告》），Vienna，1863，p. 41. *Compendium der Physik fûr Mediciner*（《医药物理学概要》），Vienna，1863，p. 234. 以及 *The Science of Mechanics*（《力学》）Chicago，1893，p. 84，p. 464.

们可以用物理学的语言打趣地说，当社会势(social potential)是极大值时[①]，平衡也会在该国存在。

你们看，我们吝啬的商业原则饱含着重要性。[②] 它使严肃研究的成果变得对物理学富有成效，就像苏格拉底枯燥的问题对科学普遍富有成效一样。如果该原则看起来缺乏想象力，它所结出的果实则是比较理想的。

16

但是，请告诉我，为什么科学要对这样的原则感到羞愧呢？难道科学[③]本身不止是一种商业吗？以尽可能少的工作，花尽可能少的时间，用尽可能少的思维，获得尽可能大的永恒真理的颗粒，这难道不是科学的任务吗？

---

① 类似的思考可见凯特莱 *Du système sociale*(《社会体系》)。

② 关于这种观点的充分发展可参见论文"On the Economical Nature of Physical Inquiry"，("论物理探究的经济本性")，p. 186，以及我的 *Mechanics*(《力学》)中"The Economy of Science"("科学的经济")一章。(Chicago：The Open Court Publishing Company，1893)，p. 481.

③ 科学被视为极大值和极小值的问题，这完全可以看做商业事务。事实上，自然探索的智力活动与日常生活中进行的活动，并非像通常所设想的那样大相径庭。

二　科尔蒂神经纤维

17

任何一个漫游过美丽国家的人都知道，游览者的乐趣伴随他的游历而增长。从远处的山坡俯瞰林木繁茂的山谷是多么惬意！隐藏在那边蓑衣草中的清澈小溪会流向哪里？要是我了解那座山背后的风景该有多好！甚至孩子在他第一次游览时也这样想。这对于自然哲学家同样适用。

迫使研究者关注的头一批问题是出于实际的考虑；随后的问题就不是这样了。无法抗拒的吸引力把他引向这些问题；远远超越纯粹生活需要的更为崇高的兴趣，招引他们研究这些问题。让我们来看一个特殊的例子。

听觉器官的结构，长期以来一直强烈吸引着解剖学家的注意力。通过他们的工作，相当多的杰出发现已经揭露出来，一系列有名的事实和真理确立起来。但是，伴随这些事实，也提出一大堆令人费解的新问题。

然而，在关于眼睛的组织和功能的理论中，已经获得相对的确定性；与此携手并进，眼科学同时已经达到以前的世纪做梦也想不 18 到的完美程度，并且凭借检眼镜的帮助，医生可以洞察眼睛最深处的隐窝；可是关于耳朵的理论还在很大程度上隐藏在神秘的黑暗中，它对研究者充满了吸引力。

请看这个耳朵模型。甚至在我们凭借其大小衡量人们智力多寡那个熟悉的部位,甚至在外耳,问题开始出现了。在这儿你们看到一系列耳轮或螺旋形卷绕物,有时非常小,我们不能准确说出它们的意义,然而对此一定存在某种原因。

附图中的耳廓或外耳 a,将声音导入弯曲的听觉通道 b,通道 b 的尽头有一个薄膜即所谓的鼓膜 e。通过声音,使鼓膜开始振动,并且依次引起形状十分特殊的一系列小骨 c 振动。在所有这些部位的终端是内耳迷路 d,内耳迷路由一群充满液体的腔组成,腔中

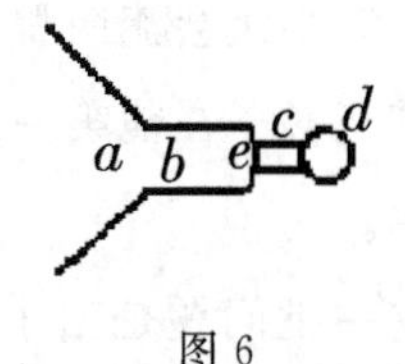

图 6

嵌入不计其数的听觉神经纤维。通过骨链 c 的振动,内耳迷路中的液体受到摇晃,听觉神经就兴奋起来。这时,聆听的过程就开始了。这个过程在很大程度上是确定的。但是,该过程的细节个个都是尚未得到回答的问题。

19

迟至 1851 年,马尔凯塞·科尔蒂才在这些老难题的基础上,又增添了新的令人困惑的问题。说来也怪,也许首次获得正确解答的,正是这个最近的谜团,这将是我们今天谈论的话题。

科尔蒂发现,大量细微的纤维以几何学的等级顺序并列排放在耳蜗或者内耳迷路的蜗形壳中。按照克利克的看法,纤维的数目有三千个。它们也是马克斯·舒尔茨和戴特斯经手研究的题目。

单是对这个器官的细枝末节进行描述，就可能让你们感到厌烦，何况这还不能使事情变得更清楚。因此，我更愿意简述一下在杰出的探究者如亥姆霍兹以及费希纳看来，科尔蒂神经纤维的特殊功能是什么。耳蜗似乎包含大量等级长度的弹性纤维，听觉神经的分支与之相连（图 7）。这些被称做科尔蒂神经纤维、科尔蒂

图 7

柱或科尔蒂棒的纤维由于长度不相等，它们必然具有不同的弹性，随之定下不同的声调。因此，耳蜗像 18 世纪末制造的一种钢琴。

于是，没有在另外的感官中发现的这个组织，其功能可能是什么？它不会与耳朵的一些特性有联系吗？这是十分可能的，因为耳朵具有非常相似的机能。你们知道，听清一首交响乐的个别声音是可能的。事实上，甚至在必定不是微不足道成就的巴赫的赋格曲[①]中，也可能完成这个技能。耳朵能够分辨出单个构成的声部，不仅是和声的声部，而且包括那些可以想象的音乐中最激烈冲突的声部。音乐爱好者的耳朵解析每一个音调团。

20

眼睛不具有这种能力。例如，没有预先关于事实的实验知识，只是看见白色，谁就能断定白色是由其他颜色的混合组成的呢？

① 赋格（fugue）是一种西洋的复调曲式，当主题在一个声部出现后，其他声部便相继以模仿手法进入，彼此追赶。在赋格的进程中，多种模仿手法的运用构成了一种富有特性的“语言”。——中译者注

接着,刚才提到的耳朵的特性以及科尔蒂发现的组织,这两个事实果真有关联吗?这是非常有可能的。如果我们设想,每一个确定音高的音符在科尔蒂的这架钢琴上有它的特定的弦,从而听神经中它的专门分支与那个弦连接起来,那么这个谜就解开了。但是,在我能让你们完全明白这一点之前,我必须要求你们跟着我的步伐进入枯燥的物理学领域。

请看这个摆吧。它由于受到推动被迫离开平衡点,开始以确定的振动时间摆动,其周期取决于摆的长度。较长的摆摆动得较慢,较短的摆摆动得较快。我们将假定,我们的摆在一秒钟内来回摆动一次。

21 现在,能够使这个摆以两种方式剧烈摆动;或者是**一次**有力的推动,或者是**多次**适当传递的轻微推动。例如,当摆在它的平衡位置静止时,我们给予它非常轻的推动。它将做非常小的摆动。一秒钟过去,当摆第三次通过它的平衡位置时,我们在与第一次相同的方向上再次给予它轻微的撞击。再过一秒钟后,在摆第五次通过平衡位置时,我们再次以同样的方式撞击它;如此继续下去。你们瞧,通过这个过程,分别给予的撞击持续加强摆的运动。在每次轻微的推动后,摆在摆动时会到达得稍远一些,并且最终获得一个相当大的运动。[①]

但是,并非在所有环境下情况都是如此。只有当给予的推动与摆的摆动同步时,这才有可能。如果在半秒钟结束后,在与第一次的推动相同的方向上,我们传递第二次推动,那么其效果将会阻

① 这个实验以及相关思考归因于伽利略。

碍摆的运动。很容易看到，依照推动的节奏与摆的节奏一致，我们稍加推动就越来越多地有助于摆的运动。如果我们以不同于摆的摆动节奏的任何节奏撞击它，那么在一些实例中我们的确会加强它的摆动，但是在另一些实例中我们将阻碍它。我们自己手的动 22 作越违反摆的运动，我们的推动就会越不那么有效。

适合摆的那些东西适用于每一个振动体。音叉[①]在发声时也在振动。音叉的声音越高，它振动得越快；当声音比较深沉时，它振动得就较慢一些。我们的音阶标准 A 是由每秒大约 450 次振动产生的。

我在这张桌子上彼此靠近放两个音叉，二者基于共振的理由完全相似。我强烈地敲击第一个音叉，以便它发出响亮的音调，然后又立即用手握住音叉以抑制它发声。不过，你们仍然听到清楚发出的音调，通过感受它，你们会使自己确信，另一个没有受到敲击的音叉此刻在振动。

现在，我把一点蜡涂在其中一个音叉上。它因此走调了；它的音调被弄得有点低沉。此刻，我用音高不相等的两个音叉重复相同的实验，敲击其中一个音叉并再次用手握住它；但是在目前情况下，我刚一轻击音叉，声音就停止。

在这里，在这两个实验中发生了什么？这很容易说明。振动的音叉给予空气和桌子每秒 450 次振荡，这些振荡传播给另一个音叉。如果另一个音叉被定下了相同的音高，也就是说，如果在敲

① 音叉：狭窄、呈鹿角尖形的钢条。定为特定的音高后，几乎永久不变。由韩德尔的小号演奏家 J. 肖尔在 1752 年发明。由于它发出的音几乎是纯音（无泛音），所以对研究声学实验是很有用的。——中译者注

23 击时它与头一个音叉振动节奏相同,那么头一个音叉发出的振荡不管可能多么轻微,足以使第二个音叉投入急剧的和振。但是,当两个音叉的振动节奏稍有不同时,这种情况就不会发生。我们可以随心所欲地敲击许多音叉,调到音阶标准音 A 的音叉完全不在乎其他音叉的音调;事实上,对于除它自己以外的所有音调来说,它都是聋的;因此,如果你们完全以同一节奏敲击三个、或四个、或五个、或无论多少数目的音叉,以致使来自这些音叉的振荡变得非常之大,音叉 A 都不会加入它们的振动,除非在集体敲击中发现另一个音叉 A。换句话说,从所有发出的音调中,它分辨出哪一个音调与它一致。

所有能发声的物体同样如此。当弹钢琴按下某些音键时,平底玻璃杯引起回响,窗玻璃也是这样。在其他领域并非没有类似的现象。以对名字"尼罗"应答的狗为例。它卧在你们的桌子下面。你们谈及图密善、韦斯巴芗以及马可·奥勒利乌斯·安东尼努斯,你们叫出所有想到的罗马皇帝的名字,但是狗纹丝不动,尽管它的耳朵的轻微震颤告诉你们,它的意识有微弱的反应。然而,此刻你们叫"尼罗",它便高兴地一跃而起向你们跑来。音叉类似你们的狗。它对名字 A 应答。

女士们,你们微笑。你们摇头。微笑并未赢得你们的喜爱。
24 但是,我有别的非常接近你们的东西:你们将听到它,权当是受罚吧。你们也像音叉。除非你们是冷漠的,否则你们就会注意,许多音叉就是由于激情为你们跳动的心脏。然而,这多么有益于你们啊!很快,心脏将恰好达到以固有的节律跳动,此时你们的钟声也正好敲响。于是,不管你们愿意与否,你们的心脏也将和谐一致地跳动。

这里针对发声体提出的和振定律，经受一些修改，也适合于不发声的物体。这种类型的物体几乎伴随每一种音调振动。我们知道，丝绸礼帽不会发声；但是，如果你们在参加紧接着到来的音乐会时手里拿着帽子，那么你们不仅可以听到礼帽一些部分的颤动声，而且用你们的手指也能感觉它们。人也完全是这样。那些本身能够给周围环境定调子的人，并不讨厌他人的喋喋不休。但是，不具备这种性格的人到处逗留：在禁酒娱乐厅，在旅馆的吧台——在组成委员会的每一个地方。丝绸礼帽在管琴中，就相当于弱者在有说服力的人当中。

因此，一个能发出响亮声音的物体，当它的特定音调或单独或伴随其他音调被敲击时，总能发出声音。我们现在可以再前进一步。在给形成一个音阶的一群响亮发声体定音调的过程中，它们将怎样表现呢？例如，让我们向我们自己描绘一系列被调为 *cdefg*……的棒或弦（图 8）。在乐器上弹奏谐音 *ceg*。图 8 中的每

25

图 8

一个棒将会经历，如果它的特定音调包含在谐音中，而且如果它找到它的特定音调，那么它将响应。*c* 棒将立刻发出音调 *c*、*e* 棒将立

刻发出音调 e、g 棒将立刻发出音调 g。所有其他棒将保持静止状态，不会发出声音。

我们不需要在身边长时间寻找这样的乐器。每一架钢琴就是这种类型的乐器，用它可以极其成功地操作提及的实验。两架钢琴彼此并排摆放，并调成相同的音调。我们将用第一架钢琴激起乐音，同时我们将允许第二架钢琴回应；在首先踩下强音踏板后，以便使所有的弦都能够运动。

在第一架钢琴上强力弹奏的每一个谐音，在第二架钢琴上被清晰地重复。为了证明两架钢琴所发出的声音是相同的弦，我们稍微改变一下形式重复这个实验。我们松开第二架钢琴的强音踏板，按下那个乐器的键 ceg 会有力地在第一架钢琴上触发谐音 ceg。现在，谐音 ceg 也在第二架钢琴上回响。但是，如果我们只按下一架钢琴的键 g，与此同时我们在另一架钢琴上弹奏 ceg，在第二架钢琴上将仅有键 g 回响。从而，总是两架钢琴相同的弦互相激发。

26

钢琴能够模拟任何由它的音调组成的声音。例如，它将非常清晰地模拟和钢琴而唱的元音声。实际上，物理学已经证明，元音声可以看做是由纯音组成的。

你们看到，通过在空气中激发确定的音调，钢琴中机械的必然性就引起完全确定的运动。可以利用这个想法表演巫术的一些有趣片断。设想有一个盒子，其中放置一个具有确定音高的拉直的弦。每当歌唱或吹奏它的音调，这个弦就投入运动。像这样建造一个盒子，振动的细绳在其中会接通伏打电路开锁，对于一名娴熟的技工来说，这并不是一件十分困难的任务。而且，建造一个听到某一曲调的哨音就可以打开的盒子，也不是非常困难的任务。芝麻开门！于是插销掉下来。的确，我们在这里应该拥有一把真正的难开之锁。还有另一个片断从古老的神话王国中营救出来，我们的时代已经实现了其中如此多的部分，以致卡塞利的电报和格雷·伊莱沙教授的传真电报机是对小精灵故事的世界的最新贡献，人们借助它们可以远距离写亲笔信。非常真诚的希罗多德连对在埃及看到的许多东西也要摇头，他对这些事情会说些什么呢？恰如他当年在埃及听说环绕非洲的航行时，天真地说：我不相信 27 （ἐμοὶ μὲν οἰ πιστα）。

一把新的难开之锁！但是，为什么发明这把锁？我们人类自身难道不是难开之锁吗？想想令人惊叹的一批批能够用语词在我们身上激起的思想、知觉和激情！仅仅一个名字就驱动血液流向我们的心脏，在我们的整个一生中难道不存在这样的时刻吗？那些参加过大型群众集会的人难道不曾体验，巨大的能量和运动可以由“自由、平等、博爱”这些单纯的语词演变而来。

还是让我们回到我们谈论的正题。我们再来看一下我们的钢琴，或者不妨看一些其他具有相同特点的机械装置。这个乐器做什么呢？直白地讲，它把在空气中形成的每一个音团分解、解析成它的单个组分，使得每一个音调由不同的弦承接；它对声音进行真正的声谱分析。在钢琴的协助下，一个完全耳聋的人，仅仅通过触摸弦或者用显微镜检查它的振动，就可以调查研究响亮的空气运动，并辨别其中被激起的分立的音调。

耳朵具有和这架钢琴相同的能力。耳朵对心智完成的事情就像钢琴对聋子所做的演奏一样。没有耳朵的心智是聋的。但是，

聋子借助钢琴确实会勉强地听，尽管没有用耳朵听得那么清晰，并
28 且笨拙得多。因此，耳朵也能将声音分解成它的音调组分。如果我假定你们已经预感到科尔蒂神经纤维的功能是什么，那么我想此刻我应该没有受到蒙骗。我们能够让事情变得对我们来说非常简明。我们将用一架钢琴激起声音，然后我们想象在观察者耳中的第二架钢琴处在科尔蒂神经纤维的位置上，该神经纤维是这样的乐器的一个模型。对于耳朵中的钢琴的每一根弦，我们将假定有一根专门的听觉神经纤维与之连接，结果当弦投入振动时，这根纤维并且只有这根纤维受到刺激。现在，如果我们在外部钢琴上奏出和音，对于那个和音的每一个声调，内部钢琴的一根确定弦将会发出声音，并且与和音中存在的音调一样多的不同神经纤维兴奋起来。于是，由不同音调同时发生的感性知觉能够不相混地保留下来，并被注意力分开。这与手的五个指头一样。我们能够用每个手指触摸不同东西。好了，耳朵有 3000 个这样的手指，每一个手指被指派用来触摸不同的音调。[①] 我们的耳朵就是所提到的那种难开之锁。它以声音的有魔力的曲调打开。但是，它是一把了不起的制作精巧之锁。不仅一个声调，而且每一个声调都可以
29 使它打开；但是，每一个音调都是个别地打开它。对于每一个音调，它用不同的感觉回应。

理论预言的现象直到后来很久才在实际观察的范围内出现，

① 音乐听觉理论的发展与在这里阐述的亥姆霍兹理论在许多方面存在分歧，这将在我的《感觉分析文稿》(*Contributions to the Analysis of the Sensations*, English translation by C. M. Williams, Chicago, The Open Court Publishing Company, 1987.)中找到。

这在科学史中已经不止一次地发生了。勒威耶预言了海王星的存在和位置，但是，直到晚些时候，加勒才在预测点实际找到这颗行星。哈密顿在理论上阐明了所谓的光的锥形折射现象，但是它留给劳埃德在随后一些时间观察该事实。亥姆霍兹关于科尔蒂神经纤维的理论的命运，与此有点类似。由V. 亨森后来的观察，这个理论也获得实质上的确认。在连接听觉神经的甲壳纲动物身体的空余表面，可以发现各种长度和厚度的数排细小的茸毛丝，它们在某种程度上类似于科尔蒂神经纤维。当激起声音时，亨森看到这些茸毛振动；当奏出不同的音调时，不同的茸毛开始振动。

我曾将物理探究者的工作与旅行者的旅行相比。当游览者登上一个新的山顶，他对整个地区的各种风景一览无余。当探究者找到一个谜底，一大群其他谜底就唾手可得。

你们一定经常感到，在唱歌的过程中从低到高一直达到八度音阶时体验的奇怪印象，并且产生的感觉与基音产生的感觉几乎相同。从这里就耳朵阐述的观点中，可以找到对该现象的说明。不仅这个现象，而且所有的和声学理论的定律，都能够以先前做梦也想不到的明晰性从这个观点中得以把握和证实。令人遗憾的是，我现今必须使自己满足于简要指点一下这些美妙前景。考虑它们会诱使我们离题太远，从而进入其他科学领域。 30

自然探索者也必须将他自己限制在他的路线上。正如游览者从一个溪谷被引入另一个溪谷，正如环境普遍将人们从一种生活条件带到另一种生活条件一样，自然探索者也从一个美景被导向另一个美景。与其说进行探索的是他，不如说探索由他构成。现在，让他从他的时代获益，不让他的扫视无目的地到处游移。不久，夕阳将光彩四射，在他完全瞥见近旁的奇观前，一只强有力的手会抓住他，并引导他朝向一个不同的谜的世界。

尊敬的听众，科学曾经与诗处于与现在截然不同的关系。古印度的数学家用诗句写下他们的定理，荷花、玫瑰和丁香，迷人的风景、湖泊和山岳，都出现在他的问题中。

“你们在湖上乘小舟出发。正巧出现一株睡莲，一只桨叶伸出 31 水上。微风吹拂睡莲向下恢复原状，睡莲使两片桨叶从它原先所在之处消失于水面下。数学家，请赶快告诉我，湖水有多深！”

古印度学者就是这样讲的。这首诗从科学中消逝了，而且是正当地消逝了，但是从它干枯的叶子中，另一首诗在高空飘拂，无法向从来没有感受过它的人描述它。无论是谁，只要完全享受到这首诗的乐趣，都必定着手一项工作，必定亲自研究。因此，这就足够了！如果你们不后悔在生理学的开满鲜花的溪谷中所做的这次短暂的远足，如果你们使自己信服我们可以像谈论下述诗歌一样谈论科学，那么我将认为自己是幸运的。诗歌如下：

“谁想领悟歌曲，
就必须追寻歌曲之乡土；
谁想理解歌手，
就必须探求歌手之国度。”

三　论和声的原因

32

我们今天要谈论一个或许多少更具有普遍兴趣的主题——**乐音和谐的原因**。与和声[①]有关的最初的和最粗浅的经验是非常古老的。对和声定律的说明并非如此。这些定律由新近时期的研究者率先提供。请允许我做一个历史回顾。

毕达哥拉斯(公元前586年)了解,由一根具有稳定张力的弦发出的音调,当弦的长度缩短一半时,它转成八度音;当缩短三分之二时,它转成五度音;而且他知道,此时第一个基音[②]与其他两个音调谐和。他大体明白,在固定张力下同样的弦被连续分割成长度是按最简单的自然数的比例,即按1∶2、2∶3、3∶4、4∶5的比例时,它会发出谐音。

毕达哥拉斯没有揭示这些定律的原因。谐音与简单的自然数有什么关系呢?这是如今我们要问的问题。虽则毕达哥拉斯百思不得其解,但是这种状况看起来谅必没有那么奇怪。这位哲学家以数字的超自然的、神秘的力量探索和声的原因。他的做法大半是数字神秘主义成长的原因,在我们的圆梦著作中,在奇迹比明晰对其更具吸引力的一些科学家中间,依然可以察觉数字神秘主义

33

① 我们根据上下文将harmony译为和谐或和声。——中译者注

② 基音(fundamental tone)即频率最低的纯音。——中译者注

的痕迹。

欧几里得(公元前300年)给出谐和与不谐和的定义,在词语的准确性方面,大概很难对它改进了。他说,两个音调的谐和(συμφωνια)是混合物,即那两个音调的融合(κρασιζ);另一方面,不谐和(διαφωνια)是音调没有融合(αμιξια)的能力,音调借此被弄得很刺耳。可以这么说,知道这个现象正确说明的人听到它,会对欧几里得的这些话语产生反响。欧几里得依旧不了解和声的真正原因。他已经不知不觉地非常接近真理,可是却没有真正把握它。

莱布尼兹(1645～1716)继续他前辈遗留下的尚未解决的问题。他当然知道,乐音是由振动产生的,就基音而言两倍那么多的振动相当于八度音,等等。作为一名热情的数学爱好者,他在神秘的计算中,在简单的振动数的比较中,以及在心灵对这种工作的神秘满足中,寻找和声的原因。但是,如果有人不知道乐音是振动,我们如何询问呢?如果它是未知的,计算和满足于计算确实相当神秘。哲学家有多少稀奇古怪的观念呀!能够想象任何有比作为美学原则的计算更令人厌烦的事情吗?是的,按照你们的猜测,你们没有完全错;可是,你们可以确信,莱布尼兹的理论并非统统没意义的,尽管很难准确弄清,他的隐秘的数学计算是什么意思。

34

伟大的欧拉(1707～1783)几乎与莱布尼兹所做的一样,从心灵对振动数的秩序的沉思而产生的愉悦中,寻找和声的原因。[1]

[1] 索弗尔也从莱布尼兹的观念开始,但是独立的研究者得出不同的理论,它与亥姆霍兹的理论很相近。关于这一点,对照《科学院论文集》(Sauveur, *Mémoires de l'Académie des Sciences*, Paris, 1700～1705),以及《和声》(R. Smith, *Harmonics*), Cambridge, 1749.(参见"附录",p. 346.)

拉莫和达朗伯(1717～1783)向真理靠得更近一些。他们知道,除了基音之外,在音乐中可获得的每一种声音,也可以听到十二度音以及紧接着的更高的三度音;他们进而了解,基音和它的八度音之间的相似处总是明显地显示出来。因此,八度音、五度音、三度音等等与基音的结合对他们来说好像是"自然的"。我们必须承认,他们拥有正确的观点;但是,没有一个探究者会停留在对现象简单的自然性的满足上;因为正是这种自然性,他才寻找他对现象的说明。[35]

拉莫的议论始终贯穿整个近代时期,却没有导致彻底发现真理。马克斯把它放在他的作曲理论的首位,但是没有进一步应用它。歌德和席勒在他们的通信中,可以说也处在真理的边缘。席勒了解拉莫的观点。最后,当我告诉你们,直到最近时期,即使物理学的教授在被问及和声的原因是什么也哑口无言时,你们会为问题的艰难而感到惊骇。

直到很近时期,亥姆霍兹才找到了这个问题的解决办法。但是,为了让你们明白这个解答,我必须首先讲一些物理学和心理学的实验原理。

1) 在每一次感觉过程中,在每一次观察中,注意力总是扮演极其重要的角色。我们不需要长时间在我们周围寻找这个证据。例如,你收到一封字迹潦草的信。你费尽力气看,也弄不懂它。你时而把这几行放在一起,时而把那几行放在一起,然而你从中还是不能构造出单个可理解的字体。直到你把注意力导向实际应该放在一起的各类行,这才是这封信的可能读法。由微小的外形和涡卷形花体字书写文字的手稿,只能在相当远的距离阅读,注意力在

36 这里不再从有意义的轮廓转向细节。在维也纳观景宫画廊的地下室中,朱塞比·阿奇姆博多著名的画像为我们提供了这个类别的一个漂亮的例子。这些画像是水、火等等的象征性描绘:人头由水生动物和可燃物组成。人在近距离只看到细节,只有离得较远时才能看清整个形象。不过,能够很容易找到一点,在此通过注意力简单的随意移动,不难时而看见整个形象,时而看见构成它的较小形态。人们经常看到描绘拿破仑墓的图画。阴暗的树木环绕在坟墓周围,透过树木之间的空隙可以看见作为背景的明亮的天空。人可能长久地注视这幅图画,却没有注意树木以外的事物;但是,当注意力突然无意间导向明亮的背景时,人们便看到在树木之间的拿破仑画像。这个例子非常清楚地向我们表明,注意力起重要的作用。只是由于注意力的介入,同一感觉对象能够引起截然不同的感觉。

如果在这架钢琴上弹奏和声或和弦,仅仅努力注意一下,你们就能够锁定那个和声的每一个音。于是,只是改变主音调的音质或音色,你们就会非常清楚地听到固定的音调,所有其余的音调仅
37 仅作为添加物出现。如果我们把注意力引向不同的音调,那么同一和声的效果就完全被修改了。

例如,接连弹奏两个和声,如附图描绘的那两个,第一个和声被注意力锁定在高音部 *e*,后来的锁定低音部 *e-a*;在这两个例子中,你们将有差异地听到同一和声的模进。在第一个例子中,你们记得恒音似乎保持不变,改变的仅仅是它的**音质**;在第二个例子中,整个音团在感觉上似乎明显地陷入低沉。这里有作曲的艺术,以引导听众的注意力。但是也有倾听的艺术,这不是每个人都有的天赋。

图 9

钢琴演奏者了解，当弹奏的和弦其中一个按键被松开时所获得的显著效果。在钢琴上演奏的小节 1 发出的声音几乎与小节 2 相似。贴近被松开的那个键的音调，在松开它之后发出回响，好像它刚刚被弹过一样。正是由于这个不易察觉的事实，不再全神贯注于高音的注意力被引向高音。

图 10

任何将就养成的音乐耳朵，都能把一个和声分解为它的组成声部。经过多次实践，我们甚至能够更进一步。因此，在这之前认为是简单的每一个乐音，都可以被分解成一连串从属的音调。例如，如果我在钢琴上弹奏音符 1（图 11），我们将听到——倘若我们努力集中注意力的话——除响亮的基音以外，较弱的泛音、较高的泛音[①]或和声 2……7，也就是八度音、十二度音、双八度音和三度 38

① 泛音（overtones）是在复音中除去基音外所有其余的纯音，也叫陪音。——中译者注

图 11

音、五度音以及双八度音中的七度音。

每一个有效的乐音也同样如此。除了它的基音以及八度音以外，每一个乐音都会强度变化地产生十二度音、双八度音等。这个现象用管风琴开合风管的专门设备可以观察到。现在，如果或多或少特别突出声音中的某些泛音，那么**音质**就会随之改变——根据那种特殊的音质，我们把钢琴的乐音与小提琴、小号等等的乐音区别开来。

在钢琴上很容易使这些泛音变得可以听见。例如，如果我激烈地弹奏前面的系列音符 1，这时我只是接连向下按在键 2、3……7 上，音符 2、3……7 就会在弹奏音符 1 后连续发声，因为与这些音符对应的弦现在由于摆脱了它们的制音器，突然陷入和振。

39

正如你们所知，定同样调子的弦与泛音和振，实际上不被认为是和应作用，而宁可被视为单调的机械的必然性。我们不必把这种和振看做是机灵的新闻记者对它的生动描写，他讲述关于贝多芬歌剧 2 的 F 小调奏鸣曲的可怕故事，我无法向你们隐瞒它。“在最近过去的伦敦工业博览会上，十九名乐器演奏高手在同一架钢琴上弹奏F小调奏鸣曲。当第二十个人走近乐器通过变奏的方法弹奏同一作品时，使所有在场者恐怖的是，钢琴开始主动演奏奏鸣曲。这使碰巧出席博览会的坎特伯雷大主教着手行动，立即驱逐恶魔F小调。”

现在，虽然只有在注意力特别集中时，才会听到我们已经讨论过的泛音或和声，然而它们在音乐的**音质**形成中扮演非常重要的角色，在产生声音的谐和与不谐和中也是这样。这也许使你们认为是个别现象。对听觉来说，仅仅在例外情况下听到的事情如何才能普遍地具有意义呢？

可是，请考虑一下你们日常生活熟悉的小事。想想你们看到多少你们没有注意的事物；在它们消失之前，从来没有引起你们的注意。一位朋友拜访你们，你们不明白为何他看起来有这样的变 40 化。直到你们仔细打量，才发现他剪了头发。从活版印刷辨认一本著作的出版公司并不难，然而没人能够精确说出这种字体风格与那种字体风格明显的区别之处。我通常从一张未印刷的普通白纸认出我寻找的一本书，而这张白纸则从覆盖它的一堆书下面隐约显现出来，可是我从来没有仔细检查过这张纸，我也不能说出它与其他纸张的区别。

因此，我们必须记住的是，每一种有效的乐音，除了它的基音外，还会产生它的八度音、它的十二度音、它的双八度音等等作为泛音或和声，这些组分对几种乐音的悦耳组合而言是重要的。

2)一个另外的事实仍然留待要去处理。请看这个音叉。当敲击时，它产生纯然和谐悦耳的音调。但是，如果你们伴随它敲击音高稍有不同、单独也能够发出和谐悦耳声调的第二个音叉，你们听到的——倘若你们将两个音叉放在桌子上，或者将二者拿到你们的耳朵前面——不再是协调的声调，而是若干声调的振荡。振荡速度随着音叉音高的差异而增加。这些对耳朵而言极为讨厌的振荡，当它们达到每秒钟33次时，便被称为"拍音"。

41

当两个同样的乐音中的一个发出的声音与另一个不协调时，总是产生拍音。拍音数随着与协调的背离而增大，与此同时它们变得更令人讨厌。它们的刺耳声在大约每秒33拍时达到最大值。由于更进一步远离协调以及随之而来的拍音数的增加，不愉快的效果减弱了，结果在音高中大大偏离的音调不再产生令人生厌的拍音。

为了给你们自己提供一个拍音产生的清晰观念，取两个节拍器并且使它们几乎相同。就此而论，你们可以让两个节拍器完全相同。你们不必担心它们会发出相同的声音。通常商店中出售的节拍器质量相当差，虽然调得相同，也足以产生明显不同的鸣响。现在，开动这两个以不等间隔敲击的节拍器；你们很快会发现，它们的振荡交替重合并且互相抵触。交替越迅速，两个节拍器的节拍差越大。

如果苦于没有节拍器，可以用两个钟表做实验。

拍音以同样的方式产生了。两个音高不等的发声体有节奏的振荡，时而重合，时而干扰，它们以此交替增大或减弱彼此的作用，因此类似振荡的、令人不悦的音调增强了。

42

既然我们已经熟悉了泛音和拍音，我们就可以着手回答我们的主要问题：为什么音高的某种关系产生愉悦的声音、谐音、其他不悦耳的声音、不谐和音呢？很快将看到，所有同时的声音组合的讨厌的效果是由那些组合产生的拍音的结果。拍音是音乐仅有的罪孽，唯一的邪恶。谐音是没有明显拍音的声音的结合。

图 12

为了使你们完全明白这一点，我建构了一个你们在图 12 中看见的模型。它表示一架键盘乐器。在它的顶部放置着一个带有标记 1、2……6 的可移动木条 *aa*。通过将这个木条调整到任何位置，例如调整到位于键盘音调 *c* 上方的标记 1 所处的位置，正如你们看到的那样，标记 2、3……6 位于音调 *c* 的泛音上边。当木条被放置到任何其他位置时，会发生同样的情况。第二个完全相似的木条 *bb* 具有相同的性能。这样一来，在任何两个位置的这两个木条，通过它们的标记共同指出，对在标记 1 标示的音调的同时发音方面发挥作用的所有音调。

放在相同基音上方的两个木条，也显示那些音调的所有泛音重叠。第一个音调仅仅被另外一个音调加强。声音的单个泛音离得太远，以致不容许明显的拍音。其结果，第二个声音没有补充什么新东西，也没有新拍音。协调是最完美的谐音。

43

使两个木条中的一个沿着另一个移动，这等同于离开协调。现在，一种声音的所有泛音与另一种声音的所有泛音一起减弱，拍音立刻产生了；声调的组合变得难听：我们得到不谐和。如果越来越向前移动木条，我们会发现，作为一个普遍准则，泛音总是彼此一起减弱，即总是产生拍音和不谐和。只有在几个十分确定的位置，泛音才部分重叠。因此，这样的位置表明和谐程度较高——它们指出**谐音的间隔**。

通过把纸中的图 12 缩短，并且将 bb 纵长地沿着 aa 移动，能够很快用实验发现这些谐音的间隔。在这两个例子中，由于一种声音的泛音与另一种声音的泛音绝对重叠，所以最完美的谐音是八度音和十二度音。例如，在八度音中，$1b$ 落到 $2a$ 上，$2b$ 落到 $4a$ 上，$3b$ 落到 $6a$ 上，因此，谐音是不伴随任何讨厌的拍音的同时的声音组合。顺便说一下，用英语表达的谐音(consonance)，就是欧几里得用希腊语表达的东西。

44

只有共同拥有它们分音的某个部分的声音，才是谐和的。我们也必须在一个接一个地弹奏时，清楚地在这些声音之间识别某种类同。比如，由于共同的泛音，第二种声音会产生与第一种声音部分相同的感觉。八度音是这种感觉最显著的例证。当我们在音阶升高的过程中达到八度音时，我们实际上以为我们听到了重复的基音。因此，和声的基础就是旋律的基础。

和声就是感觉不到拍音的声音的结合！这个原理等于将奇妙的秩序和逻辑引入基音学说。这使迄今难得以逻辑的精细性列在详尽说明书后面的和声理论纲要，变得异常清晰和简明(上天作证!)。尤其值得注意的是，像帕莱斯特里纳、莫扎特、贝多芬这样一类名副其实的大师不知不觉彻底弄清楚的、此前教科书也未能提供正确理由的一切，都从前面的原理中得到完美的证实。

但是，理论之美在于，它在它的外表打上真理的印记。它不是大脑的幻觉。每一位音乐家都能够亲自听到他的乐声的泛音产生的拍音。每一名音乐家都能够使自己确信，就任何特定的例子而言，拍音的数目和刺耳性可以预先估算出来，并且它们恰恰在理论决定的范围内出现。 45

就可以用我现在掌握的方法来说明而言，这就是亥姆霍兹对毕达哥拉斯问题给出的答案。在这个问题的提出和解决之间相隔很长一段时间。杰出的探究者不止一次比他们梦想过的更接近答案。

探究者寻求真理。我不知道是否真理寻求探究者。但是，果真如此，那么科学史会使我们生动地回想起那些常常由画家和诗人使之名垂千古的标准幽会。花园的高墙。右边是男青年，左边是少女。男青年渴望，少女思慕！两人在等待。无论谁都没有料到对方离得有多近。

我喜欢这个直喻。真理任凭人们向她求爱，但是她显然不渴望人们赢得她。她有时不光彩地调情。尤其是，她决意受到赞赏，可又对那个会太快赢得她的人，除了轻蔑还是轻蔑。当然，如果有人确实在努力征服中撞破头颅，那又何妨，另一个人会接踵而至，而真理总是豆蔻妙龄。事实上，有时她真的看来好像非常倾心她的爱慕者，但是承认这一点——永远不会！只有当真理兴致异常高涨时，她才给她的求爱者投以鼓励的一瞥。因为真理揣测，如果我没有些微表示，最终小伙子丝毫也不会追求我。 46

于是，我们拥有真理的这一个片段，它从来不会逃过我们的注意。但是，当我沉思，在一个半成熟的思想变得完备之前，它付出了多少劳动和有思想者的生命，它是多么费力地经过数个世纪摸索它的道路;当我沉思,正是两千多年的跋涉,才响亮地说出我的这个并不冒失的模式;此时,我几乎不加掩饰地后悔我开的这个玩笑。

而且,请想一想我们还有多少不足!几千年以后,当罩靴、高顶大礼帽、裙撑、钢琴、低音维奥尔琴作为19世纪的化石从泥土中、从最新冲击层中挖出;如同我们今天对石器时代的器具和史前时代的湖上木排屋进行研究一样,当那个时期的科学家就这些奇妙的建筑和现代的百老汇大街二者从事他们的研究——那时,也许人们也不能理解,我们怎么会这么接近许多伟大的真理而没有抓住它们。因此,正是一直未解决的不谐和,一直讨厌的七度音,在我们的耳中到处回荡;我们也许感到,它将找到它的解决办法,但是我们从来不会活着看到纯粹的三重谐和的那一天,我们久远的后代也不会看到。

女士们,倘使激起迷惑是你们一生惬意的目的,那么澄清它就是我的目的;因此,我必须向你们坦白我自觉内疚的一个小过失。在一点上,我对你们没有讲实情。但是,如果我以彻底的悔改来补偿它,你们会原谅我犯的这个错误。图12描绘的模型没有告诉全部真理,因为它建立在所谓的"均衡调律"调音系统的基础上。然而,乐音的泛音未被调律,而是纯粹地调音。借助这个有点不精确的方法,模型建构得相当简单。按照这种形式,它完全胜任普通的目的,并且在研究中使用它的人,没必要担心出现明显的错误。

不过,如果你们向我要求完美的真理,我只能借助数学公式提供给你们。我本应当手里拿着粉笔并且——想一想它!——当着你们的面计算。这样做的话,你们也许会见怪。这种情况也不会发生。今天,我已决定不再做计算(reckoning)。我现在只能指望(reckon)你们的容忍;当你们考虑到我仅仅有限地利用我的使你们厌倦的特权,你们一定不会反对我这样做。我可能已经占用了你们太多的时间,因此可以用莱辛的警句恰到好处地结束:

> "如果你们在这些书页中没有发现那是值得感谢的,那么你们至少对于我已经出让给你们的东西心怀感激。"

48

四　光　速

当刑事审判员面前有一个十足狡猾的无赖，而这个无赖又相当精通搪塞技巧时，审判员的主要目标是通过几个精心构想的问题迫使罪犯招供。就自然而言，自然哲学家似乎被放在几乎相同的位置。的确，他在这儿更多的是发挥侦探而不是审判员的功能；但是，他的目标仍然几乎相同。必须让自然招供的是她的隐藏的动机和作用的定律。是否能榨出供词，取决于探究者的机敏。因此，培根勋爵称实验方法是审问自然，并非没有理由。其技巧在于，这样提出我们的问题，使得它们在不违反成规的情况下仍然可以回答。

再来看看不计其数的拷问的工具、器械和仪器，人们用它们进行自然探究，它们嘲笑诗人的诗句：

49

“即使在光天化日之下，

大自然依然神秘莫测、紧蒙面纱，

任凭我们大肆喧哗；

那个她不愿意炫耀、袒露之事，

不可用杠杆、螺旋和锤子强迫她回答。”

看一看这些器具，你们就会明白，拷问的比方也是可以采纳的。[①]

像有意对人类隐瞒一样，只有用暴力或欺诈才能揭露，这种自然观与古人的概念比与近代的概念更加协调一致。一位希腊哲学家在提出他那个时代关于自然科学的见解时曾说过，看到人类正设法探明众神无意向他们泄露的事情，这只会惹众神不快。[②] 当然这位说者的所有同代人并不持有他的见解。

今天仍然可以发觉这种观点的痕迹，但是总体看来，现在我们不那么目光短浅了。我们不再相信，自然故意隐藏她自己。现在，我们从科学史了解到，我们的问题有时是无意义的，因此我们知道答案不可能是现成的。马上我们将看到，包括他的全部思维和追求在内的人类，为何只是自然生命的一个片断。

那么正如你们的幻想支配的那样，将物理学家的工具描绘成拷问的仪器或惹人喜爱的器械，那么出自那些工具史的章节无论如何会引起你们的兴趣，而且了解导致发明这样奇怪器具的特别困难是什么，并不会令人不快。 50

伽利略（1564 年生于比萨，1642 年卒于阿切特里）第一个询问光速是什么，即照射在一处的光可以被有一定距离的另一处看见，

---

① 据乔利斯·安德里厄说，自然一定要被拷问才能显露她的秘密的观念，是以 *crucibler* 这个名称保留下来的。*crucibler* 来自拉丁语 *crux*（十字形）。但是，*crucibler* 更有可能源自一些古法语或日耳曼语的形式，如 *cruche*、*kroes*、*krous*，等等，表示罐或壶（比较现代英语 *crock*、*cruse* 以及德语 *Krug*）。——英译者注

② 色诺芬的大事记 iv，7 认为苏格拉底讲过这些话：ουτε γαρ ευρετα αγθρωποιζ αντα ενομιζεν ειναι，ουτε χαοιζεσθαι θεοιζ αν ηγειτο τον ζητουντα α εακεινοι σαφηνισαι ουκ εβουληθησαν.

需要花费多少时间。[①]

伽利略设计的方法很简单,就好像它是自然的一样。手提被蒙住的灯笼的两名有经验的观察者,必须在暗夜里站在彼此相距

A ———— B

图 13

很远的地点,一个在 A 点,另一个在 B 点。在预先确定好的时刻,指示 A 摘下他的灯笼的蒙布;当 B 看见 A 的灯笼的光时,他就要摘下他的灯笼的蒙布。现在很清楚,从 A 移去他的灯笼的蒙布开始计算,直到他看见 B 的灯笼的光的时间,就是光从 A 点传播到 B 点并且由 B 点返回到 A 点需要花费的时间。

实验没有实施,理所当然地也不会成功。正像我们现在所知,51 光传播得太快了,不可能这样注意到。我们现在知道,在光到达 B 点和观察者知觉它之间逝去的时间,包括决定移去灯笼的蒙布和正在移去之间耗去的时间,比光传播到地球最远的距离花费的时间要大得不可比拟。如果我们思考一下夜空中的闪电瞬间照亮十分广阔的区域,而单个被反射的雷的霹雳声,非常渐进地、明显接连地到达观察者的耳中,那么巨大的光速将会变得很明显。

既然是这样,在伽利略的一生中,他测定光速的努力始终没有成功地加冕。但是,光速测量后来的历史却与他的名字密切相关,由于用他制作的望远镜发现了木星的四个卫星,这为光速测量提

① Calileo, *Discorsi e dimostrazione matematiche*(《关于数学证明的讨论》), Leyden, 1638. *Dialogo Primo*(《第一篇对话》).

供了下一次机会。

就伽利略的实验而言，地上的距离太小了。当利用星系空间时，测量首次得以实施。奥拉夫·罗默（1644 年生于奥尔胡斯，1710 年卒于哥本哈根）在巴黎天文台用卡西尼[①]观察木星卫星的公转时（1675～1676），完成了这项伟绩。

设 AB（图 14）是木星的轨道。令 S 代表太阳，E 代表地球，J 代表木星，T 代表木卫一。当地球在 E_1 点时，我们看到卫星定期进入木星的阴影区，并且通过观察两次连续卫星蚀之间的时间间隔，能够计算出它公转时间。罗默记录的时间是 42 小时 28 分 35 秒。现在，当地球沿着它的轨道向 E_2 点运行时，卫星的公转明显 52

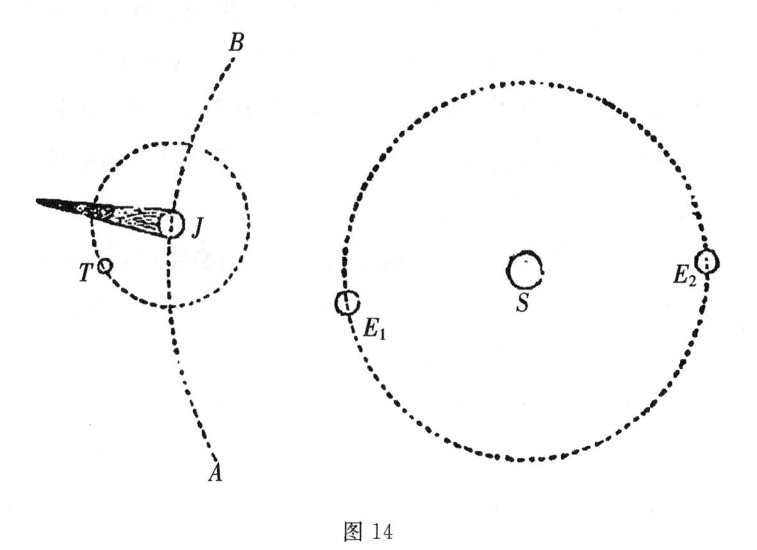

图 14

① 这里指法国天文学家卡西尼于 1668 年编制的木卫位置表。——中译者注

地变得越来越长:卫星蚀出现得越来越晚。卫星蚀的最大延迟量发生在地球处于E_2时,达到16分26秒。当地球再次向E_1返回时,公转明显变得更短;当地球到达E_1时,它们恰好发生在它们首次出现的时间。可以看到,地球公转一周,木星的位置只有十分微小的变化。罗默立刻猜到,木星的卫星公转时间的这些周期性变化不是实际变化,而是视变化,可以用某种方式把它们与光速联系起来。

53

让我们用一个明喻说清楚这件事。我们通过邮局定期收到我们首都政治状况的新闻。不管我们可能离首都多么远,我们还是听到每个事件的新闻——虽然的确迟了些,但是所有的新闻都同样延迟。事件到达我们的时间接续与事件发生的时间接续相同。但是,如果我们正在离开首都,每个接续的邮局将会经过更长的距离,那么事件到达我们就要比它们发生的更慢一些。如果我们正在接近首都,情况将刚好相反。

在静止时,我们在任何距离听到以相同**节奏**弹奏的一段乐曲。但是,如果我们快速跑向乐队,那么**节奏**将明显加快;或者,如果我们快速远离它,则节奏会明显放慢。①

给你们自己画一个十字图形,假设它是环绕它的中心匀速旋转的风车的翼板(图15)。很清楚,如果带领你们快速离开风车,在你们看来翼板的旋转似乎进行得更慢了。对于本例中向你们传送信息、给您带来翼板的相继位置消息的邮局而言,将不得不在每

① 以同样的方式,当机车快速趋近观察者时,鸣笛声要高于机车静止时的声音;当机车快速离开观察者时,鸣笛声要比机车处于静止时的声音低。——英译者注

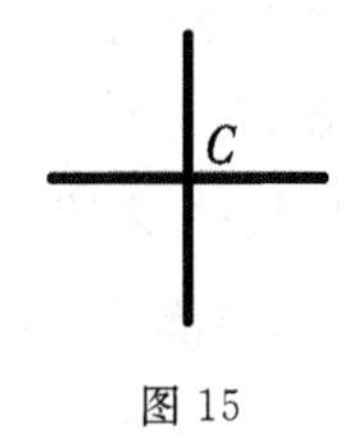

图 15

一个相继的时刻行进更长的路程。

现在,木星的卫星的转动(公转)情况也必定如此。由于地球从 E_1 到 E_2 的移动距离,或者由于地球离开木星运动的距离与地球轨道直径相等,因此卫星蚀最大的延迟(16½分钟)显然相当于光穿过与地球轨道直径相等的距离所花的时间。按照这样的计算测定,光速即光在一秒中划过的距离是 311,000 千米,[①]或193,000英里。随后校正了地球轨道直径,以同样的方法给出光速为大约每秒 186,000 英里。 54

这个方法完全是伽利略的方法,只是选择了更有利的条件。我们让 307,000,000 千米的地球轨道直径代替很短的地面距离;我们让交替出现和消失的木星的卫星代替揭开和蒙住的灯笼。因此,虽然伽利略不能让自己实现计划的测量,但是他发现了测量最终得以实施的灯笼。

物理学家依然不会长期满足于这个出色的发现。他们寻求更简便的测量光速的方法,比如有可能在地球上进行。当问题的难点清楚地暴露后,这是可能的。这类测量由斐索(1819 年生于巴黎)于 1849 年实施。 55

① 1 千米等于 0.621 或近似 5/8 法定英里。

我会尽力给你们讲清楚斐索仪器的原理。设 s(图 16)是一个环绕其中心自由旋转的圆盘,在它的边缘有一系列被打穿的孔洞。设 l 为发光点,它的光投射到一个未镀银的玻璃 a 上,a 与光盘的轴斜交成 45 度角。在这点反射的光线穿过圆盘的一个孔,垂直落

图 16

在约 5 英里距离之处安置的镜子 b 上。光线从镜子 b 再次反射,又一次通过 s 中的孔洞,并且穿透玻璃板,最后射入观察者的眼睛 o。于是,眼睛 o 通过玻璃板和圆盘的孔洞,看见镜子 b 中发光点 l 的图像。

现在假设圆盘在旋转,孔眼之间未穿孔的地方,将会轮流代替孔眼,于是现在眼睛 o 将只能以间断的间隔看到镜子 b 中发光点的图像。然而,在加速旋转圆盘时,在眼睛看来间断又变得不明显了,眼睛看到镜子 b 被均匀照亮。

56

然而,当穿过 s 中的孔眼到 b 的发送的光线在它返回时照射在几乎相同位置的孔眼,并第二次穿过它,这一切只适用于相对小的圆盘速度。现在,设想圆盘的速度增加到这样的程度,使得光线在它返回时发现,在它前面是一个未穿孔的间隔而不是孔眼,那么

它不再会到达眼睛。于是，只有当使光线发送到镜子 b，而不是从镜子 b 发出时，我们才能看到它；当光线来自它时，它就被遮盖了。因此，在这种情况下，镜子总是显得黑暗。

如果此刻更进一步加快旋转的速度，通过一个孔眼发送的光，在它返回时当然不能穿过同一孔眼，而有可能落在下一个孔眼并经由该孔眼到达眼中。因此，通过不断地增加旋转速度，可以使镜子 b 交替地显现明暗。显然，如果现在我们知道圆盘孔眼的数目，每秒旋转的数目和 sb 的距离，我们就可以计算出光速。结果与罗默所获得的光速一致。

实验并不完全像我的阐述可能让你们相信这么简单。一定要注意，光必须在没有色散的情况下经过 sb 和 bs 英里的距离来回传播。借助望远镜排除了这个困难。 57

如果我们仔细检查斐索的仪器，我们会从中辩出旧相识：伽利略实验的设置。发光点 l 就是灯笼 A，而穿孔圆盘的旋转机械地执行着揭开灯笼和蒙住灯笼的动作。我们让镜子 b——光从 s 那里一到达，它就准确可靠地被照亮——代替不灵巧的观察者 B。圆盘 s 通过交替传送和拦截反射光，给观察者 o 带来方便。可以这么说，在这里，伽利略实验在一秒钟内被无数次地实施，不过全部的结果都容许实际观察。如果在这个领域可以准予我使用达尔文的习惯用语，我会说斐索的仪器是伽利略的灯笼的后代。

傅科使用了一个甚至更加精确和精致的测量光速的方法，但是在这里描述它会使我们过于远离主题。

用伽利略的方法很容易进行音速测量。因此，物理学家没有必要进一步对这个问题绞尽脑汁;但是,出自必然性的关于光的观念也被应用于这个领域。巴黎的柯尼希建造音速测量仪,它与斐索的方法有紧密联系。

58 仪器非常简单。它包含两个同时敲响的电时钟机构,具有几十分之一秒的完美精确性。如果我们直接将两个时钟机构并排放在一起,不管我们站在哪里,我们都听到它们同时敲响。但是,如果我们站到其中一个机构的旁边,而将另一个机构放在与我们有一定距离的地方,通常这时不会再听到一致的鸣响了。作为声音,在两个时钟机构中,远处时钟的鸣响传来得迟一些。例如,在附近机构第一声鸣响之后,立刻听到远处机构的第一声鸣响,如此等等。但是通过增加距离,我们会再次产生重合的鸣响。比如,远处机构的第一声鸣响与近处机构的第二声鸣响重合,远处机构的第二声与附近机构的第三声鸣响重合,如此等等。现在,如果该机构鸣响几十分之一秒,然后加大它们之间的距离,直到注意到第一次重合为止,那么显然声音是以十分之一秒传播那段距离的。

我们频频遇到在这里描述的现象,即需要几个世纪缓慢而艰辛的努力必然产生的思想一旦发展起来,一定会茁壮成长。它到处传播和蔓延,甚至钻入它从来不会出现的心智中。思想不可能简单地被根除。

直接的感官知觉运用起来太慢并且笨拙,光速的测定并不是59 体现这一点的唯一例子。就直接观察而言,研究转瞬即逝事件的通常方法在于,使其他已知事件与它们相互作用,而所有已知事件的速度是可以比较的。结果通常不会被弄错,并且容许直接推断未知事件的特征。直接观察不能测定电的速度。但是,惠斯通仅仅通过权宜之计，即观察以惊人的已知速度旋转的镜子中的电火花，就确定了它。

如果我们毫无规则地到处挥动一个轴杆，简单的观察无法测定它在它的路线上每一点移动得有多快。但是让我们通过快速旋

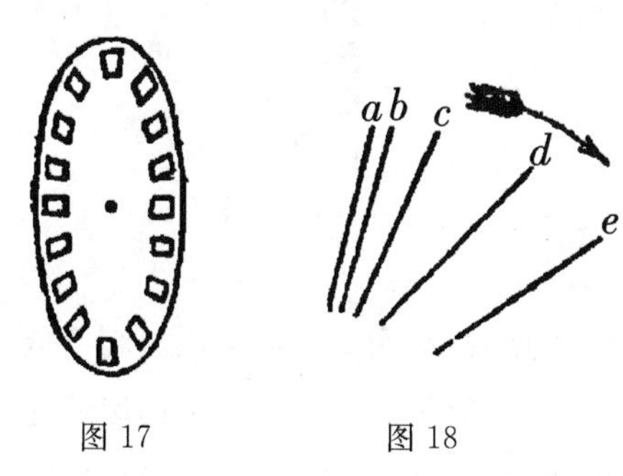

图 17　　图 18

转的圆盘边缘的孔洞观看轴杆(图 17)。这时，只在某些位置，即每当孔洞在眼前经过时，我们才会看到移动着的轴杆。轴杆的单个图像暂时给眼睛留下深刻印象；我们以为我们看见几个如图 18 所示那样配置的轴轩。现在，如果圆盘的孔洞相隔等距，并且圆盘以匀速旋转，我们会清楚地看到，轴杆已经缓慢地从 a 向 b 移过去，从 b 到 c 移动得快一些，从 c 到 d 更快一些，从 d 到 e 它的速度最大。

从容器底部的小孔流出的水的射流，具有极为平静和均匀的外观；但是，如果在黑暗的屋子里我们通过电闪的方式把它照亮一秒钟，我们会看到射流由独立的水滴构成。由于它们快速下落，水滴的图像消失了，射流显得很均匀。让我们通过旋转的圆盘看一下射流。假定把圆盘旋转得非常快，以致当第二个孔眼转到第一个孔的地点时，水滴 1 落入水滴 2 的地点，水滴 2 落入水滴 3 的地

60

点，以此类推。于是，我们看到水滴总是落入相同的地点上。射流似乎是静止的。如果我们把圆盘转动得稍慢一些，那么当第二个

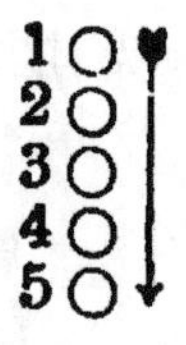

图 19

孔眼转到第一个地点时，水滴 1 将落得比水滴 2 低一些，水滴 2 将落得比水滴 3 低一些，等等。通过每一个连续的孔眼，我们看到处于相继较低位置的水滴。射流将显得正在缓慢地向下流出。

现在，让我们将圆盘转动得更快一些。这样一来，当第二个孔眼正通过第一个孔眼的地点时，水滴 1 将不完全到达水滴 2 的地点，而是在稍高于水滴 2 的地点被发现，水滴 2 在稍高于水滴 3 的地点被发现，如此等等。通过连续的孔眼，我们会看到处于相继较高地点的水滴。现在看起来，好像射流正在向上，水滴正在从较低的容器升入较高的容器。

你们瞧，物理学逐渐变得越来越可怖。物理学家将很快使物理学处在他的强权之下，以便扮演著名的拴在莫赫里湖底的龙虾的角色，诗人柯皮什幽默地将这个龙虾的可怕使命——如果始终把它解开的话——描述为使世界上所有事件逆转的使命；房椽又变成树，母牛又变成小牛，蜂蜜又变成鲜花，鸡又变成蛋，诗人自己的诗句倒流入他的墨水台。

61

* * *

现在，你们会给我做几句总评的权利。你们已经看到，相同的原理往往是为不同目的而设计的各大类别仪器的基础。通常，正是某个非常不起眼的观念，在物理技术方面产生了如此之多的成果和如此广泛的变革。在这里，观念就存在于实际生活之中。

一架四轮马车的轮子，在我们看来是非常简单和无足轻重的创造。但是，它的发明者一定是个天才。圆圆的树干最初也许是偶然地导致人们观察到，重物可以在滚子上轻易地移动。现在，从简单支撑的滚子到固定的滚子或轮子这一步，似乎是非常容易的一步。至少对于从小到大习惯于车轮运转的我们来说，是非常容易的一步。但是，假如我们真的把我们自己放在从未看见轮子，而又不得不发明它的人的位置上，那么我们就会开始对它的困难具有某种看法。事实上，是否单独一个人就能完成这项业绩，是否从原始的滚子形成最初的轮子也许不需要千百年，甚至都是让人怀疑的。[①]

历史不会为建造首个车轮的进步心智命名；他们的时代远在有史时期以前。没有科学院为他们的成就加冕，没有工程师社团选举他们做荣誉会员。他们仍旧仅仅活在他们引起的惊人成果中。我们以车轮为例，近代生活的技艺和工业几乎没有遗留下来。一切都消失了。从手纺车到碾磨机，从车床到轧钢机，从手推车到火车，一切都消失了。 62

① 也要注意这个方面，即在印度、日本以及其他佛教国家，轮子被认为是权力、秩序、法律以及心优于物的象征。对这项发明的重要性的意识，看来早已存留在这些民族的心智中。——英译者注

轮子在科学中同样重要。以位置的微小变化这样最简单的方式获取快速运动的旋转机器，在物理学的所有分支发挥作用。你们知道惠斯通的旋转镜，斐索的轮盘，普拉泰奥的穿孔旋转圆盘，等等。所有这些仪器的基础几乎都是同样的原理。在其服务目的上，它们彼此之间的差别，只不过是袖珍折刀与解剖学家的手术刀或剪枝工的小刀的差别罢了。可以说，螺旋几乎是相同的状况。

63 现在，你们也许会明白，新思想并不是突然涌现出来的。思想像每一个自然产物一样，需要成熟、生长和发展的时间；因为人连同他的思想，也是自然的一部分。

一种思想缓慢地、逐渐地、费力地转换为不同的思想，很可能像一个动物物种逐渐转换为新物种。许多观念是同时出现的。它们为生存而斗争，这与鱼龙、婆罗门与马为生存而斗争毫无二致。

一些思想依然迅速扩展到知识的所有领域，发展、再分化、重新从头开始斗争。就像许多早已被征服的动物物种、过去年代的孑遗种仍旧生存在它们的敌人无法接近它们的偏远地区一样，我们发现被破除的观念同样还活在许多人的心智中。任何一个愿意仔细审查自己的心灵的人都会承认，思想为生存而顽强斗争，就像动物为生存而顽强斗争一样。谁会否认许多被破除的思维模式仍然出没于他的头脑——头脑太无决断以致不能完全步入明朗的理性之光——的黑暗角落？探究者不知道的是，在他的观念转变中，最艰苦的斗争就是与他自己作斗争。

在所有道路和最微不足道的事情上，自然探究者都会遇到类似的现象。真正的探究者无论是在乡村漫步还是走在大城市的街64 道上，处处都在寻求真理。如果他不是专注学术的话，他会注意到，某些像女士帽子这样的事情不断变化。对这个课题，我没有进行专门研究，但是只要我想起一种款式总是渐渐换到另一种款式就可以了。起初，她们戴的帽子有长长的凸出的边缘，美丽的戴帽者的脸庞被遮掩在帽缘内，用望远镜大概也无法看见。帽缘变得越来越小；女帽缩小到似帽非帽的地步，令人啼笑皆非。到现在，巨大的上部结构正在开始在它的位置上增长，只有天知道它的限度会是什么。女士帽与蝴蝶无异，蝴蝶形态的丰富多彩通常不过是源自少量的赘生物，即在同种中一个种类的翅膀上发育成令人惊叹的褶襞。自然也有它自己的流行式样，但是它们持续了数千年。如果我不担心我的闲聊会让你们感到厌倦的话，我能够用许多追加的例子阐明这个观念，比如说大衣的演变史。

*　　　*　　　*

现在我们已经漫游了科学史的隐蔽角落。我们学到什么？我们学到对一个小问题——我几乎可以说是一个微不足道的问题——的解答，即光速测量。可是，却耗费了两个多世纪的时间致力于解决它！最杰出的自然哲学家中的三个人，意大利人伽利略、丹麦人罗默、法国人斐索，已经公平地分担了它的劳动。对于无数其他的疑问，情况也是如此。当我们这样沉思在一种思想繁盛之前必定凋谢和飘落的许多思想之花时，此刻我们会首次真正懂得基督沉重的、却多少有点抚慰的话语："征召的人多，选中的人少。" 65

历史的每一页都证明是这样。然而，历史是正确的吗？果真只是她提名的那些人被选中吗？让那些还没有赢得奖赏的人徒劳无益地活着和战斗吗？

我不相信。每一个在思想上经受过不眠之夜的折磨，起初没有收获，但是最终却大功告成的人也不会相信。在这样的奋斗中，没有什么思想是徒劳的思想；每一个思想，甚至最微不足道的思想，不仅如此，即使是错误思想，即显然具有最小成效的思想，都有助于为随后那些结出果实的思想铺垫道路。正如在个体的思想中，不存在徒劳无益的东西，在人类的思想中也是如此。

伽利略希望测量光速。在他的愿望实现之前，他不得不闭上他的双眼。但是至少他发现了他的后继者用以完成这项任务的灯笼。

因此，我可以坚称，就倾向而论，我们大家正在致力于未来的文明。只要我们大家力求真相，那么我们**所有人**都会被召唤，我们**所有人**都会被选中！

五　人为什么有两只眼

66

人为什么有两只眼？艺术家回答，他的脸部优美的对称不能被打乱。有远见的经济学家说，要是第一只眼睛失明了，他的第二只眼睛可以为其提供替补。宗教狂热者答复，我们可以用两只眼睛为世间的罪恶哭泣。

多么奇特的看法！然而，要是你们带着这个问题接近近代科学家，如果你们一点儿没遭到冷遇地逃脱了，你们要认为自己是幸运的。他会板着脸说："对不起，女士或我亲爱的先生，在有眼睛方面，人类不满足什么意图；自然不是人，因此没有世俗到要追求任何种类的目的。"

一个仍然不能令人满意的答案！我曾经认识一位教授，如果他的学生向他提出这么不科学的问题，他会极其厌恶地让他们闭嘴。

但是，请询问一个更容忍的人，问我吧。我，我坦率地承认，不完全了解人为什么有两只眼；但是我想，其理由部分地是，我今晚可以在这里能看见你们在我面前，与你们谈论这个讨人喜欢的主题。

67

你们又疑惑地笑了。眼下，这可是一百位智者在一起也无法回答的那些问题之一。迄今，你们只是听了其中五个人的看法。

你们肯定想要省却其他九十五人的见解。对于第一个人的看法，你们将回答，要是我们生来只有一只眼，我们也许看起来像希腊神话中的独眼巨人一样漂亮；对于第二个人的看法，你们会答复，按照他的原则，如果我们长四只或八只眼，我们应该在经济上境况更好一些，可是我们在这方面远远不如蜘蛛；对第三个人的看法，你们也许说，你们恰恰没有哭泣的心情；对第四个人的看法，你们可能要说，无条件地禁止提问与其说满足、还不如说激发你们的好奇心；而关于我的看法，你们会倾向于说，我的意愿不如我料想的强烈，当然也就没有大到足以证明自从亚当堕落以来，人存在两只眼是合理的。

可是，既然你们不满意我简短而平淡的回答，后果只能怪你们自己。你们现在必须聆听冗长的、较为学术性的说明，尽管以我的能力给出的说明不过尔尔。

然而，鉴于科学的庙堂排除“为什么”的问题，让我们用纯粹传统的方式提出问题：人有两只眼，他用两只眼比用一只眼能够多看些什么？

68 我邀请你们和我一起漫步吧？我们看到，在我们前面有一片树林。是什么让这片真实的树林与绘制的树林——不管绘画可能多么完美——产生如此值得称道的对照呢？是什么让真实的树林比绘制的更好看呢？是色彩的鲜明，光线和阴影的分布吗？我认为不是。相反地，在我看来，绘画可以在这方面做得更多。

画家灵巧的手寥寥几笔就可以勾勒出具有奇妙立体感的形状。借助其他手段，甚至能够获得更多。浮雕的照片这么有立体感，以至我们常常想象我们可以实际抓住这些隆起和凹陷。

但是有一件事情，画家无法逼真地给予我们，而自然却可以，那就是近处和远处的差别。在实际的树林中，你们清楚地发现你们可以抓住一些树木，而那些绘画中的树木却远得难以接近。画家的画面是刻板的。真实树林的画面通过最轻微的移动而变化。时而这个树枝隐在那个树枝的后头，时而那个树枝隐在这个树枝的后面。树木交替隐现。 69

让我们稍微细致一些考虑这个问题。为方便起见，我们将逗留在公路Ⅰ、Ⅱ上。（图 20）森林位于公路的右边和左边。比如说，站在公路Ⅰ，我们看见三棵树（1、2、3）成一排，致使远处那两棵树被最近的这棵遮住了。再向前走，上述情况发生改变。在公路Ⅱ，我们无须环顾，观看最远处的树木 3 与观看较近的树木 2 一样，观看树木 2 也像观看树木 1 一样。**因此，当我们向前走时，与离我们很远的物体相比，靠近我们的物体似乎落在了后面，落后随着物体靠近而增加。**当我们继续行进时，我们必定总是向同一个方向望去的非常遥远的物体，看起来好像与我们一起移动。

因此，如果我们看到两棵树的树梢在远处山顶上伸出，我们还拿不准它们与我们的距离，那么我们手里会有一个非常容易的方法解决这个问题。我们可以向前走几步，比如说向右走，几乎向左退去的树梢将是离我们较近的一个。的确，几何学家从来不用靠近这些树，从退去的多少就能够实际测定它们离我们的距离。仅 70 仅是这种感知在科学上的发展，就使我们能够测量星体的距离。

因此，从向前运动时视图的变化，可以测出我们视野内物体的距离。

不过，严格地讲，甚至没有必要向前运动。因为每一个观测者

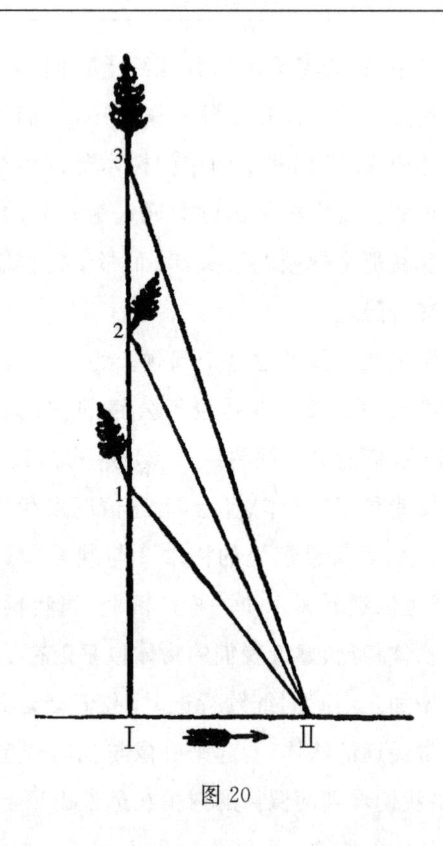

图 20

确实由两个观察员组成。人有**两**只眼。朝右手的方向，右眼领先左眼一小步。因此，这两只眼睛得到同一片树林的**不同**图像。右眼将看到附近的树向左移动，左眼将看到附近的树向右移动；位移越大，树就越靠近。这种差别足以形成距离的观念。

现在我们可以很容易确信以下事实：

1. 让另一只眼闭着，用一只眼，你们对距离的判定非常不确定。例如，闭上一只眼睛，你们会发现，让棍子穿过悬挂在你们面前的圆环并不是容易的事;几乎在每一个例子中,你们都可能穿不过圆环。

2. 你们用右眼与你们用左眼看同一个物,所看到的有所不同。

将一个灯罩放在你们前面的桌子上,让它的大口朝下,并从上

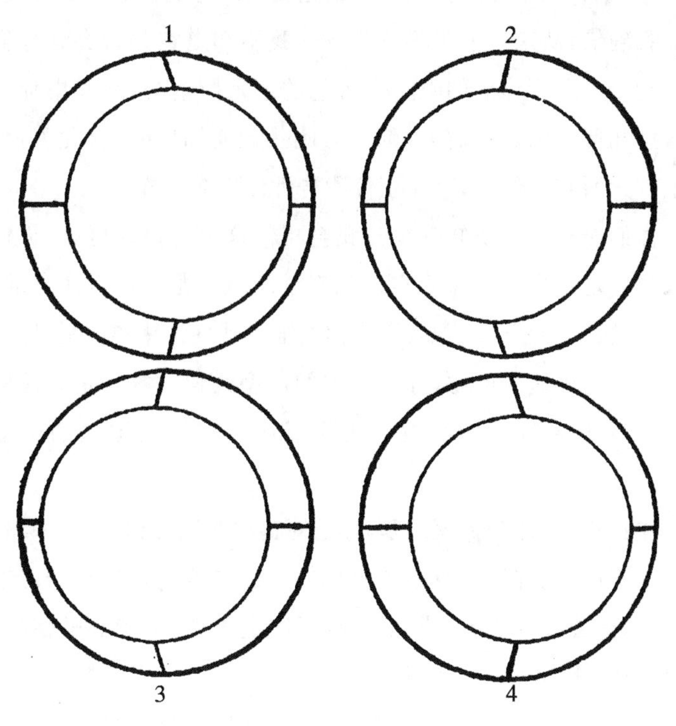

图 21

面观察它。(图 21)用右眼你们会看到图像 2,用左眼你们会看到图像 1。重新放置灯罩,让它的大口朝上;用右眼你们会得到图像 4,用左眼得到图像 3。欧几里得提到具有这个特点的现象。　71

3. 最后,你们知道用双眼判定距离是很容易的。因此,你们的

判断一定以某种方式来自双眼的配合。在前面的例子中,用双眼得到的不同图像中的开口似乎被相互置换了,这种置换足以推断一个开口比另一个开口更近一些。

女士们,我不怀疑你们会频繁地受到对你们眼睛的美妙赞颂;72 但是我确信,从来没人告诉你们——我不知道它是否会让你们感到荣幸——不管你们的眼睛是蓝色的还是黑色的,在其中你们都有微型几何学家。你们说,你们对此一无所知?噢,就此事而言,我也一无所知。但是,事实正像我告诉你们的那样。

你们对几何学所知甚少?我会相信这个坦白。可是,你们借助双眼判定距离吗?那确实是几何学问题。尤其值得注意的是,你们知道这个问题的答案:因为你们准确地估计距离。另外,如果**你们**没有解决这个问题,你们眼中的微型几何学家一定会暗中解决它并低声告诉你们答案。我绝不怀疑它们是敏捷的微型研究员。

在这里,最让我惊讶的是,你们对这些微型几何学家一点也不了解。不过,也许他们也不了解你们。也许他们是严格守时的典范,是例行公事的职员——他们除了固定工作,不操心任何事情。假使那样,我们也许能够蒙骗这位绅士。

如果我们呈现给我们右眼一个在右眼看来酷似灯罩的图像,接着呈现给我们左眼一个在左眼看来酷似灯罩图像,那么我会设想,我们看到整个灯罩全部在我们面前。

你们了解这个实验。如果你们练习斜着眼睛看,那么你们可以直接用图样做实验,用你们的右眼看右边的图像,再用左眼看左73 边的图像。以这种方式,埃利奥特首次完成这项实验。经过改进和完善，它形成了惠斯通的体视镜，布鲁斯特使之广泛地普及和实用开来。

从相当于两只眼睛的两个不同的点，给同一物体拍两张照片，体视镜借以能够产生非常清晰的远处住宅或建筑的三维图片。

但是，体视镜完成的还不止这个。它可以为我们显现我们在实际客体中以同等的清晰度从未看到的东西。你们知道，当你们正在拍照时，如果你们总是摇动，那么你们的照片将照得像印度的神的图像，有几个头或几条胳膊，在它们重叠的地方，它们以同样的清晰度显示出来，其结果我们好像是**通过**另一张照片来看这张照片。如果一个人在结束影像之前迅速从相机前走开，他后面的物体也将被印在照片上；这个人看起来好像是透明的。摄影的重像就是以这种方式做出来的。

一些非常有益的应用可以利用这项发现。例如，如果我们拍一张立体的机器图片，在操作时由于连续移动单个部件（在这里印图当然遭到遮断），那么我们得到带有全部空间连续性痕迹的透明视图，平常隐蔽的部件的相互作用在里面清晰显现出来。为获得解剖结构透明的立体视图，我使用过这个方法。

74

你们瞧，摄影术正在取得惊人的进展，可是也存在巨大的风险，即某个心存恶意的艺术家迟早会拍摄他的怀有最隐秘的思想感情连续视图的无知赞助人。此时，政治将会多么稳定啊！我们的探测力量将获得多么丰富的收获呀！

*　　　*　　　*

因此，通过双眼的共同活动，我们得出对距离的判断，对物体形状的判断也是这样。

在这儿，请允许我提及与这个主题有关的几个附加事实，它们将有助于我们理解文明史中的某些现象。

你们经常听说并且从亲身经验知道，遥远的物体在透视上显得矮小。事实上，仅仅通过把你们的手指近距离地竖在你们眼前，你们就可以将离你们几英尺远的人的影像覆盖，这很容易使你们自己信服。通常，你们还没有注意到物体的这种收缩。相反地，你们想象，你们看一个在大礼堂尽头的人，与当他靠近你们时你们看他一样大。因为在眼睛对距离的测量中，你们的眼睛使远处的物体相应地变得较大。可以这么说，眼睛知道这种透视缩小并且不被它蒙骗，尽管它的拥有者没有意识到这个事实。所有尝试写生的人都切身地感受到，眼睛这种高超的灵巧给透视概念带来困难。直到由于距离的大小，或者出于缺少参照点，或者出于变化得太快，使得人对距离的判断变得不确定时，所提供的透视才是极为重要的。

75

在快速前进的火车上，当绕着弯道疾驰时，在那里突然展现出宽广的视野，远处山丘上的人看起来像个玩偶。[①] 此刻，你们在这里没有已知的参照系作为参照来测量距离。当我们乘车驶向隧道时，位于隧道入口处的石头明显变大了；当我们离开它时，石头在体积上明显地缩小了。

① 这个效应用在“高空作业工人”——位于高烟囱和教堂尖顶的工人——的身材方面特别显著。当缆绳从布鲁克林桥(277 英尺高)的塔台吊起时，被派出去修整它们的篮子里的工人，衬托着天空和河水的广阔背景，看起来就像苍蝇一样。——英译者注

通常两只眼睛一起工作。因为某些视域不断地重复，总是导致大体相同的距离判断，双眼迟早必定获得几何构图的特殊技巧。毫无疑问，最终这个技巧增强到单独一只眼睛也常常很想行使那个功能。

请允许我用一个例子阐明这一点。你们对一些视野比沿着长街排成长列的深景视野更熟悉吗？谁不曾用充满希望的眼睛一次次窥视街道并测量它的纵深呢。现在，我将带领你们进入一家艺术画廊，在那里我会建议你们观看一幅描绘深入街道深景的绘画。为了使他的透视更完美，画家不惜使用直尺。你们左眼中的几何学家想："啊哈！那件事情我已经计算了一百次或者更多。我记得它。它是深入街道的深景。"他继续说："房子较低的地方是遥远的尽头。"右眼中的几何学家做出同样的回答，他在这件事情上轻而易举地质疑他的也许乖戾的同伴。但是，这些守时的小研究员的责任感立刻被重新唤起。他们开始着手计算并很快发现，绘画中的所有地点离他们同样远，也就是说，绘画中的所有地点完全位于一个平面上。 76

现在，你们会接受哪一个观点，第一个或者第二个？如果你们接受第一个观点，你们会清楚地看到深景。如果你们接受第二个观点，你们看到的无非是一张被画得变形的图像。

观看一张绘画并理解它的透视，在你们看来是件小事。可是，在人类逐渐开始充分重视这件小事之前，几百年过去了，甚至你们中的大多数人是从所受的教育中首次获悉它的。

我能够非常清楚地记得，在我三岁时，所有透视画在我看来好像是对象的粗劣漫画。我无法理解，为什么画家让桌子一端这么

77 宽而另一端这么窄。在我看来,实际桌子的一端与另一端恰好一样宽,因为我的眼睛在未受到我干预的情况下做出并解释了它的计算。但是,不能把平面上关于桌子的绘画构想为一个绘有表面的扁平物,而应当把它构想为表示一张桌子;并且因此,对于全部的广延属性如此反映,这是一件我弄不明白的可笑的事情。不过,我怀有一种慰藉,因为全体国民都不理解它。

有一些单纯的人,他们将舞台中的假谋杀误以为真谋杀,将演员的假装行为误以为是真实的行为,并且当扮演的角色痛苦地受到逼迫时,他们简直无法抑制极度的义愤,而要伸出他们的援手。还有另一些人总是不能忘掉,漂亮的舞台风景是画上去的,理查三世只不过是他们在俱乐部中屡次碰见的男演员布思先生。

这两种视域同样是错误的。要正确地观看戏剧或绘画,人们必须懂得两者都是**假象**(shows),仅仅**表示**(denoting)某个真实的事物。对这样的成就而言,理智生活对感官生活的某种优势是必不可少的,在那里理智成分不会受到直接的感官印象的破坏。在
78 选择任何人的观点时,某种自由是必要的,我可以说是一种幽默感,这在儿童和有孩子气的人中是极其缺乏的。

让我们看看几个历史事实吧。我不会把你们带回到石器时代那么远,尽管我们拥有这个时期显示最早透视观念的略图。让我们仅仅在古埃及的陵墓和毁坏的寺庙中开始我们的浏览吧,此处无数的浮雕和灿烂的色彩已经经受住几千年的摧残。

在这里,一个丰富多彩的生活向我们敞开了。我们发现所描绘的在所有生活状态下的埃及人。在这些绘画中,立刻吸引我们注意力的是它们技法的精美。轮廓线极为精确和清晰。但是,在

另一方面，仅仅发现几种亮色，它们未经调和并且没有过渡的痕迹。完全缺乏暗部。画被涂在同等厚度的表面上。

对现代眼睛而言，感到震惊的是透视。除了外形被过分夸大的国王之外，所有画像一样大。近处和远处显得同样大。在任何地方都没有使用透视缩小。有水鸟的池塘被描绘成平坦的，好像它的表面是垂直的一样。

人物画像被描绘成前所未见的样子，腿是从侧面勾画的，面孔是侧面像。胸部从描绘平面的一边到另一边，占满了画的宽度。牛头看来是侧面像，而牛角处在画的正面。把它们的图像压制在画的平面中，就如同植物被压在植物标本中一样，这样讲也许是对埃及人所遵循的原则的最好表达。 79

简要说明一下这件事。如果埃及人习惯于同时用两只眼睛天真地观察事物，那么他们是不会熟悉透视图像在空间的结构的。他们在真人身上看到所有胳膊和所有腿符合他们的天生长度。当然，在他们眼中，压制到平面的图像比透视图更接近原型。

如果我们想到那些绘画是由浮雕发展而来，这种情况将会得到更好地理解。一定是压制图像与原型之间的微小不同，逐渐迫使人们采用透视图。但是，埃及人的图画正像我们孩子的绘画一样，在生理学上被证明是完全合理的。

亚述人显示出超越埃及人的些许进步。从已毁坏的在摩苏尔的宁录[①]土冈中抢救的浮雕，总的看来与埃及人的浮雕类似。我

① 宁录是《旧约全书》中的人物，号称“世上英雄之首”、“英勇的猎户”。据说他建立尼尼微（今伊拉克第三大城摩苏尔对岸）、迦拉（今尼姆鲁德）等大城。——中译者注

们主要是通过莱亚德[①]了解它们的。

绘画在中国人中进入一个新的阶段。这里的人民具有显著的透视感和正确的明暗法，然而却毫无逻辑地应用他们的原则。看起来，他们在这里也迈出了第一步，但是没有走得太远。与这种故步自封相协调的是他们的政体，在其中笼嘴和竹仗笞罚[②]发挥重要作用。与其一致的还有他们的语言，它像小孩的语言一样没有发展到有语法的阶段，或者更确切地说，按照现代概念，还没有退化到有语法的阶段。就他们的音乐而言，情况也一样，音乐满足于五个音阶。

80

埃尔库拉诺和庞贝的壁画由于描画的优美，同样也由于显著的透视感和恰当的光亮而闻名，可是它们在构图上根本无所顾忌。在这里我们还发现了无效的缩短。但是，为了弥补这个不足，让身体的各部分处于不自然的位置，在其中它们显得与它们的十足长度相符。在穿衣服的画像比在不穿衣服的画像中，可以更频繁观察到缩短。

通过做几个简单的试验——这些实验表明，仅仅借助注意力的任意移动，在达到控制人的感官之后，人可以多么不同地观看同一物体——我首先想到对这些现象的令人满意的说明。

请看附图（图 22）。它代表一张折叠的纸，如你们希望的那

---

① 莱亚德(Layard,1817～1894)是英国考古学家。1849 年发现尼尼微遗址，内有大量楔形文字泥板文书，从而对亚述和巴比伦王国文化与历史有了更多了解。——中译者注

② muzzle 为笼嘴、笼头、口套，有限制言论自由之意。bamboo-rod 为竹杖、竹竿、竹仗之意，引申为拷打、肉体刑罚。在翻译此处时，译者得到刘钝研究员和李约瑟研究所约翰·莫菲特(John Moffett)馆长的指点，特表谢忱之意。——中译者注

样，要么它的降低的一面、要么升高的一面转向你们，你们可以凭任一感官想象这幅图样，不论在哪一种情况下，它将以不同的形象显露给你们。

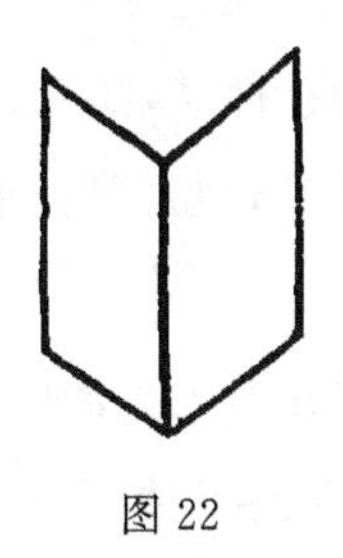

图 22

现在，如果把一张真实的折叠纸放在你们面前的桌子上，让它突出的棱转向你们，那么在你们用一只眼睛看它时，你们可以观看到这张纸交替地升高或降低，正如它实际所是的那样。然而，一个值得注意的现象在这里呈现出来。当你们正常地看这张纸时，不论是光亮还是形状，都没有呈现出任何显眼的东西。当你们看到把它向后弯曲时，你们发现它在透视上变形了。亮部和暗部显得更亮或更暗，或者仿佛被厚厚地涂了亮色。明暗现在看来缺乏任何原因。它们不再与物体的形状协调，从而使它们变得更突出了。

在日常生活中，我们利用物体的透视和光亮来测定它们的形状和位置。因此，我们没有注意到光线、暗部和畸变。当我们运用与通常的空间构图不同的构图时，它们首次强烈地进入意识。在凝视暗箱的平面图像时，我们对光线的充足和暗部的深度大为惊讶，而在实际物体中，我们却没有注意这两方面。

在我年少的时候，图画上的明暗在我看来都是无意义的疵点。

当我开始画画时，我认为明暗法纯粹是画家的习惯。我曾经给我们教堂的牧师、也是我们家的一个朋友画过像，我不是出于必要性而仅仅由于在其他图画上看见过某种类似的东西，就将牧师的整82 个半边脸涂成黑色。因为这件事，我受到妈妈的严厉批评，我的被深深伤害的艺术家的自尊心，也许是这些事实如此强烈地铭刻在我的记忆中的原因。

接着，你们看到，不仅在个人生活中，而且在人类生活中，甚至在整个文明史中，许多奇怪的事情都可以从人有两只眼这个简单的事实加以说明。

改变了人的眼睛，那么你们就改变了他对世界的概念。我们已经在我们的近亲埃及人、中国人和湖上居民中察觉到关于这个事实的真理；在我们的远亲，包括猴子和其他动物中，情况应当是怎样的呢？对于长着和人眼有本质不同的眼睛的动物比如昆虫来说，自然一定显得全然不同。但是，科学目前一定要摒绝描绘这种外观的乐趣，因为迄今我们对这些器官的运行模式知之甚少。

自然如何向与人密切相关的动物显露的，这甚至还是一个谜；至于禽鸟，仅仅由于它们的眼睛长在头部相对的两侧，它们几乎不能用两只眼同时看任何东西，鸟的每只眼睛都有独立的视野。①

人的心灵被禁锢在他的头部的樊笼中，它通过两扇窗户即眼睛观看自然。它也乐意知道，自然通过其他窗户看起来是怎样的。83 一个显然从未得到满足的欲望。但是，我们对自然的热爱显示出

① 参见约翰内斯·弥勒，*Vergleichende Physiologie des Gesichissinnes*（《视觉感官的比较生理学》），Leipsic，1826.

创造力,因此太多的欲望已经在这里实现了。

在我们面前放置一个角镜,它由两个彼此稍微倾斜的平面镜组成,我看到我的脸两次反射出来。在右边的镜子中我得到右侧脸的视域,在左边镜子中我得到左侧脸的视域。我也可以看见站在我前面的人的脸部,用我的右眼更多地看见右侧脸,用我的左眼更多地看见左侧脸。但是,为了得到像在角镜中显示的大相径庭的脸的视域,就必须把我的两只眼睛安置得比它们实际所处的位置相互更远离一些。

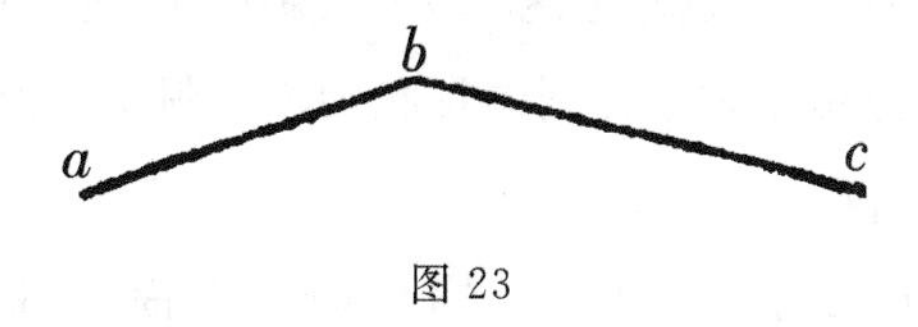

图 23

如果用我的右眼斜瞥右边镜子的图像,用我的左眼瞥左边镜子的图像,那么我看到的将是一个长着庞大的头、他的两只眼睛远远分开的巨人。这也是我自己的脸给我留下的印象。我现在看它是单一的和立体的。目不转睛地凝视,轮廓一秒一秒地扩大,眉毛显著地从眼睛上面向外鼓起,鼻子似乎长到一英尺长,我的八字须像是从嘴唇涌出的喷泉向前喷射,牙齿看起来无法计量地后退。但是,这个现象最恐怖的外观显然是鼻子。

对这种关联感兴趣的是亥姆霍兹的体视望远镜。在体视望远镜中,我们用右眼通过镜子 a 向镜子 A 张望以观看风景(图 24), 84 用左眼通过镜子 b 向镜子 B 张望以观看风景。镜子 A 和 B 远离。我们再次用远远分开的巨人的眼睛观看。似乎所有物体都变小了,并且接近我们。远山看起来像是在我们脚下布满青苔的石头。

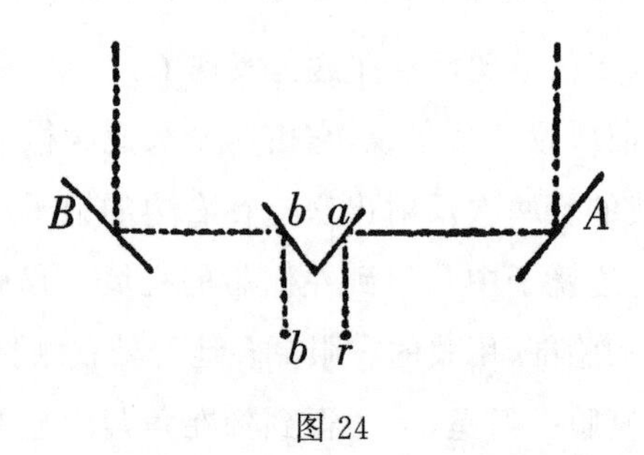

图 24

在两山之间，你们看到缩小的城市模型，一个名副其实的小人国。你们几乎禁不住用手触摸色彩柔和的森林和城市；你们确实不担心，你们有可能由于教堂锋利的针状尖顶而刺痛手指，或者手指有可能破裂和折断。

小人国不是寓言。我们只需要斯威夫特[①]的眼睛——体视镜——观看它。

你们设想一下颠倒的情况。让我们假定我们很小，以致我们可以在苔藓的丛林中长时间散步，并且我们的眼睛也相应地彼此接近。苔藓纤维将显得像树林一样。在它们上面，我们会看到奇怪的、畸形的怪物四处爬行。橡树枝条——我们的苔藓丛林处在它的根部——在我们看来好像是黑暗的、静止的、无数分叉的云朵，高高地点缀在天穹上；正像土星的居民，确实可以看见他们的巨大光环一样。在长满苔藓的林地的树干上，我们能够发现直径几英尺的巨大球状物，它晶莹剔透，在清风的吹拂下以缓慢又特别

① 斯威夫特(Swift, Jonathan, 1667～1745)公认的英国最杰出的讽刺作家和古往今来屈指可数的讽刺大师之一。他于 1726 年出版的寓言小说《格列佛游记》，通过描写假想的大人国、小人国等，讽刺时政。——中译者注

的方式摇曳着。我们会好奇地靠近，接着可能发现这些球状物是液态球，事实上它们是水，有动物在球内到处愉快地嬉戏。短促鲁莽的跨步、最轻微的接触和苦恼在我们身上发生，一种无形的力量不可抗拒地把我们的胳膊拽进球体内部，无情地把它牢固拘留在那里！一滴露珠已经将一个侏儒吞进它的毛细管食道中，为它的巨大人类对手在早餐时痛饮的数千个水珠复仇。你这个极其矮小的自然科学家，你本该知道，以你目前弱小的身躯，你不应该与毛细管的表面张力作用开玩笑！

对这个不幸事件的恐怖，使我恢复了理智。我明白，我已经变得充满田园诗般的情调。你们一定会原谅我。对我来说，一小块草地、苔藓或欧石南丛林加上它的微小居民，比许多描写高人羽化登仙的文学作品片段更具有无与伦比的魅力。如果我有写小说的天赋，我当然不会让约翰和玛丽成为我的角色。我也不愿意把我的一对恋人迁移到尼罗河，或转换到古埃及的法老时代，尽管我可能愿意选择那个年代而不是现在。我必须坦率地承认，尽管历史废话作为一种纯粹的现象或许是有趣的，但是我厌恶它；因为我们不能仅仅观察它，而且必须**感受**它，因为它通常以目空一切的、几乎无法抑制的傲慢浮现在我们脑际。我的小说的男主人公也许是一个金龟子，他五岁时首次用他新长出的翅膀冒险飞上明亮而自由的天空。如果人通过使自己了解与之密切相关的生物的世界观，从而摆脱心智的遗传局限和获得性局限的话，那么这的确不会有害。他忍不住用这种方式获取无比多的东西，这是小城镇的居民通过环绕地球航行来了解陌生人的观点无法企及的。

86

*　　　　　*　　　　　*

现在，我带领你们沿着众多小径和偏僻小路行进，迅速跨越树篱和沟渠，以便向你们展示，通过对单个科学事实的严格追求，我们在每个领域可以达到多么广阔的景象。对人的两只眼睛的仔细考察，不仅引导我们进入人类童年朦胧的幽深之处，而且将我们带入远远超越人类生活的领域。

的确，常常冲击你们的是，作为稀奇古怪的事情，科学被分成两大类，属于所谓“高级教育”的人文科学处于几乎与自然科学敌对的态势。

我必须承认，我不太信赖这种科学划分。我认为，这种观点在87 成年人看来是天真幼稚的，就如同缺乏透视感的埃及古代绘画在我们看来是天真幼稚的一样。说什么“高级文化”只能从几个充其量不过是自然残片的古陶罐和羊皮纸中获得，或者说单从它们就可以比从自然的其余一切部分学到更多东西，情况真的会这样吗？我相信，这两类科学不过是以不同目的开始的同一科学的一部分。如果这两个目的彼此面对扮演蒙塔古斯和卡普莱斯，如果他们的侍从还沉湎于惊险的骑马持矛冲刺，那么我相信他们毕竟不是认真的。一边确实有罗密欧，另一边也确实有朱丽叶，希望有一天，他们会比戏剧的结局少一些悲剧色彩，将两家联合起来。

历史比较语言学以希腊语的绝对敬畏和神化为起点。现在，它开始把其他语言、其他人及其历史纳入它的范围；通过比较语言学这个中介，它已经开始与生理学结交为友，尽管到目前为止还有些谨慎。

物理科学是在女巫的厨房开始的。它现在包括有机界和无机界；伴随发音生理学和感觉理论，它甚至有时不恰当地催促它的研究者进入精神现象领域。

简而言之，仅仅通过向外一瞥，我们就得到对我们内部的许多东西的理解，反之亦然。每一个对象都属于两类科学。女士们，对 88 心理学家来说，你们是非常有趣又难解的问题，但是你们也是极为优美的自然现象。教会和国家是历史学家研究的对象，但同样是自然现象，实际上，就某种程度而言，是非常奇特的现象。如果历史科学通过向我们呈现新奇人们的思想，已经开创了广阔的视域，那么物理学在某种意义上更大程度地做到了这一点。通过使人消失于万有，以使他湮灭的方式，可以这么说，物理科学强迫他采取没有他自己的无偏见的立场，并根据不同于心胸狭窄人的标准形成他的判断。

但是，如果你们要是现在问我，人为什么有两只眼，我会回答：

他可以合理而准确地观看自然；他可以达到下面的理解：他自己，包括他所有的观点，正确的和不正确的观点，以及他的所有**上层政治**，都只不过是自然的短暂碎片；用墨菲斯特的话说，他是部分中的一部分；而且，下述语句是毫无道理的：

> “人，这个微观宇宙的傻子，
> 屡屡把他自己视为全体。”

89

六　论对称*

一位古代哲学家曾经谈到，对月球的本性绞尽脑汁的人使他想起这样一些人，他们只是听到一个遥远城市的名字，就讨论它的法律和制度。他说，真正的哲学家应该将他的目光转向内部，应该研究他自己和他的对错概念；他只有由此才能获得真正的益处。

这个古代的幸福公式，也许可以用赞美诗中熟知的话语重新表述为：

"生活在土地上，你们肯定会得到滋养。"

今日，假如他能够起死回生漫步到我们中间，这位哲学家会为事态发生的各种变化大吃一惊。

90

我们对月球和其他天体的运动有了准确认识。我们对自己身体运动的知识显然没有这么完备。月球上的山脉和自然分区已经

---

* 1871年冬季，在布拉格的德国娱乐场前发表的演讲。对这个演讲中的问题更详尽的论述，可在我的 *Contributions to the Analysis of the Sensations*（《感觉的分析文稿》），(Jena, 1886)中找到。English Translation, Chicago, 1895. J. P. Soret, *Sur la perception du beau*（《对美的认识》），Geneva, 1892，也把重复看做美学原理。他对这个主题的美学方面的讨论比我的要详细得多。但是，就这个原理的心理学和生理学基础而言，我确信《感觉的分析文稿》中的讨论更深入一些。——马赫(1894)

在地图上精确地勾勒出来，但是生理学家才开始找到描绘大脑布局的途径。人们研究过众多恒星的化学构成。动物身体的化学过程却是困难和复杂得多的问题。我们拥有天体力学，但是同样可靠的社会力学或道德力学仍然有待撰写。

我们的哲学家确实会承认，我们已经取得了巨大的进步。但是，我们没有听从过他的劝告。病人已经痊愈，可是他认为他的康复恰恰与医嘱相反。

现在，人类更加明智地从受到严重告诫的太空之旅中回归。在了解了外部世界重大而简明的事实后，人现在正开始批判地审查内部世界。这听起来不合理，但确实只有在我们思考过月球之后，我们才能够着手处理我们自己的问题。在我们进入比较难以理解的心理学领域之前，我们能够在不大错综复杂的领域获得简明而清晰的观念，天文学主要向我们提供了这些观念。

在此处，试图对那个惊人的变动做任何描述都是冒昧的，变动 91 最初来自物理科学，又超出物理科学的范围，现在则致力于心理学问题。在这里，我只想尝试用几个简单的例子向你们阐明，依靠从物理世界的事实，尤其是从临近的感官知觉领域的事实，对心理学领域起作用的方法。而且，我希望大家记住，不要把我的简要尝试当做此类科学问题现状的尺度。

*　　*　　*

众所周知，一些对象令我们愉悦，而另一些对象却不是这样。一般而言，任何按照固定的和遵循逻辑的法则构造的事物，还算是尚可的美的产物。于是我们看到，总是按照固定法则行事的自然本身，不断地产生这样标致的事物。物理学家每天都在工作间面对最美的共振图形、音调图形、偏振现象和衍射形式。

法则总是预设重复。因此，在产生令人愉悦的感受中，也许能够发现重复起某种重要作用。当然，重复不能穷竭愉悦感受的本质。而且，只有当物理事件的重复与感觉的重复联系起来时，它才变成愉悦感受的源泉。

92

每个中小学生的练习本，提供了感觉重复是愉悦感受的源泉的出色例子，它通常是这类事物的宝库，并且只是因为阿贝·多梅内克的需要才变得闻名遐迩。任何图形，无论多么粗陋或贫乏，如果重复了几次，由于重复排列成排，都会产生还算不错的带状装饰图案。

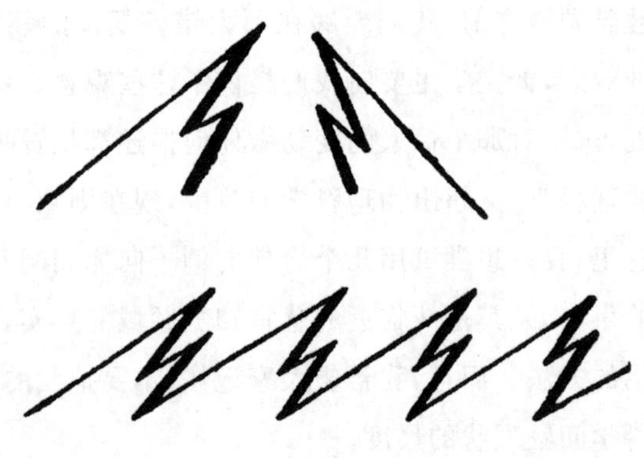

图 25

令人愉快的对称效果也是由于感觉的重复。让我们沉湎于这个思想；可是，没有想到的是，当我们已经展开它时，我们就彻底穷尽了令人愉悦的本质，更不必说美的本质了。

首先，让我们就对称是什么，得出一个清晰的概念。在定义之前，让我们画张逼真的图画。你们知道，物体在镜子的映像与物体本身极为相似。它的全部比例和轮廓都是相同的。可是，在物体和它的映像之间存在差别，你们很快就会观察到这一点。　93

在镜子前举起你们的右手，在镜子里你们会看到左手。你们的右手套在镜中将产生它的配对物。假如右手套的映像如真的手套一样呈现在你们眼前，你们从来也不会使用它。类似地，你们的右耳将显示作为它的映像的左耳；于是，你们马上察觉，可以很容易用你们身体的左半部分代替你们身体右半部分的映像。现在，除非将耳朵的小叶向上旋转，或者反方向朝向外耳，否则正如在缺失右耳的地方不能装上左耳一样；因此，尽管形状完全相似，物体的映像永远也不能代替物体本身。①

物体和它的映像之间这种区别的原因很简单。镜子后面的映像到镜面的距离，与镜子之前的物体到镜面的距离一样远。因此，物体最靠近镜子的那部分，也将是在映像中最近的镜像。从而，映像中各部分的接续都将是颠倒的，这可以从手表面盘或手稿正面的映像中最清楚地看到。

马上也会看到，要是物体的一点与它在镜子中的映像连接起来，那么连接线将以 90 度角与镜子相交，并被镜子二等分。这适用于物体和镜像的所有对应的点。　94

现在，如果我们能够用一个平面把物体分成两半，如同在反射的分割面里看到的一样，使得每一半都是另一半的翻版。那么这

---

① 康德在他的 *Prolegomena zu jeder Künftigen Metaphysik*(《未来形而上学导论》)中也提到这个事实，但是用于不同的目的。

样的物体就是对称的,分割面叫做对称面。

如果对称面是垂直的,我们能够说物体是垂直对称。垂直对称的一个例子是哥特式大教堂。

如果对称面是水平的,我们能够说物体是水平对称。湖滨的风景和它在水中的倒影,就是一个水平对称系统。

在这里,恰恰存在显著的区别。哥特式大教堂的垂直对称立刻打动我们,而我们可以来来回沿着莱茵河或哈得逊河的全长行走,却没有注意到对象与它们在水中倒影之间的对称。垂直对称使我们喜欢,而水平对称却显得无关紧要,只有经验丰富的眼睛才会注意它。

这种差别从何而来?我说来自下述事实:垂直对称产生相同感觉的重复,而水平对称没有产生。我现在要证明,情况就是这样。

让我们来看以下字母:

d b

q p

95 孩子们在初次尝试读写时,总是混淆 d 和 b 以及 q 和 p,但是从来不会错认 d 和 q 或 b 和 p,这是所有妈妈和老师都了解的事实。现在 d 和 b 以及 q 和 p 是**垂直**对称图形的两半,而 d 和 q 以及 b 和 p,是**水平**对称图形的两半。前两对被混淆了;但是,混淆只是在我们中间激起相同或相似感觉的事物的可能性。

在花园和画室的装饰上,屡次看到两个卖花姑娘的图像,其中一个右手提着花篮,另一个左手提着花篮。所有人都知道,除非我们十分仔细,否则我们多么易于相互混淆这些图像。

尽管将物从右向左倒转几乎未受到注意，但是眼睛对物的颠倒并非漠不关心。一直颠倒的人脸，几乎无法辨认是一张脸，它给人留下了全然不可思议的印象。其理由不是视觉上的罕见，因为它正如难以辨认反转的阿拉伯式图案一样，在这里不可能存在习惯的问题。这个奇特的事实，成了与那些不得人心的要人的画像随便开玩笑的创意的根据，这些画像被画得让人物的精确图像呈现在页面的垂直位置上，但是由于图像是颠倒的，一些常见的动物显示了出来。

96 接着的一个事实是，垂直对称图形的两半很容易混淆，因此它们可能产生几乎相同的感觉。于是问题因而出现了，**为什么**垂直对称图形的两半会产生相同或相似的感觉呢？答案是：因为由两只眼睛和伴随的肌肉器官组成我们的视觉器官，本身就是垂直对称的。[①]

不论一只眼睛与另一只眼睛外部多么相似，它们仍然不是一样的。人的右眼不能代替左眼，如同左耳或左手不能代替右耳或右手一样。借助人工方式，我们可以改变每只眼睛所起的作用（惠斯通幻视镜）。但是，我们接着发现，我们处于一个完全新奇的世界中。凸的东西看起来是凹的，凹的东西显得是凸的。远的事物看起来是近的，近的事物似乎又是远的。

左眼是右眼的映像。在其所有功能上，左眼的光感视网膜是右眼光感视网膜的映像。

---

① 比较 Much，*Fichte's Zeitchrift für Philosophie*（《费希特的哲学杂志》），1864，p. i。

眼球的晶状体，像魔幻灯一样将物体的图像投射到视网膜上。你们也许会想象，眼睛的具有不计其数神经的光感视网膜，就像长了无数根手指的手一样，适于感受光线。与手指类似，视神经末梢 [97] 被赋予多种多样的敏感度。两个视网膜像左右手一样起作用；在这两个例子中，触感和光感是相似的。

审查这个字母 T 的右边部分即 Γ。设想用我的两只手感受物体，而不是这个图像投到两个视网膜上。用右手握住的 Γ 与用左手握它时给予的感觉不同。但是如果我们把字母从右向左翻转成 ⅂，那么它在左手给予的感觉将与它先前在右手给予的感觉相同。感觉是重复的。

如果我们拿着完整的 T，右半部分将在右手产生的感觉与左半部分在左手产生的感觉相同，反之亦然。

对称图形两次引起相同的感觉。

如果我们将 T 这样翻转过来——⊢，或者将 T 的一半这样倒转过来——L，只要我们不改变手的位置，我们就不能使用前述推理。

事实上，视网膜完全像我们的两只手。它们也有拇指和食指，尽管这些拇指和食指在数目上成千上万；我们可以说，这些拇指在靠近鼻子的眼睛旁边，剩下的指头在远离鼻子的旁边。

我希望用这个说法完美地厘清，对称的愉悦感主要由于感觉 [98] 的重复，并且该感受发生在仅仅存在感觉重复的对称图形中。规则图形的愉悦感，直线尤其是垂直直线和水平直线所享有的偏爱，都基于相似的原因。不论直线是处于垂直位置和水平位置，二者都能把相同图像投射到两个视网膜上，而且该图像落在对称相应的点上。看起来，这也是我们在心理上偏爱直线超过偏爱曲线的理由，而与直线是两点之间最短距离的性质无关。简要地讲，人们感觉直线是与自身对称的，就平面而言情况也是如此。曲线让人感觉偏离了直线，也就是说，偏离了对称。[1] 在天生只有一只眼睛的人那里，对称感的存在的确是一个谜。当然，虽然对称感起初是依靠眼睛获得的，但是也不能完全限于视觉器官。由于长期的实践，它必定也深深根植于有机体的其他器官，因而不会因为失去一只眼睛就立刻消失。同样，当一只眼睛失去时，还留下对称的肌肉 99 器官，这也就是对称的神经支配器官。

不过，看起来毫无疑问，所提到的现象主要起因于我们眼睛的特殊结构。因此，可以立即看到，假如我们的眼睛不同，我们关于美丑的观念就要经历变化。而且，要是这个观点正确，那么所谓的永恒美理论在某种程度上就是错误的。在人类身上铭刻的我们的文化或文明形式，也不会改变我们对美的概念，这几乎是毋庸置疑的。难道一切音乐美的发展，以前不是局限于五音阶的狭小界限吗？

感觉重复产生愉悦感的事实并不局限于可视领域。今天，音乐家和物理学家都知道，只有当添加的音调产生了最初音调激起的部分感觉时，一个音调和谐地或有旋律地添加到另一个音调，才会悦耳地打动我们。当我把八度音添加到基音时，我在八度音中

[1] 可以直接看出曲线的一次微商和二次微商，但是看不出高次微商，这个事实很好解释。一次微商给出切线的位置，即直线与对称位置的倾斜；二次微商给出曲线与直线位置的倾斜。在这里，谈论检验直尺和平面的通常方法（通过反向应用），可以弄清物体和它自身对称的偏离，这也许并不是徒劳无益的。

听到在基音中听到一部分(亥姆霍兹)。但是,我并不打算在这儿充分展开这个观点。[①] 今天我们只会询问,在声音范围内,是否存在与图形对称类似的东西。

100 请看看你们的钢琴在镜中的映像。

你们马上会评说,你们在现实世界中从来也没有见过这样的钢琴:它的高音键朝左,低音键朝右。这样的钢琴还没有制造出来。

如果你们在这样的钢琴旁坐下来,以通常的方式演奏,显而易见,你们设想正在上行音阶弹奏的每一个音级,将会弹奏得如同下行音阶对应的音级一样。这个结果一点也不令人吃惊。

熟练的音乐家,总是习惯于聆听某个琴键按下时奏出的某种声音,对他们而言,观看镜中的演奏者以及观察他总是按下与我们听到的相反的琴键,将是相当异常的景象。

但是,在这样的钢琴上,更为显著的也许是试图奏出谐音的效果。就旋律而言,至关重要是,我们是弹奏上行音阶中的音级还是下行音阶中的音级。但是,就和声而言,颠倒产生不了这么大的差别。不管我在基音上添加高三度音还是低三度音,我总是保持同样的谐和。只是和声间隔的顺序颠倒了。实际上,当我们在映像的钢琴上以大调演奏乐章时,我们听到的是以小调发出的声音,反之亦然。

现在,仍然需要做实验。不是演奏镜中的钢琴,这是不可能的;也不是拥有一架这类建造的钢琴,这样会有点昂贵;我们可以 101

① 参见 *On the causes of Harmony*(《论和声的原因》)的演讲。

如下用比较简单的方式进行实验：

1）我们按照我们通常的方式在自己的钢琴上演奏，朝镜子里看，然后在真实的钢琴上重复我们在镜子中看到的过程。以这种方式，我们将所有上行的音级变成相应的下行音级。我们演奏一个乐章然后演奏另一个乐章，就键盘来说，后一个乐章与第一个乐章是对称的。

2）我们在乐谱的下方放一面镜子，音符在镜中的映像与在一片水面中的映像一样，并且按照镜中的音符演奏。以这种方式，所有上行的音级也变成相应对等的下行音级。

3）我们将乐谱反转过来，并从右到左、从下到上识读音符。这样做时，因为它们相当于半个谱线和线间，所以我们必定把所有的升半音当成降半音，把所有降半音当成升半音。此外，在这样使用乐谱时，我们只能利用低音谱号，因为只有在这个谱号里，对称的颠倒才不改变音符。

你们能够从附加的一段乐谱中显示的例子，来判断这些实验的效果(98 页)。上面谱线中出现的乐章被下面谱线的乐章对称地倒置。

可以简要阐明一下实验的结果。旋律变得无法辨认。和音经历了从大调变小调的移调，反过来也是一样。数年前，冯·奥廷根[①]复活了对这些有趣结果的研究，尽管物理学家和音乐家早就熟悉它们。 103

① A. von Oettingen, *Harmoniesystem in dualer Entwicklung*(《二重发展过程中的和声系统》), Leipsic and Dorpat, 1866.

102

图 26

（参见第 97 页）

现在，虽然在前面所有的例子中，我已经把上行音级变成相同和相似的下行音级，也就是说，我们可以有充分理由说，对于每一个乐章，都弹奏了与之对称的乐章，可是耳朵几乎没有或根本没有注意到对称。从大调变成小调是对称依然存在的唯一暗示。对称在那里是对心智而言，对感觉来讲却是缺乏的。因为乐声的颠倒并不决定感觉的重复，所以对耳朵而言不存在对称。如果我们长了一只听高音耳朵和一只听低音的耳朵，恰如我们有一个看右边的眼睛和一个看左边的眼睛一样，我们也应该发现，对称的声音结构对我们的听觉器官来说也存在。耳朵听到的大调和小调的对比，对眼睛来说相当于倒转，这也只是心智的对称而不是感觉的对称。

作为对我讲过的东西的补充，我愿意进一步为我的数学读者添加一点简要的评论。

我们的乐谱本质上是以曲线形式图示一段乐曲，其中节拍是横坐标，振动数的对数是纵坐标。乐谱偏离这个原则，仅仅是便于演奏这样一类理由，或者是由于历史的偶然事件。 104

如果现在更进一步观察到音高的感觉也与振动数的对数成比例，并且两个音符间的音程相当于振动数的对数之差，那么在镜中出现的、叫做和声和旋律的这些事实中，可以找到与原乐谱对称的正当的理由。

*　　　*　　　*

我只是希望通过这些断断续续的议论，使你们的心智清楚地认识到，物理科学的进步大大有助于心理学的一些分支，这些分支没有拒绝考虑物理学研究的结果。另一方面,心理学仿佛以感激的态度回报它从物理学获得的强力的激励。

把所有现象还原为最小粒子的运动和平衡的物理学理论,即所谓的分子理论,已经受到感觉和空间理论进步的严重威胁,可以说它们的寿命屈指可数。

我曾在别处[①]表明,音阶仅仅是空间——不过仅仅是一维空间——的一个类别,而且是单侧空间。现在,如果一个只能听的人想要以此试图发展一种世界的概念,即他的线性空间,他会陷入重重困难,因为他的空间无法胜任理解实在关系的诸多方面。但是,在整个世界不能进入我们眼睛的方面,试图迫使它进入我们眼睛的空间,这对我们来说就更有理由吗?这仍然是所有分子理论的困境。

105

然而,我们拥有一种感官,就它能够理解的关系的范围而言,它比任何感官都要丰富。它就是我们的理性。这种理性高于感官。唯有理性才有能力发现永恒的、充分的世界观。自伽利略时代以来,力学的世界概念已经创造了奇迹。但是,它现在必须让位于关于事物的更加广阔的观念。进一步发展这个观念不在我眼下意图的范围之内。

还有一点我已经说过。不必过分盲目遵从哲学家的劝告,即把我们自己限制在近在手头的、对我们的研究有用的事情上,这可以在探究者目前对劳动的限制和分工的迫切需求中找到一类例

① 对照马赫的 *Zur Theorie des Gehörorgans*(《听觉器官理论》),Vienna Academy, 1863.

证。由于隐居密室，我们为完成一项工作，常常徒劳地绞尽脑汁，而完成它的工具正好就放在我们门口。如果探究者必须成为在他的铁脚上不断给鞋打掌的鞋匠，那么或许有可能让他成为汉斯·106萨克斯[①]型的鞋匠；萨克斯认为，不时看一眼邻人的活计并评论邻人的所做，并不有失他的身份。

因此，倘若我今天片刻遗弃了我的专业的铁脚，那么让这成为我的道歉好了。

① 汉斯·萨克斯(1494～1576)是德国16世纪著名的民众诗人、工匠歌手。瓦格纳的《纽伦堡的工匠歌手》对他做了理想化的描写。他在从事艺术活动时，仍然继续补鞋。——中译者注

七　论静电学的基本概念*

107

指派给我的任务是，以通俗的方式在你们面前详尽阐述关于静电学基本的定量概念，如"电量"、"电势"、"电容"等等。即使在一个小时的短暂限制之内，用一大堆漂亮的实验愉悦眼球，用多种多样的概念满足想象，这也许并不困难。但是，在这种情况下，我们可能还远远不能透彻而从容地把握现象。就在思想中精确地复写事实——这是对理论者和实践者同样重要的程序——而言，这些手段仍然会使我们失望。这些手段就是电的**度规概念**。

只要对特定现象领域的事实的追寻掌握在几个孤立的研究者手中，只要能够不费力地重复每一个实验，那么通过临时摹写整理收集来的事实通常是充分的。但是，当整个世界必须使用许多研究者获取的结果时，情况就不同了——在科学获得比较广泛的基础和范围时，就发生这种情势；尤其是，在科学开始向实用技艺的重要分支输送智力营养时，以及反过来从那个领域汲取惊人的经验成果时，情势也是如此。于是，必须这样摹写事实，使个体可以时时处处从几个容易得到的要素出发，在思想中精确地整理事实，并且根据摹写再现它们。这可以借助度规概念和国际度量完成。

108

* 1883 年 9 月 4 日，在维也纳国际电子博览会上发表的演讲。

朝着这个方向，在科学的纯科学发展时期，尤其是由库仑(1784)、高斯(1833)和韦伯(1846)开创的工作，自从敷设第一条跨越大西洋的海底电缆以来，受到显现出巨大的技术事业需要的强有力激励；并且，在1861年通过英国协会、1881年通过法国会议的不懈努力，主要是由于威廉·汤姆孙爵士殚精竭虑，该工作导致出色的结局。

坦率地讲，在分配给我的时间里，我不可能带领你们遍及科学实际行进的漫长而曲折的路线，也不可能在每一步提醒你们尽可能谨慎预防，以避免早先的步伐告诫我们的错误。相反地，我必须用最简单和最粗糙的工具尽力做到。我将沿着从事实到观念的捷径引领你们；当然，在这样做的时候，就不可能预期所有零散的和偶然的观念，这些观念可能并且必定出自深入荒僻小径的美景，而我们却听任这些小径人迹罕至。 109

*　　　　*　　　　*

这里有两个大小相等、自由悬挂的又小又轻的物体(图27)，我们或者通过与第三个物体的摩擦，或者让它们与已经带电的物体接触使之"带电"。立即产生斥力，斥力迫使两个物体沿着与引力作用相反的方向彼此离开。这个力可以重新作为产生它而消耗的相同的力学功。①

现在库仑借助精密的扭秤实验使他本人确信，如果所述物体比如相距2厘米，以和1毫克的重物力图落到地面的相等的力互

① 如果让这两个物体带电相反，它们会彼此施加引力。

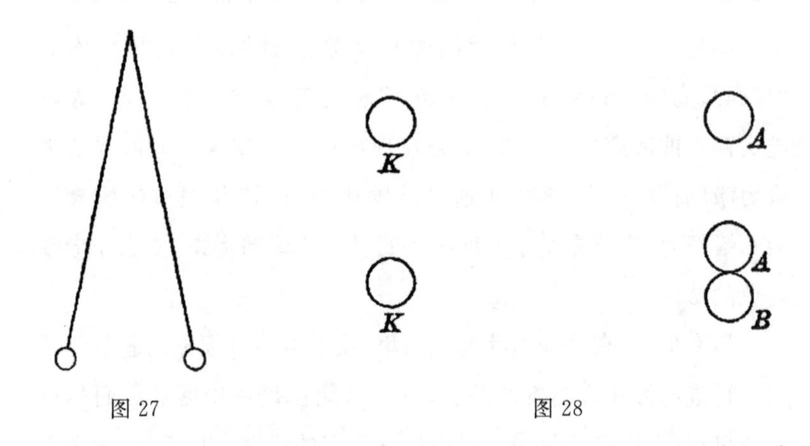

图 27　　图 28

110 相排斥，那么在那个距离的一半或者在 1 厘米，它们会以 4 毫克的力彼此排斥；在那个距离的一倍或者在 4 厘米，它们仅仅会以 1/4 毫克的力彼此排斥。他发现，电力与距离的平方成反比。

现在，让我们设想，我们掌握了通过重力测量电的斥力的手段，这个手段将由比方说电摆提供；于是，我们能够做以下观察。

物体 A(图 28)受到相距 2 厘米的物体 K 以 1 毫克的力排斥。现在，如果我们使 A 与相同的物体 B 接触，则会有一半的斥力传递给物体 B；此时，距离物体 K 有 2 厘米远的物体 A 和 B 仅仅以 1/2 毫克的力排斥。但是，两个物体加起来的斥力仍然是 1 毫克。因此，在相接触的物体之间**电力的可分性是一个事实**。设想一下物体 A 中显现的电流体，电力随着它的量而变化，并且它的一半流到物体 B 上面，这一点对这个事实是有益的但绝不是必要的补充。在全新的物理学图景的位置上，熟悉的旧物理学图景被取代了，这是以它的惯常的进程自发地进展的。

111 坚持这个观念，我们根据现在几乎普遍采用的厘米-克-秒

(C. G. S.)制把电量的**单位**定义为这样的量：在1厘米的距离，以单位力——在1秒钟内、能够把1厘米的速度增量传给1克质量的力——排斥相等的量。由于1克的质量通过引力的作用，获得在1秒内大约981厘米的速度增量，因此1克以981，或者用整数表示就是厘米-克-秒制中的1000个力的单位，被吸引向地球，而1毫克重的物体将以这个单位制中近似的单位力试图落向地面。

通过这种方法，我们可以轻而易举地获得单位电量是什么的清晰概念。每个重1克的两个小物体K，被垂直线悬挂起来，垂直线有5米长，几乎没有重量，以便它们互相接触。如果让两个物体带相同的电，并且由于带电分开1厘米的距离，那么它们的电荷约等于电量的静电单位，因为此时斥力使大约1毫克、力图使物体处在一起的万有引力的分力保持平衡状态。

在悬挂于天平的平衡臂的小球的正下方1厘米处，放置第二个小球。如果两者带电相同，悬挂在天平的小球则会由于斥力而明显变轻。如果增加1毫克的重量恢复平衡，那么用整数表示，每个小球都等于电量的静电单位。 112

鉴于相同的带电体在不同距离相互施加不同力的事实，人们可能会对这里揭示的电量测量产生异议。譬如说，时而重一些，时而轻一些，这是哪种类型的量？但是，这个与在实际生活中普遍使用的、依靠重力的测定方法的明显背离，是经过深思熟虑达成的一致。在高山上质量很大的物体受到地球强大的吸引，要小于在海平面上受到的吸引；如果在测定中允许我们忽略考虑水平面，那么这只是因为在同一水平面上，一个物体与相对于地球静止的惯常重量比较总是恒定地起作用。事实上,要是我们通过把在天平上处于平衡的两个重物之一悬在非常细的线上,使它明显地接近地心,就像慕尼黑的冯·约利教授建议的那样,那么我们会使那个重物的引力即它的重压成比例地变大。

现在,让我们给我们自己描绘一下两种不同的电流体——正电流和负电流,它们具有这样的性质:按照反平方定律,一种电流体的粒子吸引另一种电流体的粒子,但是根据同样的定律,相同电流体的粒子又相互排斥;在非带电体中,让我们设想两种电流体按相同电量均匀分布,而在带电体中,两种电流体中的一种过量分布;让我们进一步设想,在导体中电流体是流动的,而在非导体中,电流体是不流动的;在形成这样的图景时,我们便具有库仑详细阐述的,并且赋予其数学精确性的概念。我们必须只是在我们的心智中提出这个自由发挥作用的概念,像在清晰图景中看到的那样,我们将看到比方说充正电的导体的电流体粒子,正尽可能远地彼此退却,所有粒子都流向导体表面,并且在那里搜寻突起的部分和地点,直到做完尽可能多的功为止。在表面积扩大时,我们看到粒子弥散;在表面积的缩小时,我们看到粒子缩聚。在被带到第一个带电导体附近的第二个没有带电的导体中,我们看到两种电流体立刻分开了:正电流体聚集在它的表面偏远一侧,负电流体聚集在它的表面邻近一侧。这个概念的优点和科学价值包含在它清楚地和自发地复写的事实中,即包含在只有艰苦的研究才缓慢而逐渐地发现的全部材料中。也是由于这一点,它的价值得到详尽阐述。如果我们不会误入歧途的话,我们就不必在自然界中寻找作为简单智力助手而添加的两种假设性的电流体。库仑的观点可以被完全不同的观点替代，例如被法拉第的观点替代；而且，在获得普遍的概观之后，最恰当的路线总是返回到实际事实，即返回到电力。

现在，我们要使我们自己熟悉电量的概念，熟悉测量或估量它的方法。请设想一个普通的莱顿瓶（图 29），借助放在大约相隔 1

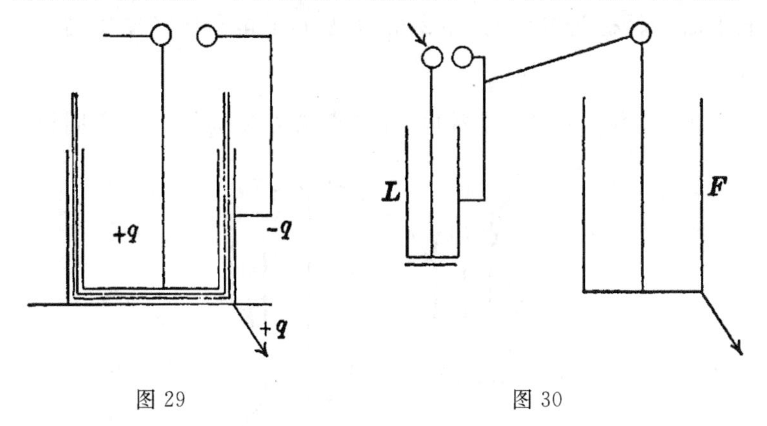

图 29　　　　图 30

厘米的两个普通金属旋钮，将莱顿瓶内部和外部的敷层联结在一起。如果给内敷层充电 $+q$ 电量，外敷层将会产生电分布。几乎等于[1] $+q$ 电量的正电量流到地面，而对应的 $-q$ 电量仍然留在外敷层上。莱顿瓶的金属旋钮接收这些电量的一部分，而且当电量 q 足够巨大时，伴随莱顿瓶的自我放电，旋钮之间的绝缘空气发生裂断。对于任何给定的旋钮的距离和大小，由于莱顿瓶自发放电，一定的电量 q 的电荷总是必要的。

现在，让我们把莱恩的单位瓶 L 即刚刚描述过的瓶子的外敷

① 实际上，流掉的电量少于 q。只有当莱顿瓶的内敷层完全被外敷层包围，它才会等于 q。

层绝缘，并且使外表面连接到地面的瓶子 F 的内敷层与它联结（图 30）。每次 L 充电 $+q$，同样的电量 $+q$ 就聚集在 F 的内敷层上，而且现在又变空的瓶 L 发生自发放电。于是，通过测量聚集在瓶 F 的电量，即可给我们提供瓶 L 的放电数；如果 L 在 1、2、3……次自发放电后瓶 F 被放电，那么很明显，F 的电荷已经成比例地增加了。

现在，为了引起自发放电，让我们给 F 瓶提供与 L 瓶同样大

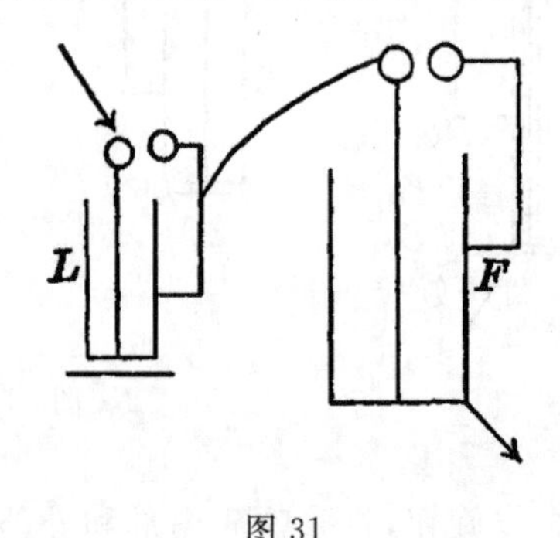

图 31

小和同样分开距离的旋钮（图 31）。此时，如果我们发现，在瓶 F 发生 1 次自发放电之前，单位瓶出现 5 次放电，那么显而易见，由于两瓶旋钮之间的距离相同即闪击距离相同，瓶 F 可以容纳瓶 L 能够容纳的 5 倍的电量，也就是说 F 拥有 5 倍 L 的**电容**。[①]

116

接着，可以这么说，我们将要凭借由两个平行的金属平板组成

---

① 当然，严格说来，这不正确。首先，必须注意，瓶 L 与装置的电极同时放电。另一方面，瓶 F 总是与瓶 L 的外敷层同时放电。因此，如果我们算上装置 E 的电极的电容、单位瓶 L 的电容，L 的外敷层 A 的电容和主瓶 F 的电容，那么对于正文中的例子而言，这个公式将是：$(F+A)/(L+E)=5$。背离绝对精确的深层次原因是残留的电荷。

的、仅被空气隔离的富兰克林玻璃片，把我们用来测量电的单位瓶 L **放入**瓶 F（图 32）。例如，如果在这里玻璃片 30 次自发放电足以充满该瓶，那么要是在两个平板之间的空气空隙塞进一片硫黄，可以发现放 10 次电就足够了。因此，与由空气做成的相同形状和大

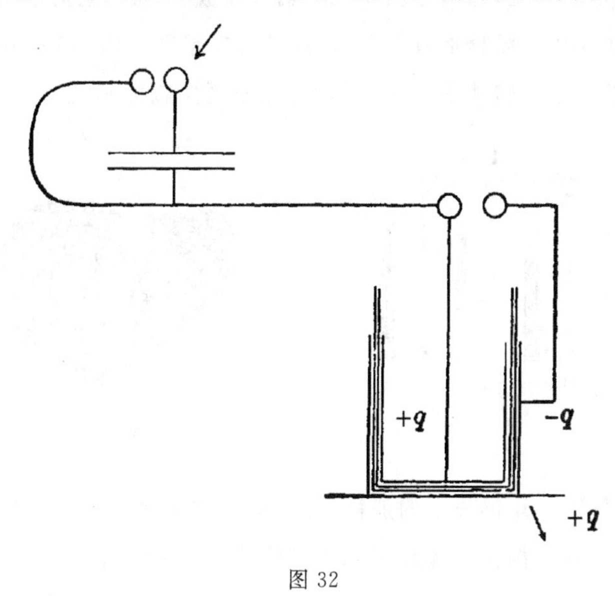

图 32

小的玻璃片的电容相比，富兰克林硫黄玻璃片的电容大约是它的三倍，或者正如习惯上所说的，硫黄的电容率（空气的电容率被看做是单位 1）约是 3。[①] 在这里，我们得出一个非常简单的事实，它

117

① 考虑到前面脚注中指出的正确性，我已经得到硫黄的介电常数是 3.2，它与用更精细的方法获得的结果几乎相符。对于可达到的最高精确性而言，如果电容比相当于介电常数，按理说人们应当将电容器的两个平板首先完全浸没在空气中，接着完全浸没在硫黄中。然而事实上，误差是无关紧要的，它起因于仅仅在两块平板之间插入一片刚好塞满空隙的硫黄。

清楚地向我们表明，所谓的**介电常数**或**电容率**这个数字的意义，了解它对海底电缆的理论来说极其重要。

让我们考虑一下瓶 *A*，给它充了确定的电量。我们能够直接使瓶放电。但是，通过互相联结两瓶的外敷层，我们也能够将瓶 *A*（图 33）的电量部分地释放到瓶 *B*。在这样操作时，伴随着电火花，一部分电量转移到 *B* 瓶，我们现在发现两瓶都充电了。

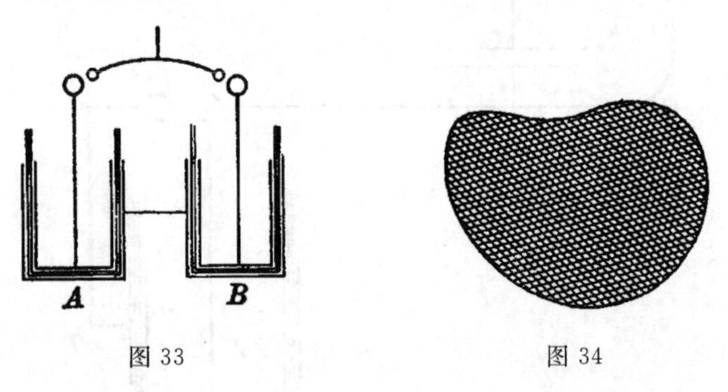

图 33　　　　图 34

如同下面可能显示的那样，可以把恒定电量的概念看做纯粹事实的表达。向你们描绘一下任何种类的导体吧（图 34）；将它切成为数众多的小碎片，用一根绝缘棒把这些碎片放在离带电体 1 厘米远之处，而带电体以单位力作用在处于相同距离的、相等的和同样构成的物体上。测定一下后一物体对导体的单个碎片施加的力的总和。这些力的总和将是整个导体上的电量。不管我们改变导体的形状和大小，还是我们让它靠近或远离第二个导体，只要我们保持让它绝缘，也就是说不让它放电，那么情况依然如故。

电量概念的实在基础似乎也从其他方面呈现出来。如果通过酸性水柱发送电流——按通常观点就是每秒确定的电量；那么在水柱的末端，在正电流的方向释放出氢气，但是在相反的方向释放出氧气。对于特定的电量，产生特定量的氧气。你们可以将水柱设想为互相适配的氢气柱和氧气柱，而且可以说电流就是化学流，反之亦然。尽管这个概念在静电领域、且对非腐蚀的导体来说很难坚持，但是它的进一步发展绝不是毫无希望的。 119

因此，电量概念并不像可能显现的那样虚无缥缈，而是能够通过大量变化多端的现象确定地引导我们，并且以几乎可触知的形式用事实提交给我们。我们可以把电力收集在物体中，可以用一个物体把它分配到其他物体，可以把它从一个物体运到另一个物体，就像我们能够把液体收集在容器中，用一个容器把它分配给其他容器，或者把它从一个容器倒入另一个容器一样。

为了分析力学现象，一个来自经验并且需要标示的度规概念**功**证明自身是有用的。只有当作用于机器的力可以做功时，才能使它开始运转起来。

例如，我们来考虑一下半径是 1 米和 2 米，负重分别是 2 千克和 1 千克的轮轴（图 35）。转动轮轴，1 千克的重物比如说下降 2 米，而 2 千克的重物上升 1 米。在两边，乘积

千克 米 千克 米 120

$$1 \times 2 = 2 \times 1$$

是相同的。只要情况如此，轮轴将不会自行运动。但是，如果我们卸下这样的负荷，或者如此改变轮的半径，致使在置换时这个乘积（千克×米）在一边过量，这边将下降。正如我们看到的，这个乘积是力学事件的特征，并且由于这个原因它被授以专门的名称**功**。

在所有力学过程中，功起着决定作用；而且，鉴于所有物理过

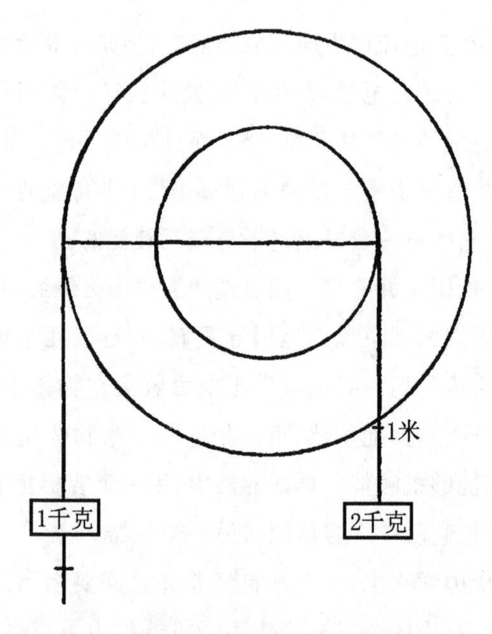

图 35

程呈现出力学的一面，因此在所有的物理过程中，功也起着决定性的作用。电力也仅仅引起在其中做功的变化。就力开始在电现象中起作用而言，电现象不管它们可能是什么样子，也延伸到力学领域，并且服从在这个领域适用的定律。现在，普遍采用的功的量度是力和力起作用通过的距离之乘积；在 C. G. S. 制中，功的单位是，在一秒内能够给予 1 克质量以 1 厘米的速度增加的力通过 1 厘米的作用量，也就是说用整数表达的话，则是与 1 毫克重力相等的压力通过 1 厘米的作用量。由于服从斥力并且做功，只要提供传导连接，电便从充正电的物体流到地面。另一方面，在相同条件下，地面释放正电给充负电的物体。在物体与地面相互作用中，可

121

能的电功成为那个物体电状况的特征。我们把将把凭靠正电的单位电量将其从地面上升到物体 K 必须消耗的功，叫做物体 K 的**电势。**[1]

如果要把正的静电单位的电量从地面上升到物体 K，我们必须消耗单位功，那么在 C. G. S. 制中我们把电势 +1 归属于那个物体；如果我们在这个程序中获得单位功，那么我们把电势 -1 归属于那个物体；如果在操作中根本没有做功，那么我们把电势为 0 归属于那个物体。

处于电平衡的同一个导体的不同部分具有相同的电势，否则电将做功并在导体上来回流动，电平衡将不会存在。互相连接起来的具有相同电势的不同导体不交换电，正像相等温度的物体在接触时不交换热一样，或者正像在其中存在相同压力的、连通的容器中液体不从一个容器流到另一个容器一样。只有在不同电势的 122 导体之间才会发生电交换，但是在特定的形状和位置的导体中，要在他们之间通过击穿绝缘空气的电火花，那就必须有一定的电势差。

由于连接在一起，每两个导体立刻呈现相同的电势。由于这一点，通过特地适合这一意图的被称为静电计的第二个导体的帮助，给出测定导体电势的方法，恰如我们用温度计测定物体的温度

---

① 由于按这个简单形式的定义容易引起误解，所以通常对它加以补充阐明。很清楚，不改变在 K 上的分布和电势，我们不能把电量提升到 K。因此，必须设想 K 上的电荷是固定的，而且被提升的电量很小，以致它不产生明显的变化。把像所述那样小的电量多次消耗的功如此测定，用电量单位加以折算，我们就会得到电势。物体 K 的电势可以这样简单而精确地如下定义：为了把正电量元 dQ 从地面提升到导体，如果我们消耗功元 dW，则导体 K 的电势将由 $V=dW/dQ$ 给出。

一样。以这种方法获得的物体电势的值，大大简化了我们对它们的电状态的分析，从已经表明的情况来看，这将是显而易见的。

思索一下充正电的导体。把这个导体施加在充了单位电量的一点上的所有电力加倍，也就是说，把在每一点的电量加倍，或者同样地把全部电荷加倍。显然，平衡仍然存在。不过，现在把正的静电单位向导体传送。我们将不得不处处克服我们以前所克服的加倍的斥力，将不得不处处消耗加倍的功。通过使导体的电荷加倍，便产生加倍的电势。密切联系的电荷和电势是成比例的。因而，如果把导体的总电量称为 Q，把它的电势称为 V，我们可以写成 $Q=CV$；C 在这里代表常数，它的意思可以从 $C=Q/V$ 标记[①]中简单地加以理解。但是，表示导体电量单位的数除以表示它的电势单位的数，这可以使我们算出电势单位拥有量。现在，我们将这里的数 C 称做导体的电容，于是我们在旧的相对测定电容的地方用绝对测定替代了。[②]

123

在简单的情况下，电荷、电势和电容之间的关联很容易厘清。比方说，我们的导体是半径为 r 的球体，自由地悬挂在巨大的空域中。由于附近没有其他导体，于是电荷 q 将使其本身均匀地分配

---

① 在这篇文章中，用斜线分隔符或者斜杠表示通常的除的分式符号。在分子或分母中出现加号或减号的地方，使用括号或者线括号。——英译者注

② 在热容量和电容量的概念之间存在某种一致，但是也应当仔细牢记两种观念之间的差异。物体的热容量只取决于那个物体本身。物体 K 的电容量受到所有邻近它的物体的影响，因为这些物体的电荷能够改变 K 的电势。因此，为了赋予物体 K 的电容(C)概念一个明确的意义，把 C 定义为关于物体 K 在所有相邻物体的某个特定位置中，以及在所有邻近导体与地面关联期间的关系 Q/V。在实践中，这种状况更简单一些。例如，几乎被瓶子的外敷层包裹住的内敷层，当它与地面连通时，瓶子的电容不会受到相邻导体充电或放电的明显影响。

在球的表面上，简单的几何学考虑得出球的电势表达式 $V=q/r$。因此，$q/V=r$；也就是说，球的电容可以用它的半径量度，在 C. G. S. 制中以厘米量度。[①] 由于电势是电量除以长度，因此也很清 124 楚，电量除以电势必定是长度。

设想（图 36）一个瓶子，它由两个半径为 r 和 r_1 的同心导体的

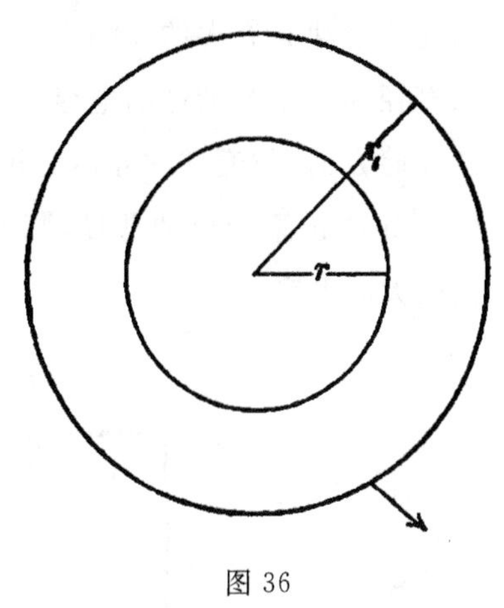

图 36

球形壳组成，它们之间只有空气。把外球与地面连接，借助一根细长的、绝缘的金属线穿过第一个球壳，给内球充以电量 Q，我们将有 $V=(r_1-r)/(r_1r)Q$；这种情况下的电容是 $(r_1r)/(r_1-r)$，或者举一个特例，若 $r=16$，$r_1=19$，则电容大约是 100 厘米。

现在，我们将用这些简明的例子，来说明用以测定电容和电势的原理。首先，很清楚，我们能够利用由同心球组成的、具有已知

---

① 这些公式很容易从下述的牛顿定理得出：一个均匀的、其元素遵守反平方定律的球壳，没有对在它之内的各点施加任何力，但是却对外部的各点起作用，仿佛整个质量集中在它的中心一样。下一个引用的公式，也来源于这个命题。

电容的瓶子作为我们的单位瓶，并借助这个瓶子以上面拟定的方式确定任何特定瓶子 F 的电容。例如，我们发现，电容为 100 的单位瓶 37 次放电，正好给在相同的闪击距离即具有相同电势的被审查的瓶子充电。因此，被审查的瓶子的电容是 3700 厘米。布拉格物理实验室中的巨大电池，由 16 个这样的瓶子组成，所有瓶子的大小几乎相等，因此该电池具有大约 50,000 厘米的电容，即自由悬挂在大气空间、直径为 1 千米的球的电容。这一陈述清楚地向我们表明，在电的存储方面，与通常的导体比较，莱顿瓶拥有的巨大优势。事实上，正如法拉第指出的那样，瓶子与简单导体不同，主要是由于它们巨大的电容。

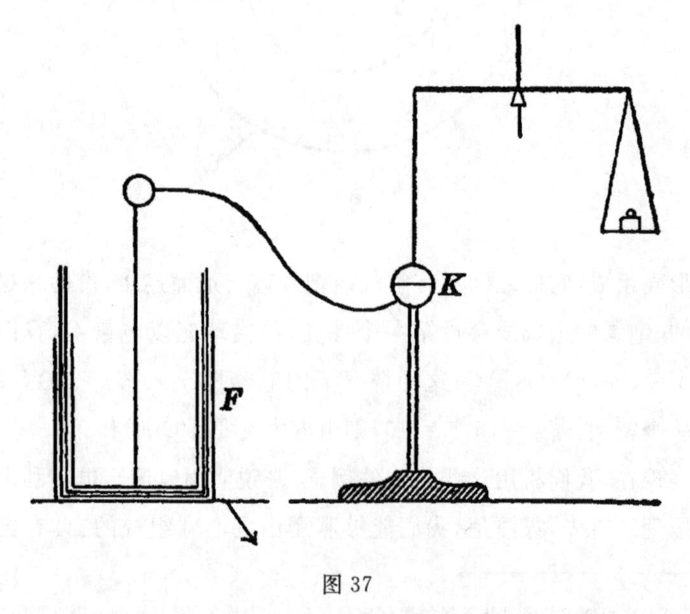

图 37

为了测定电势，设想瓶 F 的外敷层与地面连通，而它的内敷层由一根长而细的金属线与导体球 K 连接，把 K 自由地放置在广阔的大气空间中，与该空间的大小相比，球的半径可以忽略不计（图 37）。瓶子和球立刻呈现相同的电势。但是，如果球被移开得 126 与所有其他导体足够远，那么在球的表面可以发现均匀的电层。如果球的半径是 r，包含电荷 q，那么它的电势是 $V=q/r$。如果使球的上半部与下半部分离，并使它在天平上平衡，而它是用丝线与天平的一个臂连接在一起的。那么下半部将会以 $P=q^2/8r^2=\frac{1}{8}V^2$ 的力排斥上半部。通过在天平臂的末端放上额外的重物，可以抵消这个排斥力 P，这样即可确定。于是，电势是 $V=\sqrt{8P}$。[①]

电势与力的平方根是成正比，这并不难看出。2 倍的或 3 倍的电势意味着所有部分的电荷是 2 倍或 3 倍；因此，它们合斥力是 4 倍或 9 倍。

让我们考虑一个特例。我希望在球上产生 40 电势。按克计算，斥力要使天平维持精密的平衡，我必须给予半球多少附加的重量？由于 1 克的重量大约相当于 1000 个力的单位，我们只要下面 127 简单的例子即可算出：$40\times40=8\times1000.x$，在这里 x 代表克数。用整数表示，我们得到 $x=0.2$ 克。我给瓶子充电。天平偏斜，我已经达到或者有点超过 40 电势，并且当我使瓶子放电时，你们看

① 半径为 r、充电量为 q 的球的能量是 $1/2\,(q^2/r)$。如果半径增加 dr 的间隔，就会出现能量损耗，所做的功是 $1/2(q^2/r)dr$。设 p 表示单位球面上均匀的电压力，所做的功也是 $4r^2\pi p\,dr$。因此，$P=(1/8r^2 2\pi)(q^2/r^2)$。如果在所有侧面上都受到相同的表面压力，比如说在流体中，我们的半球将处于平衡状态。因此，我们必须使压力 p 作用于大圆表面，来获得在天平上的结果，结果是 $r^2\pi P=1/8(q^2/r^2)=1/8V^2$。

到相关的电火花。[1]

装置的旋钮之间的闪击距离随电势差而增加，尽管与电势差不成比例。闪击距离增加得比电势差快。若这个装置上旋钮之间的距离是1厘米，则电势差是110。能够很容易把它增加10倍。在自然界发生的巨大的电势差中，根据雷暴时闪电的闪击距离以英里计这个事实，可以获得一些想法。伽伐尼电池中的电势差比我们的装置的电势差要小得多，因为它足足利用100个单体，才在微小的闪击距离内产生电火花。

* * *

现在，我们利用得到的观点，阐明电现象和力学现象之间的另128 一个重要关系。我们将审查包含在充电导体中，例如在瓶子中的**势能**或者**功的存储**是什么。

如果我们将电量引入导体，或者不那么形象地讲，如果我们在导体中依靠功产生电力，那么这个力能够重新产生引起它的功。此时，对于已知电荷Q、已知电势V的导体的功而言，能量或电容是多大呢？

设想把给定的电荷Q分成很小的部分q、q_1、q_2……，并把这些很小的组成部分连续传送给导体。第一个很小的电量q没有做

① 所描述的这种安排由于几个原因不适合电势的实际测量。汤姆孙的绝对静电计基于对哈里斯和伏打的电天平的天才修改。它由两个巨大的平行平板构成，其中一个与地面连通，而把另一个引入要测量的电势。后一平板的一小块可移动的表面部分f悬挂在天平上，以测定引力P。如果平板彼此间的距离是D，我们便得到$V=D\sqrt{8\pi P/f}$。

任何明显的功就达到预定的目标，并且由于它的存在产生很小的电势 V'。为了使第二个电量到达，我们相应地必须做功 $q'V'$；类似地，对接下来的电量来说，我们必须做功 $q''V''$、$q'''V'''$ 等等。现在，鉴于电势与增添的电量成比例地升高，直到达到 V 值，我们欣然得到图 38 的图示；关于所做的总功，

$$W=\frac{1}{2}QV,$$

这相当于充电导体的总能量。利用方程 $Q=CV$，这里 C 代表电容，我们又得到，

$$W=\frac{1}{2}CV^2,\text{或 }W=Q^2/2C.$$

或许，用来自力学领域的一个类比来阐明这个观念会有所帮 129

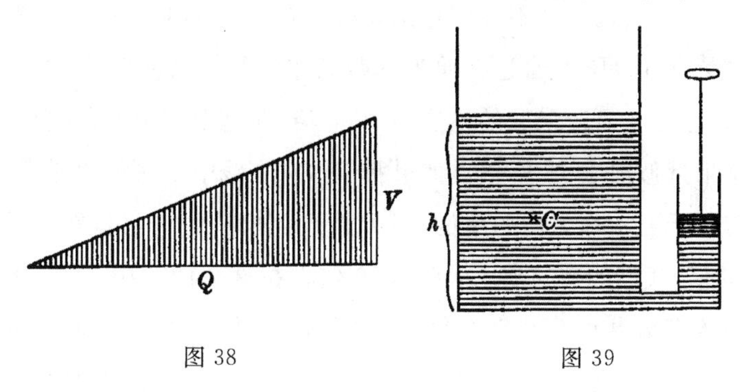

图 38　　图 39

助。如果我们将 Q 的液体量逐渐泵入圆柱形的容器中(图 39)，容器中液体水平面将逐渐上升。我们泵入得越多，我们必须克服的压力就越大，或者我们必须提升液体达到的水平面就越高。当达到平面 h 的大量液体 Q 流出时，存储的功变得又可以得到了。这个功 W 相当整个液体重量 Q 下落通过距离 $h/2$，即通过它的引力

中心的高度。我们得出

$$W=\frac{1}{2}Qh.$$

进而，由于 $Q=Kh$，或者由于液体的重量和高度 h 成比例，我们还可以得到

$$W=\frac{1}{2}Kh^2 \text{ 和 } W=Q^2/2K.$$

让我们把瓶子作为一个特例来考虑。它的电容是 $C=3700$，它的电势是 $V=110$；因此，它的电量 $Q=CV=407,000$ 静电单位，而且它的能量是 $W=\frac{1}{2}QV=22,385,000$ 功的 C. G. S. 单位。

130　由于我们习惯于用重量计功，C. G. S. 制的功的单位不容易被感官估计，它也完全不容许具象表示。因此，让我们采用克厘米即 1 克重的引力压力通过 1 厘米的距离作为我们功的单位，用整数表示，它是上面所采取的单位的 1000 倍；在这个例子中，我们的数字结果近似地小 1000 倍。如果我们像在实践中更熟悉的那样，再次转到千克米作为功的单位，那么由于距离增大 100 倍，重量增大 1000 倍，我们的单位将大 100,000 倍。在这个例子中，表示做了功的数字结果小 100,000 倍，用整数表示是 0.22 千克米。在这里，我们通过让 1 千克的重量下落 22 厘米，能够获得所做的功的清晰观念。

因此，这一数量的功是在瓶子充电时做的；在它放电时，根据情况部分作为声音，部分作为绝缘体的机械破裂，部分作为光和热等等，再次产生这一数量的功。

布拉格物理实验室中的巨大电池，具有充电到相等电势的 16

个瓶子;虽然放电效应相当壮观,但是它提供功的总量只有 3 千克米。

在上面阐述的观念的发展中,我们没有局限于这里所寻求的 131 方法;事实上,选择这一方法只是由于它特别适合使我们熟悉现象。相反地,物理过程的关联五花八门,以至我们完全可以从极为不同的方向达到相同的结果,尤其是与所有其他物理事件关联的电现象;这个关联太密切了,我们完全可以将电的研究称为关于物理过程的普遍关联的理论。

对于把电现象与力学现象联系起来的能量守恒原理,我希望简要指出把这个关联的研究追究到底的两种途径。

几年以前,罗塞蒂教授采用感应起电机——他借助交替带电和不带电条件下的重物使它以相同的速度运转——测定在两种境况下消耗的力学功,从而在推断出摩擦力的功之后,能够确定在电的生成过程中耗费的力学功。

我本人用一种更改的,如我设想的更有利的形式,做了这个实验。我没有用专门的试验测定摩擦力的功,而是这样安置我的仪器,使得在测量中自动消除摩擦力,从而可以忽略它。感应起电机的轴垂直放置,它的所谓固定圆盘有点像枝形吊灯,用三个具有同 132 样长度 l、距轴距离是 r 的垂直线悬挂起来。只有当起电机被激发时,这个相当于普龙尼刹车的固定的圆盘才通过它与旋转圆盘的相互作用,受到偏转 α 和用 $D=(Pr^2/l)\alpha$ 表示的扭力,这里的 P 是圆盘的重量。① 偏转角 α 由放在圆盘上的镜子确定。n 次旋转

---

① 由于被激发的圆盘垂直的电引力,这个扭力矩需要一个补充校正。做到这一点,可以通过借助附加的重量改变圆盘的重量以及通过对偏转角进行第二次计读。

耗费的功由 $2n\pi D$ 给出。

如果我们像罗塞蒂所做的那样闭合起电机，我们获得连续的电流，它具有非常微弱的伏打电流的全部特性；例如，它在我们插入的扩程器中产生偏转等等。现在，我们能够直接确定在维持这个电流时耗费的力学功。

如果我们借助起电机给瓶子充电，那么在电火花产生、绝缘体击穿等等时利用的瓶子的能量，仅仅相当于所消耗的力学功的一部分，而力学功的第二部分正在形成电路的弧线中被消耗。[①] 这架带有插入瓶的起电机提供一个微小的力的传递图，或者更恰当地讲，是功的传递图。事实上，就经济系数而言，就像大直流发电机得到公认一样，这里适用几乎相同的规律。

133

审查电能的另一个手段通过它转换成热。很久以前(1838)，在热的力学理论还没有达到目前这样普及时，里斯借助于他的电空气温度计或温差静电计，完成了这个领域的实验。

要是用一根穿过空气温度计球体的细导线引导放电，可以观察到热的产生与上面讨论的表达式 $W=1/2QV$ 成比例。虽然用

① 我们在实验中使用的瓶子，像用直流发电机充电的蓄电池一样起作用。在消耗的功和可利用的功之间得到的关系，可以从下面的简要阐述中得出。一个霍尔茨起电机 H(图 40)正在给单位瓶 L 充电，在 n 次放电后具有电量 q 和电势 v 的 L 给瓶 F 在电势为 V 状态下充电 Q。单位瓶放电的能量失去了，只有 F 瓶的能量留存下来。因此，可利用的功与消耗的总功之比是：

$$\frac{1/2QV}{1/2QV(n/2)qv}\text{，并且因为 } Q=nq\text{，也可得 }\frac{V}{Vv}\text{。}$$

如果现在我们没有干预单位瓶，那么起电机的各部件和导线本身实际上仍然是这样的单位瓶，并且公式 $V/(V+\Sigma v)$ 依然成立，这里 Σv 表示在联结的电路中所有连续引入的电势差之和。

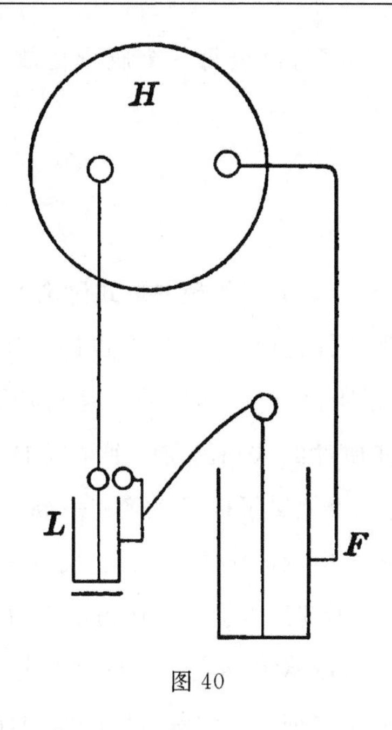

图 40

这种手段仍然没有把全部能量转换成可测量的热，但是鉴于一部分能量遗留在温度计外面空气中的电火花中，所以一切仍然倾向于表明，在导体所有部分以及沿着所有放电路线，产生的总热等于功 $\frac{1}{2}QV$。 134

在这里，电能被全部立刻转换还是被部分逐渐转换并不重要。例如，如果两个同样的瓶子中的一个在电势 V 的境况下充电 Q 电量，那么此刻的能量是 $\frac{1}{2}QV$。如果第一个瓶子向第二个瓶子放电，由于现在电容增加一倍，那么 V 降到 $V/2$。因此，还余留能量 $\frac{1}{4}QV$，而 $\frac{1}{4}QV$ 在放电的电火花中转换成热。但是，剩余部分在两个瓶子之间同等分配，以至每一个瓶子在放电时还能够使 $\frac{1}{8}QV$ 转换为热。

*　　　　*　　　　*

在这里，我们已经以有限的现象形式讨论了电，伏打之前的探究者已经以这种形式知道电，这种形式也许不是十分贴切地被称为“静电”。然而很明显，电的本性处处是相同的；在静电与伽伐尼电之间不存在实质性的区别。在两个领域中，只有量的情况大相径庭，以至在第二个领域可以呈现焕然一新的现象样态；比如，磁效应在第一个领域中依旧没有注意到，反过来在第二个领域中也是这样，几乎察觉不到静电引力和斥力。作为一个事实，我们能135够很容易显示在验电流器上感应起电机放电电流的磁效应，尽管我们还不能做出关于这种电流的磁效应的原创性发现。要是该现象还没有从闪击的形式的不同方面认识的话，那么伽伐尼电元的金属线极的静电超距作用也几乎无法受到注意。

如果我们希望刻画这两个领域的主要的和最普遍的特征，那么在第一个领域我们应该说，高电势和小电量开始起作用；在第二个领域我们应该说，小电势和大电量开始起作用。正在放电的瓶子和伽伐尼电元本身的表现，在某种程度上像气枪和管风琴的风箱。前者在极大的压力下突然发出很小的空气量，后者在非常轻微的压力下逐渐释放很大的空气量。

原则上，也没有什么东西阻挡我们在伽伐尼电领域保留静电单位，例如在用每秒流过横断面的静电单位数去测量电流强度时。

可是，这在两方面都是不切实际的。首先，我们可能完全忽略电流这么方便地提供的磁测量设备，而用一种只能艰难应用的、不具备很大精确性的方法代替这种容易的手段。其次，我们的单位也许太小了，我们会发现我们自己处于天文学家的困境中——他试图用米而不是用地球半径和地球轨道测量天体的距离；对于用磁的 C. G. S. 标准表示单位的电流来说，将需要每秒约30,000,000,000静电单位流过它的横截面。因此，在这里必须采用不同的单位。不过，展开这个观点，超出我眼下的任务。 136

137

八　论能量守恒原理*

在焦耳于 1847 年发表的一篇以迷人的简洁和清晰著称的大众演讲[①]中，这位著名的物理学家宣称，重物下降通过某一高度获得的、它以传送它的速度的形式随它携带的活力，**等同于**重物在整个下落通过的空间的吸引力；他还宣称，在无法复原那个等值的情况下，想当然地认为可以消灭这个活力，则是“荒谬”的。他接着说：“因此，听到直至最近普遍的看法是，可以绝对地、不可挽回地随意消灭活力，你们会惊诧不已。”现在让我们补充说，在四十七年

138 之后，在存在文明的任何地方，**能量守恒定律**被作为充分确立的真理所接受，并且在自然科学的所有领域得到最广泛的应用。

所有重大发现的结局都是类似的。在它们首次出现时，大多数人认为它们是谬见。J. R. 迈尔论能量原理的工作(1842)被德国第一流的物理杂志拒绝；亥姆霍兹的专题论文(1847)没有获得更大的成功；而且，从普莱费尔的提示判断，甚至焦耳看来也遭遇首次发表的困难。不过，人们逐渐看到，新观点长期为阐释做了准

---

* 该讲演发表在《一元论者》(*The Monist*)，Vol. 5，No. 1，它部分地是专题论文《论功的守恒》(*Ueber die Erhaltung der Arbeit*，Prague，1872)的再次详尽阐述。

① *On Matter，Living Force and Heat*(《论物质、活力和热》)，Joule：*Scientific Papers*(《科学论文集》)，London，1884，1，p. 265.

备，并且已经准备好了，只有少数受偏爱的头脑比其余的人更早地察觉到它，在这方面多数人的反对派被压倒了。随着新观点富有成效的证明，随着它的成功，对它的信心也增强了。大多数使用新观点的人，不可能对它进行深入的分析；对他们来说，它的成功就是它的证明。于是，能够发生这种情况，即像布莱克的热质理论这样导致最伟大发现的观点，在随后的一段时期，在它所不适用的领域，由于它使我们对那些不符合我们偏爱的概念的事实熟视无睹，实际上可能变成进步的障碍。要保护一个理论使它避免暧昧不明的作用，就必须极其小心地时时审查它的进化和存在的根据和动机。

最丰富多样的物理变化，如热变化、电变化、化学变化等等，可以由力学功导致。当使诸如此类的变化反过来，它们恰恰以产生 139 逆转的部分所需要的量，重新产生力学功。这就是**能量守恒原理**；“能量”开始逐渐变成用来表示那个“某种不可消灭的东西”的术语，它的量度是力学**功**。

我们怎样获得的这个观念？我们从中获取它的来源是什么？这个问题不仅本身有趣，而且由于上面提到的重要原因也有趣。关于能量定律的基础所持的各种观点，相互之间仍有很大分歧。许多观点把该原理追溯到永恒运动的不可能性，它们或者认为这是用经验充分证明了，或者认为这是自明的。在纯粹的力学领域，很容易论证永恒运动的不可能性，或者**功**在没有某些**永久**变化的情况下持续产生的不可能性。因此，如果我们从所有物理过程都是纯粹的**力学**过程、都是分子和原子的运动的理论出发，那么借助物理学的这种**力学**概念，我们也欣然接受，在**整个**物理学领域永恒运动是不可能的。目前，这个观点或许被多数拥护者认可。不过，其他探究者只同意接受能量定律的**实验的**确立。

140 从接下来的讨论中将会看到，所提及的**所有**因素已经在上述观点的发展中共同起作用；但是，除了它们以外，迄今为止几乎未考虑的逻辑因素和纯形式因素，也扮演了非常重要的角色。

一、排斥永恒运动原理

能量定律在其现代形式中并不等同于排斥永恒运动原理，但是它与后者密切相关。然而，后一原理绝不是新的，因为它在力学领域数世纪一直支配伟大思考者的思想和研究。让我们通过对几个史例的研究确信这一点。

S.斯蒂文在他著名的著作《数学札记》(*Hypomnemata mathematica*)第四卷《论静力学》(*De statica*)(Leyden，1605，p.34.)中，处理了斜面上物体的平衡。

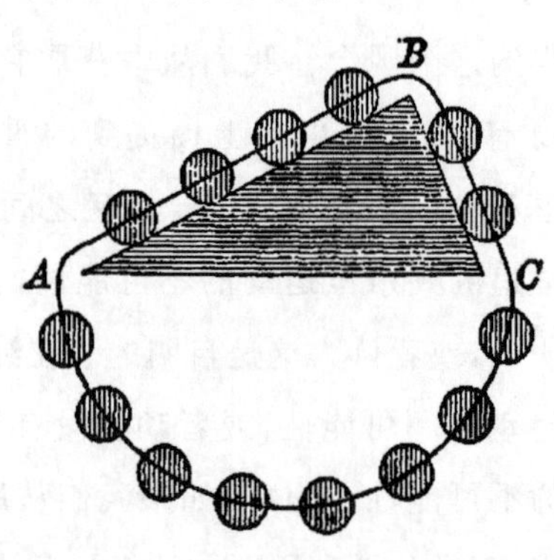

图 41

在一边 AC 是水平的三角棱柱 ABC 上，悬挂着环形的绳或链，把相同重量的 14 个球以相等的距离连接到绳或链上，如图 41 中的截面图所示。既然我们能够设想把绳 ABC 下面对称的部分去除，斯蒂文得出结论，在 AB 上的 4 个球与 BC 上的 2 个球保持平衡。如果平衡被扰乱片刻，那么它将永不存在；绳将按同一方向永远保持环形运动——我们就会拥有永恒运动。他说：

141

> “但是，如果发生这种情况，那么我们的球排或球环就会再次进入它们的原初位置；并且出于相同原因，左边的 8 个球再次重于右边的 6 个球，因此那 8 个球会第二次下沉，这 6 个球会第二次上升，于是所有的球能够自动地保持**持续的和无休止的运动，但这是虚假的**。”①

现在，斯蒂文很容易从这个原理得出斜面上的平衡定律和许多其他富有成效的结论。

在同一本著作第 114 页的“流体静力学”一章中，斯蒂文提出了以下原理：“Aquam datam, datum sibi intra aquam locum servare”——水的特定质量在水里保持它的特定位置。这个原理是如下论证的（参见图 42）：

① “Atuqi hoc si sit, globorum series sive corona eundem situm cum priore habebit, eademque de causa octo globi sinistri ponderosiores erunt sex dextris, ideoque rersus octo illi descendent, sex illi ascendant, istique globi ex sese *continuum et acternum motum efficient, quod est falsum.*”

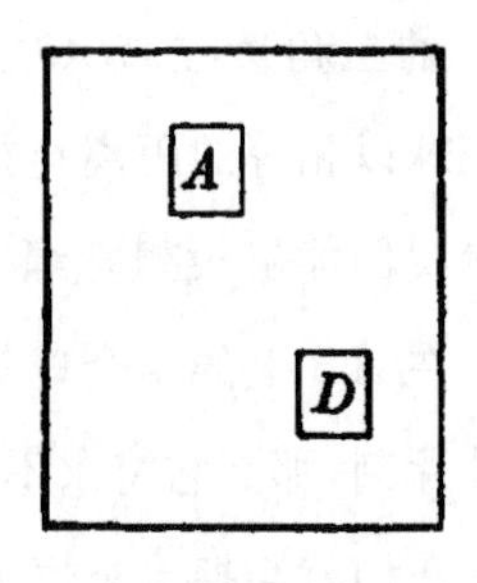

图 42

"由于用自然手段呈现它是可能的，让我们假定 A 没有保持指定给它的位置，而是向下沉到 D。这样安放时，出于同样的原因，接续 A 的水也将向下流向 D；A 将被迫离开它在 D 的位置；于是，这个水体由于它里面的状况处处相同，**将引起荒谬的永恒运动**。"①

142

所有流体静力学原理都可以由此推导出来。在这个场合，斯蒂文也是首次详尽阐述对于近代分析力学而言如此富有成效的思想，即添加刚性的关联未破坏一个系统的平衡。正如我们所知，引力中心守恒原理现在有时借助那个评论从达朗伯原理推导。今天，如果我们重演斯蒂文的论证，我们应该将它稍做一点改变。我们发现，可以毫无困难地设想，假如以为去掉所有障碍，棱柱上的绳子保持不断的匀速运动；但是，如果消除了阻力，我们就应当反

① "A igitur,(si ullo modo per naturam fieri possit) locum sibi tributum non servato, ac delabatur in D; quibus positis aqua quae ipsi A succedit eandem ob causam defluet in D, eademque ab alia istinc expelletur, atque adeo aqua haec(cum ubique eadem ratio sit) *motum instituet perpetuum, quod absurdum fuerit.*"

对加速运动,甚至匀速运动的假定。而且,为了获得更精确的证据,球的细绳应该换成具有无限柔韧性的、沉重的、均匀的绳子。但是,所有这一切丝毫不影响斯蒂文思想的历史价值。事实是,斯蒂文从永恒运动不可能原理清楚地推论出更加简明的真理。

16世纪末,在把伽利略引向他的发现的思想进程中,下述原理发挥了重要作用,即物体借助它在下落时获得的速度,能够上升到与它下落正好一样的高度。这个原理简直就是排斥永恒运动原理的另一种形式,它反复而且异常清晰地出现在伽利略思想中,正如我们将要看到的,它也在惠更斯的思想中。 143

我们知道,伽利略在首先假定他不得不否决的不同定律之后,通过**优先**考虑得出匀加速运动定律,正如那个是"最简单的和最自然的"定律一样。为了证实他的定律,伽利略用斜面上下降的物体做实验,通过从大容器的小孔流出的水的重量测量下降的时间。在这个实验中,作为一个基本原理,他假定,在沿斜面下降中获得的速度总是与下降通过的垂直高度相称;在他看来,这个结论是下述事实的直接结果:沿斜面下降的物体,只能以它获得的速度、在任何斜度的另一平面上上升到相同的垂直高度。情况似乎是,这个上升高度原理也导致他达到惯性定律。让我们听听在"第三天对话"(*Opere*, Padova,1744,Tom. Ⅲ))中他自己的巧言妙语。在第96页我们读到:

> "如果不同斜度的平面的高度相等,我认为理所当然的是,沿着这些斜面下降的物体获得的速度是相同的。"[①] 144

① "Accipio, gradus velocitatis ejusdem mobilis super diversas planorum inclinationes acquisitos tunc esse aequales, cum eorundum planorum elevationes aequales sint."

然后，他让萨尔维阿蒂在对话中说：[①]

---

① "Voi molto probabilmete discorrete, ma oltre al veri simile voglio conuna esperienza crescer tanto là probabilita, che poco gli manchi all'agguagliarsi ad una ben necessaria dimostrazione. Figuratevi questo foglio essere una parete eretta al orizzonte, e da un chiodo fitto in essa pendere una palla di piombo d'un'oncia, o due, soepesa dal sottil filo *A B*, lungo due, o tre braccia perpendicolare all'orrizonte, e nella parete segnate una linea orrizontale *D C* segante a squadra il perpendicolo *A B*, iI quale sia lontano dalla parete due dita in circa, trasferendo poi il filo *A B* colla palla in *A C*, lasciata essa palla incolla palla in *AC*, lasciata essa palla in libertà, la quale primier amente vedrete scendere descrivendo l'arco *C B D* e di tanto trapassare il termine B, che scorrendo per l'arco *B D* sormonter sormontera fino quasi alla segnata parallela *C D*, restando di per vernirvi per piccolissimo inter vallo, toltogli il precisamente arrivarvi dall' impedimento dell'aria, e del filo. Dal che possiamo veracemente concludere, che l'impeto acquistato nelpunto *B* dalla palla nello scendere per l'arco *C B*, fu tanto, che bastö a risospingersi per un simile arco *B D* alla medesima altzza ; iatta. e più volte reiterata cotale esperienza, voglio, che fiechiamo nella parete rasente al perpendicolo *A B* un chiodo come in *E*, ovvero in *F*, che sporga in fuori cinque, o sei dita, e questo acciocchè il filo *A C* tornando come prima a riportar la palla *C* per l'arco *C B*, giunta che ella sia in *B*, inoppando il filo nel chiodo *E*, sia costretta a camminare per la circonferenza *B G* descritta in torno al centro *E*,dal che vedremo quello, che potrà far quel medesimo impeto,che dianzi concepizo nel medesimo termine *B*,l'istesso mobile per l'arco *E D* all'altezzl dell'orizzonale *C D*. Ora, Signori, voi vedrete con gusto condursi la palla all'orizzontale nel punto *G*, e l'istesso accadere, l'intoppo si metesse più basso. come in *F*, dove la palla descriverebbe l'arco *B J* , terminando sempre la sua salita presisamente nella linea *C D*, e quando l'intoppe del chiodo fusse tanto basso, che l'avanzo del filo sotto di lui non arivasse all'altezza di *C D*(il che accaderebbe, quando fusse più vicino all punto B, che al segamento dell'*A B* coll'orizzontale *C D*),allora il filo cavalcherebbe il chiodo, esegli avolgerebbe intorno. Questa esperienza non lascia luogo di dubitare della verità del supposto : imperocche essendo li due archi *C B*, *D B* equali e similmento posti, l'acquisto di momento fatto per la scesa nell'arco *C B*, è il medesimo, che il fatto per la scesa dell'arco *D B* ; ma il momento acquistato in B per l'arco *C B* è potente a risospingere in su il medesimo mobile per l'arco *B D* ; adunque anco il momento acquistato nella scesa *D B* è eguale a quello, che sospigne l'istesso mobile pel medesimo arco da *B* in *D*, sicche universalmente ogin momento acquistato per la scesa dun arco

“你们所说的似乎是非常可能的，但是我希望进一步通过实验增大它的可能性，使它几乎相当于绝对的证明。假定这 145 张纸是一堵垂直的墙，在钉进墙的钉子上用一根长四五英尺的非常细的线 AB 悬挂一个重两三盎司的铅球（图 43）。在墙上画垂直于垂线 AB 的水平线 DC，垂线 AB 应当挂在距墙

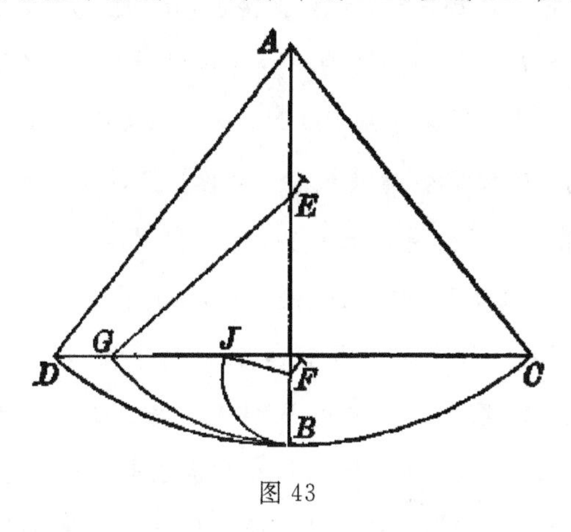

图 43

约两英寸的地方。现在，如果拴着球的线 AB 占用 AC 的位置，然后松开球，你们将看到球首先向下通过弧 CB，然后越过 B 点，通过弧 BD 几乎上升到线 CD 的水平，空气和线的阻力妨碍它精确达到该水平。由此我们可以确实地断定，它下降划过弧 CB 获得的、在 B 点的冲力，足以推动它通过类同的

è eguale a quello, che può far risalire l' istesso mobile pel medesimo arco: ma i momenti tutti che fanno resalire per tutti gli archi BD, BG, BJ sono eguali, poichè son fatti dal istesso medesimo momento acquistato per la scesa CB, come mostra l'esperienza: adunque tutti i momenti, che si acquistano per le scese negliarchi DB, GB, FB sono eguali.”

弧 BD 而到达相同的高度。做这个实验并且重复几次之后，让我们在墙上朝垂线 AB 的射影，比方说在 E 或 F，钉一个五六英寸长的钉子，于是线 AC 像以前一样带着球划过弧 CB，在它到位置 AB 时将碰到钉子 E，球将因此被迫沿着以 E 为中心画出的弧 BG 向上运动。接着，我们会看到，此刻与之前在同一点 B 获得的相同的冲力在这里做什么事情，它接着驱动同一运动物体通过弧 BD 到达水平线 CD 的高度。这样一来，先生们，你们会高兴地看到，球在点 G 上升到水平线；而且，如果把钉子钉得较低一些，比如在 F，也会发生相同的事情：在这种情况下，球会画出弧 BJ，总是将它的上升精确地终止在线 CD。如果把钉子钉得低到它下面线的长度够不到 CD 的高度（要是 F 更靠近 B 点而不是 AB 与水平线 CD 的交点，将会发生这种情况），那么线会围着钉子自我卷绕。对于该假定的真理性，这个实验没有留下怀疑的余地。由于两个弧 CB、DB 相等并且处境相似，在弧 CB 下降中获得的动量与在弧 DB 下降中获得的动量相同；但是，通过弧 CB 下落、在 B 点上所获得的动量，可以驱使相同的运动物体向上通过弧 BD；因此，在下降 DB 中获得的动量也等于驱动相同的运动物体通过从 B 到 D 同一弧的动量，以至于一般说来，在弧下降中所获得的每个动量，等于促使相同运动的物体通过相同的弧上升获得的动量；但是，促使所有弧 BD、BG、BJ 上升的全部动量都是相等的，因为它们都是在下降 CB 获取的同一个动量造成的，正如实验显示的那样：因此在弧 DB，

146

GB，JB 下降中获得的全部动量都是相等的。”

可以把这段与钟摆相关的议论应用到斜面中，并导致惯性定律。我们在第 124 页[①]读到：

“现在很明白，在 A 从静止开始并沿斜面 AB 下降的可运动的物体，获取的速度与它的时间的增量成比例：在 B 拥有的速度是所获取的速度中最大的；而且，倘若消除新的加速或减速——我说加速是考虑它沿着延伸的平面进一步行进的可能，减速是考虑使它倒退并爬升平面 BC 的可能性——的所有原因，它将按其本性被永远不变地传送。但是，在水平面 GH 上，它的平稳运动按照它从 A 下降到 B 获得的速度，将会无限地持续下去。”（图 44） 147

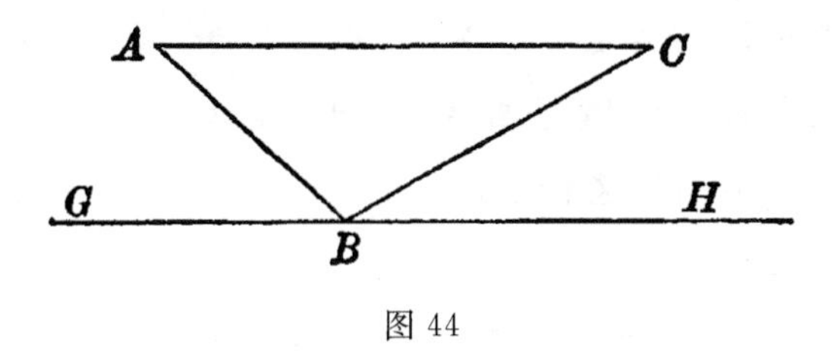

图 44

① “Constat jam, quod mobile ex quiete in A descendens per AB, gradus acquirit velocitatis juxta temporis ipsius incrementum : gradum vero in B esse maximum acquisitorum, et suapte natura immutabiliter impressum, sublatis scilicet causis accelerationis novae, aut retardationis : accelerationis inquam, si adhuc super extenso plano ulterius progrederetur; retardationis vero, dum super planum acclive BC fit reflexio : in horizontali autem GH aequabilis motus juxta gradum velocitatis ex A in B acquisitae in infinitum extenderetur.”

继承了伽利略衣钵[①]的惠更斯，形成更加鲜明的惯性定律的概念，并推广在伽利略手中富有成效的关于上升高度的原理。他在解决振荡中心问题时运用伽利略的原理，而且极其清楚地陈述道，关于上升高度的原理与排斥永恒运动原理是等价的。

接着，出现以下重要的段落（Hugenii, *Horologium oscillatorium, pars secunda*）（惠更斯，《时钟振荡》第二部分）。**假设：**

> “假如不存在引力，大气也不阻碍物体运动，那么物体将以平稳的速度在直线上永远保持曾经施加给它的运动。”[②]

148

在《时钟振荡中心》（*Horologium de centro oscillationis*）的第四部分，我们读到：

> “如果任何数目的重物由于引力开始运动，重物共同的引力中心总体上不可能上升得比它开始运动时占据的位置更高。
>
> 鉴于我们的这个假设不可能引起顾虑，我们将申明，它仅

① 原文印刷的是 mantel（壁炉架），而不是 mantle（衣钵）。中译者查阅了 1895 年英译本第 147 页、1897 年英译本第 147 页，均印刷的是 mantel 而不是 mantle。中译者在德文初版 E. Mach, Populär-Wissenschaftliche Vorlesungen, Johann Ambrosius Barth, Leipzig, 1896. 第 165 页看到，作者马赫在这里使用的是 Nachfolger（继任者、接替者、接班人），英译者借用《圣经》之语 have somebody's mantle fall upon one（继承某人的衣钵），其翻译是正确的。错误出在印刷和校对上。令中译者不解的是，这个错误居然近百年来未被相关人士发现。——中译者注

② “Si gravitas non esset, neque aër motui corporum officeret, unumquodque eorum, acceptum semelmotum continuaturum velocitate aequabili, secundum lineam rectam.”

仅意味着，从来也没人否定重物不向上运动。确实，如果做这样的无谓尝试以建造永恒运动的新机器的设计者熟悉这个原理，那么他们能够很容易让自己发现错误，并理解这种事情用力学手段是绝对不可能完成的。”①

这里有可能有耶稣会的心理存留，它们包含在“力学手段”这个词语中。由该词语可能导致人们相信，惠更斯认为非力学的永恒运动是可能的。

在同一章的命题Ⅳ中，甚至更加清晰地提出了对伽利略原理的概括：

“如果由几个重物组成的摆从静止开始运动，完成它的完全振荡的任何一部分，并且从那一点向前，单个重物随着它们共同关联被解除而改变它们获得的向上速度，尽其所能升高，那么所有重物共同的引力中心将被运送的高度与它在振荡开始前占据的高度相同。”②

149

① “Si pondera quotlibet, vi gravitatis suae moveri incipiant ; non posse centrum gravitatis ex ipsis compositae altius, quam ubi incipiente motu reperiebatur, ascendere.”

“Ipsa vero hypothesis nostra quominus scrupulum moveat, nihil aliud sibi velle ostendemus, quam, quod memo unquam negavit, gravia nempe sursum non ferri. —Et sane, si hac eadem uti scirent novorum operum machinatores, qui motum perpetuum irrito conatu moliuntur, facile suos ipsi errores deprehenderent, inteiligerentque rem eam mechanica ratione haud quaquam possibilem esse.”

② “Si pendulum e pluribus ponderibus compositum, atque e quiete dimissum, partem quamcunque oscillationis integrae confecerit, atque inde porro intelligantur pondera ejus singula, relicto communi vinculo, celeritates acquigravitatis ex omnibus compositae, ad eandem altitudinem reversum erit, quam ante iceptam oscillationem obtinebat.”

最后的这个原理是把伽利略关于单个质量的观念应用到质量系统的概括，我们从惠更斯的说明辨认出它是排斥永恒运动原理；惠更斯此时正是基于它建立他的振荡中心理论的。拉格朗日表示，这个原理的特征是根据不足；而让他感到欣喜的是，詹姆斯·伯努利在1681年成功地尝试把振荡中心理论还原为在他看来更清楚的杠杆定律。17世纪和18世纪的所有伟大的探究者就这个问题展开交锋，它最终与虚速度原理共同导致达朗伯1743年在他的《动力学论文》中阐明的原理，尽管以前欧拉和赫尔曼以略微不同的形式使用过这一原理。

150

进而，关于上升高度的惠更斯原理成为“活力守恒定律”的基础，这个定律由约翰·伯努利和丹尼尔·伯努利阐明，并且被后者那样非凡地运用在他的《流体动力学》中。伯努利定理和拉格朗日在《分析力学》中的表达只是在形式上不同。

托里拆利取得他的著名的液体射流定律的方式，再次得出我们的原理。托里拆利设想，从容器底部孔口流出的液体，不会由于它的射流的速度而上升到比它在容器里的水平更高的高度。

接下来，让我们考虑属于纯粹力学的一个要点，即**虚运动**或**虚速度**原理的历史。像通常所述的那样，并且拉格朗日也如此断言，这个原理并不是由伽利略首次阐述，而是更早一些由斯蒂文阐明的。在上面引用的他的著作《绞盘静力学》第72页，他说：

“观察到这个静力学公理在此处有效：

由于作用物体的空间等同于被作用物体的空间，因此被作用物体的动力等同于作用物体的动力。"[①]

我们知道，伽利略在对简单机器的思考中认识到这个原理的真理，也从它推导出液体平衡定律。 151

托里拆利使该原理返回到引力中心的性质。在动力和负载由重物表示的简单机械中，控制平衡的条件就是重物共同的引力中心不降低。反过来，如果引力中心不能降低，即可得到平衡，因为沉重的物体不会自动向上运动。在这种形式下，虚速度原理等价于惠更斯的永恒运动不可能性原理。

1717年，约翰·伯努利首次察觉虚位移原理对所有系统的普遍含义，他在给瓦里尼翁(Varignon)的信中陈述了这一发现。最后，拉格朗日对这个原理给出一般的证明，并把他的整个《分析力学》奠基于其上。不过，这个一般证明毕竟是以惠更斯和托里拆利的评论为基础的。如同我们了解的那样，拉格朗日设想在整个系统的力的方向安置简单的滑轮，让绳子穿过这些滑轮，并且在它松开的末端悬挂一个重物，这个重物是该系统的所有力的共同量度。现在，可以毫无困难地选择每个滑轮组件的数目，以便将用它们代替所述的力。于是很清楚，如果末端的重物不能下沉，就可维持平衡，因为重物不会自动地向上运动。如果我们没有走得那么远，而是希望信守托里拆利的观念，我们也许会设想，一个特殊重物代替该系统的每一个单个力，这个重物在力的方向悬挂在穿过滑轮的

① "Notato autem hic illud staticum axioma etiam locum habere :
Ut spatium agentis ad spatiumpatientis
Sic potential patientis ad potentiam agentis."

152 绳子上，并且连接在它的实施之处。于是，当所有重物共同引力中心不能一起下降时，即可维持平衡。显然，这个论证的基本假定是永恒运动的不可能性。

拉格朗日力图千方百计地提供没有非相关要素的和充分满意的证明，可是没有完全成功。他的后继者并非更加幸运。

就这样，整个力学建立在一种观念的基础上，该观念虽然不含糊，但却是非惯常的，而且与其他力学原理和公理不对等。每位力学学生在他进展的某一阶段，都对这种事态感到不自在；每一个人都希望消除它；可是，却难得用语言陈述这个困难。因此，当热情的科学学生在像波因索特这样的大师的著作(《系统平衡和位移的一般理论》)中读到下述段落时，他极其欢欣鼓舞；这位作者在其中正在提出他对《分析力学》的看法：

> "其间，考虑到那部著作对力学的漂亮的展开，即力学似乎从单个公式完美地涌现，我们的注意力首次被完全吸引住了，为此我们自然相信，科学被完成了，或者它仅仅留下寻求虚速度原理的证明。然而，这一探索又使我们借助原理本身克服的困难卷土重来。经过审查，那个如此普遍的定律反而变得晦涩费解，由于其中混合了模糊而陌生的无限小位移和153 平衡微扰观念；而且，鉴于拉格朗日的工作也没有提供比分析进展更清晰的东西，我们清楚地看到，阴云好像只是从力学的进程中升起，因为可以这么说，阴云恰恰聚集在那门科学的源头。
>
> 本质上，虚速度原理的一般证明等价于把整个力学建立

在不同的基础上：因为对包括整个科学的定律的证明与把那门科学还原为另一个定律毫无二致；但是，该定律与第一个定律相比，恰好一样普遍，但却清楚明白，或者至少比较简单，从而它使第一个定律变得毫无用处。"①

因此，按照波因索特的观点，虚位移原理的证明相当于力学的全部更新。

对于数学家而言，另一个令人不安的情况是，在力学目前以其存在的历史形式中，把动力学建立在静力学的基础上，而值得向往的是，在自称演绎完备的科学中，比较特殊的静力学定理能够从更普遍的动力学原理中演绎出来。 154

事实上，伟大的大师高斯在他对最小约束原理的描述(Crelle's *Journal für reine und angewandte Mathematik*，Vol.，

---

① "Cependant, comme dans cet ouvrage on ne fut d'abord attentive qu'à considérer ce beau développement de la mécanique qui semblait sortir tout entière d'une seule et même formule, on crut naturellement que la science etait faite, et qu'il ne restait plus qu'à chercher la démonstration du principe des vitesses virtuelles. Mais cette recherche ramena toutes les difficultés qu'on avait franchies par le principe même. Cette loi si générale, où se mêlent des idées vagues et étrangères de mouvements infinement petits et de perturbation d'équilibre, ne fit en quelque sorte que s'obsurir à l'examen; et le livre de Lagrange n'offrant plus alors rien de clair que la marche des calculs, on vit bien que les nuages n'avaient paru levé sur le cours de la mécanique que parcequ'ils étaient, pour ainsi dire, rassemblés à l'origine même de cette science.

"Une démonstration générale du principe des vitesses virtuelles devait au fond revenir a établir le mécanique entière sur une quatre base : car la demonstration d'une loi qui embrasse toute une science ne peut être autre chose que la reduction de cette sceince a une autre loi aussi générale, mais évidente, ou du moins plus simple que la première, et qui partant la rende inutile."

p. 233.)中,用下述话语表达了这个愿望:“按照实际情况来说,恰当的做法是,在科学的逐渐发展中,在对个人的教育中,容易的应该位于困难的之前,简单的应该位于复杂的之前,特殊的应当位于普遍的之前;可是,当心智一旦得出更高级的观点时,它就需要相反的过程,在这个过程中全部静力学看起来仅仅是力学的一个特例。”现在,高斯自己的原理拥有普遍性的一切必要条件,但是它的困难在于,它不是直接可理解的,而且高斯是借助达朗伯的原理推导它的,这是一个把问题留在它们以前所在之处的步骤。

那么,虚运动原理在力学中发挥的奇异作用源自何处呢?目前,我只能做出这样的回答。当我首次作为学生接受它时,当我做过历史研究后继续采纳它时,在我看来很难讲述,拉格朗日关于该原理的证明对我造成的印象有何差异。依我之见,它首先显得枯燥乏味,主要是由于不适合数学观点的滑轮和绳子;而且,我更愿意从该原理本身发现它的作用,而不是把它看做理所155 当然的。刚才,我研究了科学史,我无法想象一种更加出色的证明。

事实上,正是这同一个排斥的永恒运动原理遍及整个力学,几乎完成一切,这令拉格朗日不悦,然而他仍然不得不使用它,至少心照不宣地在他自己的证明中使用它。如果我们给出这个原理适当的地位和背景,那么矛盾很容易解释。

排斥的永恒运动原理因此不是新发现,三百年来,它一直是所有伟大探究者的指导思想。然而这个原理无法恰当地建立在力学概念的**基础上**。因为在力学发展之前的很长一段时间，人们已经信服排斥的永恒运动原理的真理性，甚至可以说后者促进了力学的发展。因此，排斥的永恒运动原理的信服力一定拥有更普遍、更深厚的基础。我们将回到这个论点上。

二、力学物理学

不能否认，从德谟克利特到今日，一直盛行着一种未被误解的倾向，这就是**用力学**说明**所有的**物理事件。更不必提及对这种倾向较早的模糊表达了，我们在惠更斯的著作中就读到这样的表达[①]：

> "毋庸置疑，光由某种实体的**运动**组成。这是因为，如果我们考察它的产生，我们发现在地面这里，光主要是造成它的火和火焰，由于它们分解和破坏许多其他比它们更坚固的物体，这二者无疑包含处于快速运动的物体；而如果我们注视它的结果，我们看到，当光比方说通过凹镜汇聚时，它具有像火一样的燃烧的性质，也就是说，它分裂物体的组成部分，这确实是**运动的**证据，至少在**真正的**哲学——所有自然结果的原因在其中都被设想为**力学的**原因——中是运动的证据。按照我的判断，必须完成这一切，否则必须放弃永远理解物理学的

156

① *Traitè de la lumière*(《光论》)，Leyden，1690，p. 2.

所有希望。”①

卡诺②在把排斥永恒运动原理引入热理论时，做了如下辩护：

“在这里也许要遭到反对的是，对于**纯粹力学的作用**被证明是不可能的永恒运动，当用于**热**或电的影响时或许并非如此。但是，能够认为热现象或电现象是由于除了**物体的某种运动**之外的任何事物吗？它们本身必定不服从力学的普遍定律吗？”③

157　这些例子表明，用力学说明所有事物的倾向实际存在着，根据

---

① “L’on ne saurait douter que la lumière ne consiste dans le *mouvement* de certaine matière. Car soit qu’on regarde sa production, on trouve qu’içy sur la terre c’est principalement le feu et la flamme qui l’engendrent, lesquels contient sans doute des corps qui sont dans un mouvement rapide, puis qu’ils dissolvent et fondent plusieurs autres corps des plus solides ; soit qu’on regarde ses effets, on voit que quand la lumière est ramassée, comme par des miroires concaves, elle a la vertu de bruler comme le feu. C’est-à-dire qu’elle desunit les parties des corps ; ce qui marque assurément du *mouvement*, aumoins dans la *vraye Philosophie*, dans laquelle on concoit la cause de tous les effets naturels par des raisons de mécanique. Ce qu’il faut faire à mon avis, ou bien renoucer à tout espérance de jamais rien comprendre dans la Physique.”

② *Sur la puissance motrice du feu*（《关于燃火机车的动力》），(Paris, 1824.)

③ “On objectra peut-être ici que le mouvement perpétuel, démontré impossible par les *seules actions mécaniques*, ne l’est peut-être pas lorsqu’on emploie l’influence soit de la chaleur, soit de l’électricité ; mais peut-on concevoir les phénomènes de la chaleur et de l’électricité comme dus a autre chose qu’à des *mouvements quelconques des corps* et comme tels ne doivent-ils pas être soumis aux lois générales de la mécanique ?”

来自最近的文献的引用，此类例子有可能无限期地成倍增加。这个倾向也是可以理解的。在空间和时间中作为简单运动的力学事件，借助我们高度有组织的感官，最有利地容许观察和追求。我们在想象中几乎毫不费力地复制力学过程。从日常经验中，我们极为熟悉作为产生运动的条件的压力。个人在他的环境中亲自产生的所有变化，或者人类借助人间的技艺造成的所有变化，都通过**运动**受到影响。因此，在我们看来，运动作为最重要的物理因素几乎是必然的。而且，可以在所有的物理事件中发现力学的性质。响亮的铃声振动，加热的物体膨胀，带电体吸引其他物体。因而，由于它们的力学方面那么容易理解而且最易于观察和测量，为什么我们不能在该方面的指引下试图把握所有事件呢？事实上，没有人**会**对通过力学**类比**阐明物理事件性质的尝试表示反对。

可是，近代物理学在这个方向已经行进得**很远**。冯特在他杰出的论文“论物理学公理”中表述的观点，可能被大多数物理学家分享。冯特建立的物理学公理如下：158

1. 自然界中所有的原因都是运动的原因。

2. 每一个运动的原因处于运动的物体的外部。

3. 所有运动的原因在联结的直线方向起作用，等等。

4. 每一个原因的结果持续下去。

5. 每一个结果包含相等的反结果。

6. 每一个结果等价于它的原因。

这些原理足以作为力学的基本原理恰当地予以研究。但是，当它们作为物理学的公理提出时，它们的阐明仅仅相当于否定除运动以外的所有事件。

按照冯特的观点，自然界的所有变化都不过是地点的变化。所有的原因都是运动的原因(第 26 页)。冯特用以支持他的理论的哲学依据的任何讨论，都会使我们陷入对埃利亚学派和赫尔巴特信奉者的沉思。冯特坚持认为，地点的变化是事物的**唯一**变化，在这种变化中事物依然等同于它本身。如果事物**在质上**变化，我们就不得不设想，某些事物消灭了，其他一些事物在它的位置上创生了，这将与我们的被观察的物体同一和物质不灭的观念不协调。但是，我们只要记住，埃利亚学派在运动方面遇到的正是同一类型的困难。难道我们也不能设想，一个事物在**一个**地点被消灭了，而严格类似的事物在**另一**地点被创造出来吗？毕竟，我们对为何一个物体离开一个地点而在另一个地点出现的了解，果真要比对为何**冷**物体变**暖**的了解更多吗？就算我们拥有关于自然的力学过程的完备知识，我们能够并且应该由于那个理由把我们不理解的其他一切过程逐出世界吗？按照这个原则，它真的会成为否定整个世界存在的最简单的路线。这是埃利亚学派最终得出的论点，赫尔巴特学派也达到相同的目标。

在这种意义上处理的物理学，仅仅给我们提供一张世界示意图，在其中我们再次不了解实在。事实上，对于多年沉溺于这个视域的人来说，他们作为最熟悉的领域由以开始的感官世界，碰巧在他们眼中突然变成了终极的"世界之谜"。

因此，思想者总是致力于"把所有的物理过程还原为原子的运动"，尽管这种努力是可以理解的，可是必须断言，这是异想天开的理想。这个理想通常在大众演讲中还起着有效的作用，但是在严肃探究者的工作室，它几乎没有履行最小的功能。在力学物理学

中实际获得的东西，要么用比较熟悉的**力学类比**来**阐明**物理过程 160
（例如光理论和电理论），要么严格**定量**地查明力学过程与其他物理过程的关联，例如热力学的结果。

三、物理学中的能量原理

我们只能够由**经验**得知，力学过程产生其他物理变化，反之亦然。由于蒸汽机的发明及其巨大的技术重要性，率先把注意力引向力学过程，尤其是做功与热条件变化的关联。技术的兴趣和科学明晰的需要在 S. 卡诺头脑中相遇，导致了热力学由以起源的显著发展。这一发展并没有与**电**的实际应用联系起来，这不过是**历史的偶然**。

一般说来热机，或者举一个特例蒸汽机，可以通过消耗**特定的**燃烧热做功；在测定功的极大值时，卡诺受到力学类比的引导。物体在受热时，能够通过在压力下膨胀而做功。但是，要做到这一点，物体必须从**较热的**物体吸收热。因此要做功，热必须从较热的物体传向较冷的物体，正如要使磨房的水车轮转动，水必须从较高处落向较低处一样。相应地，温度差相当于能够做功的力，恰似重物的高度差相当于能够做功的力一样。卡诺独自设想一个理想过 161
程，在该过程中热没有未被使用地流走，也就是说，热没有在未做功的情况下流走。因此，由于特定的热消耗，这个过程提供功的极大值。该过程可以类比为磨房的水车轮，它把较高处的水，会一滴也不损失地缓慢运到较低处。这个过程的特殊性质在于，用相同的功耗，能够再次将水精确地提升到原水平。卡诺过程也共有这种**可逆性**。他的过程也能够通过消耗相等数量的功而逆转，使热再次恢复原来的温度数值。

现在，假定我们有**两个**不同的可逆过程 A、B，在这样的 A 中，从温度 t_1 流向较低的温度 t_2 的、热量 Q 将做功 W；可是在 B 中，在相同的情况下，它会做更多数量的功 $W+W'$；接着，我们可以把在指定向指的 B 和相反向指的 A 连接为**单一的**过程。在这里，A 会逆向转换由 B 产生的热，并且会剩下多余的功 W'，可以这么说，多余的功从无中产生。这种结合会呈现永恒运动。

现在，卡诺由于察觉到，不管力学定律是直接还是间接地（通 162 过热过程）遭到破坏，也不管是否确信存在受**普遍**定律支配的自然的关联，它都没有造成差异，他在这里首次从**普通**物理学领域排除永恒运动的可能性。**然而，随之而来的是，热量 Q 从温度 t_1 过渡到 t_2 所产生的功 W 的数量，就其不伴随着损耗而言，与实物的本性无关，同样也与过程的特性无关，而完全取决于温度 t_1、t_2。**

卡诺本人（1824）、克拉珀龙（1834）和威廉·汤姆孙爵士（1849）即现在的开尔文勋爵的专门研究，充分确认了这个重要原理。该原理对热的本性在**没有做无论什么假定的情况下**，仅仅通过排除永恒运动就得到了。确实，卡诺是布莱克理论的追随者，按照布莱克理论，世界上热量的总和是恒定的，但是就他的研究迄今在这一点被视为结论而言，倒是无关紧要的。卡诺原理导致最显著的结果。威廉·汤姆孙（1848）基于它发现了“绝对”温标的巧妙想法。詹姆斯·汤姆森（1849）构想出伴随水在压力下结冰，从而做功而发生的卡诺过程。他由此发现，每增加一个大气压，冰点便 163 降低摄氏 0.0075 度。这只是作为例子而被提及。

大约在卡诺的著作出版二十年以后，J. R. 迈尔和 J. P. 焦耳做出进一步的发展。当迈尔作为医生为荷兰人服务时，在爪哇岛放血的过程中，他观察到静脉血异常鲜红。由于迈尔赞同李比希关于动物热的理论，他把这个事实与温暖气候减少热损失和有机可燃物降低消耗联系起来。人在休息时总的热消耗必定等于总的燃烧热。可是，由于**全部**有机的活动，甚至力学活动，都归因于燃烧的热，因而在力学功和热消耗之间必定存在某种关联。

焦耳从对伽伐尼电池完全类似的确信着手。能够使与锌片消耗等效的缔合热在伽伐尼电池中出现。如果形成电流，这种热的一部分就会出现在电流的导体中。水分解仪器的插入使这种热的一部分消失，在形成的爆炸性气体燃烧时，它又重新产生出来。如果电流使电动机运转，这部分热会再次消失，因摩擦消耗功，它会再次出现。相应地，在焦耳看来，产生的热和产生的功二者也似乎同样与材料的消耗有关。因而，对迈尔和焦耳两人而言，把热和功视为等效的量的想法浮现出来，它们如此相互关联，以至以一种形式损失的东西普遍地以另一种形式出现。其结果是热和功的**本质性**概念和**关于能量的终极的本质性概念**。在这里，把每一个物理状况的变化都看做是能量，能量的消灭产生功或等效的热。例如，电荷就是能量。 164

1842 年，迈尔根据当时普遍接受的物理常数计算出，通过消失 1 千克卡的热量，可以做 365 千克米的功，反之亦然。另一方面，焦耳经过开始于 1843 年的一系列精密的、多样化的实验，最终测定了千克卡的力学当量，更准确地说是 425 千克米。

如果我们通过**力学功**——能够靠物理状况**消失**做力学功——

估量每一个物理状况的变化，并且将这种量度称为能量，那么我们能够用同一公共量度测量一切物理状况的变化，而不管它们可能多么不同，并且说：**所有能量的总和依然是恒量**。这就是排斥永恒 165 运动原理在迈尔、焦耳、亥姆霍兹那里采纳的形式，威廉·汤姆孙将它扩展到整个物理学领域。

如果要以消耗热为代价做力学功，热必定会**消失**；在证明这一点后，不可能再认为卡诺原理是对这个事实的完备表达。克劳修斯在1850年首次给出它的改进的表达，汤姆孙在1851年步其后尘。话是这样说的："如果热量Q'在可逆过程中转换为功，那么绝对[①]温度T_1的另一热量Q就降低到绝对温度T_2。"在这里，就其不伴随损耗而言，Q'仅仅取决于Q、T_1、T_2，而与所使用的实物和过程的特性无关。由于这后一个事实，就足以发现针对某一众所周知的物理实物比如气体和某一确定的简单过程获得的关系。所发现的这个关系将是普遍适用的关系。于是，我们得到

$$\frac{Q'}{Q'+Q}=\frac{T_1-T_2}{T_1} \quad \cdots\cdots\cdots\cdots \quad (1)$$

也就是说，被转换为功的可利用的热量Q'除以被转换的和被转移的热的总和（所使用的全部总和）之商，即所谓的该过程的经济系数是

$$\frac{T_1-T_2}{T_1}.$$

① 这意指摄氏温标的温度，它的零度是在冰的熔点之下273度。

四、热的概念

166

当让一个冷物体与热物体接触时，可以观察到，第一个物体变暖，第二个物体变冷。我们可以说，第一个物体变暖是以第二个物体**为代价**的。这暗示从一个物体传送到另一个物体的物的概念或热质(heat-substance)的概念。要是将两个具有不同温度的水的质量 m、m'倒在一起，人们将发现，由于使温度迅速等同，各自的温度变化 u 和 u' 与质量成反比并且符号相反，从而乘积的代数和是

$$mu + m'u' = 0.$$

布莱克将乘积 mu、$m'u'$ 称做**热量**，该乘积对我们认识这个过程来说是决定性的。就布莱克来说，通过将这些乘积想象成某种实物的量的量度，我们可以形成它们的非常清晰的**图像**。但是，最本质的事情不是这个图像，而是在简单的传导过程中这些乘积之和是**恒定的**。如果热量在一处消失了，同样大的量将会在其他某个地方出现。信守这种观念导致比热的发现。最终，布莱克察觉到，由于消失的热量，其他别的东西也可能会出现，即确定的物质的量的熔解或蒸发。在这里，他仍然坚持这个惹人喜爱的、尽管带有某种坦率的观点，并认为消失的热量还是现存的，而不是**潜存的**。167

迈尔和焦耳的工作强烈地撼动了普遍接受的卡路里概念或者热质(heat-stuff)概念。人们谈论，如果能够增加或减少热量，那么热就不能是实物，而必须是**运动**。这个陈述的从属部分变得比

其余一切能量学说流行得多。但是,我们可以确信,现在热的运动概念与它先前作为实物的概念一样,都是非本质的。两种观念只是因为偶然的历史环境而受到欢迎或阻碍。就热量而言存在力学当量,而从这个事实不会必然得到热不是实物的结果。聪明的学生有时向我提出下述问题,我们愿意藉此厘清这个事实。电的力学当量像热的力学当量一样存在吗?是,也不是。不存在像热量的力学当量一样的电量的力学当量,因为相同的电量根据它所处的环境具有非常不同的做功本领;但是,却**存在**电能的力学当量。

让我们询问另外的问题。存在水的力学当量吗?不存在,没有水量的力学当量,但是存在通过它的下降距离而倍增的水的重量的力学当量。 168

当莱顿瓶放电并藉此做功时,我们没有想象做功时电量消失了,我们只是设想电进入不同的位置,相等的正电量与负电量正在被彼此结合起来。

现在,在我们对热和电的处理方面,观点的这种差异的理由是什么?理由纯粹是历史的,完全是约定的;更重要的是,这完全是无关紧要的。请允许我证实这个断言。

1785年,库仑制造了扭秤,他用它能够测量带电体的斥力。假定我们有两个小球A、B,在它们的整个面积上带电完全相似。这两个球在它们中心某一距离r将彼此施加一定的斥力p。现在,我们使小球C与B接触,让二者承受相等的电荷,然后测量在相同的距离r,B对A斥力和C对A的斥力。这些斥力的总和还是p。因此,某物保持恒定。如果我们将这个结果归因于实物,那么我们自然地推断出它的恒定性。但是，这个阐述的要点是电力 p 的可分性，而不是实物的明喻。

1838 年，里斯制作了电空气温度计（温差静电计）。这可以测量因瓶子放电产生的热量。通过库仑的测量，该热量与包含在瓶子里的电量不成比例；但是，若 Q 是这个热量，C 是电容，则它与 $Q^2/2C$ 成比例，或者更简单说，它与充电的瓶子的能量成比例。现在，如果我们通过温度计使瓶子完全放电，我们便获得某一热量 W。但是，如果我们通过温度计把电放到第二个瓶子，我们便获得少于 W 的热量。不过，如果我们通过空气温度计使两个瓶子完全放电，我们便获得剩余的热量，这时它将再次与两个瓶子的能量成比例。由于一开始是不完全放电，因此一部分做功的电容量损失了。 169

当瓶子的电荷产生热时，它的能量发生改变，用里斯温度计测量它的值减小了。可是，根据库仑的测量，这个数量依然不变。

现在，让我们假想一下，里斯温度计在库仑扭秤之前发明，由于两项发明彼此无关，这不是很难的技艺；包含在瓶子里的电"量"应当用在温度计中产生的热测量，什么会比这更自然呢？可是在当时，这个所谓的电量会在产生热或做功时减少，而它现在却仍然保持不变。因此，在这个实例中，电不可能是**实物**而是**运动**，而现在它依然是实物。所以，我们除了拥有热的概念以外，我们还拥有电的概念，其理由纯粹是历史的、偶然的和约定的。 170

其他的物理事件的状况也是这样。做功时水并没有消失。为什么呢？因为正如我们测量电一样，我们用天平测量水量。但是，假定我们把用于做功的水的容量叫做量，因而不得不用水磨而不是用天平测量;那么,由于这个量做了功,它也会消失。现在,也许很容易想象,很多物质不像水那么易于得到。在这种状况下,在还会有许多其他测量方式留给我们时,我们也许不能用天平完成一种类型的测量。

现在,在热的实例中,历史上确立的对"量"的测量偶然地是热的功值。因此,当做功时,它的量就消失了。但是,据此随之得到热不是实物,这与相反结论即它是实物一样,都是无足轻重的。在布莱克的事例中,因为热没有转换成其他的能量形式,所以热量保持恒定。

今天,如果任何人还愿意认为热是实物,那么我们会毫不费力地容许这个人这一自由。他只需要假定,我们称之为热量的那种东西是实物的能量,它的量仍然保持不变,但是它的能量改变了。171 事实上,在与物理学的其他术语类比时,我们说热的能量而非热量也许更好一些。

因此,当我们对热是运动的发现好奇时,我们是对从来没有被发现的某种事物感到好奇。不论我们是否认为热是实物,它完全无关紧要,没有一点科学价值。事实是,热在某些关联上表现得像实物,而在另一些关联上又不像实物。热在蒸汽中是潜存的,正如氧在水中是潜存的一样。

五、在能量表现中的一致性

由于考虑到在所有能量的性能方面得到的一致性,前述的沉思将会使我在很久以前就注意的论点变得更加清晰。[①]

在高度 H_1 处的重量 P 代表能量 $W_1=PH_1$。如果我们任凭重量下降到较低的高度 H_2——在此期间做功，所做的功在产生活力、热或电荷时被利用，简言之被转换——那么仍然有能量 $W_2=PH_2$ 留下来。等式

$$\frac{W_1}{H_1}=\frac{W_2}{H_2} \quad \cdots\cdots\cdots\cdots \quad (2)$$

成立，或者用 $W'=W_1-W_2$ 表示**被转换的**能量，用 $W=W_2$ 表示运送到较低水平的**被转移的**能量，则等式

172

$$\frac{W'}{W'+W}=\frac{H_1-H_2}{H_1} \quad \cdots\cdots\cdots\cdots \quad (3)$$

在所有方面都与第 165 页的等式(1)类似。因此正在讨论的性质，绝不是热特有的。等式(2)给出从较高水平获得的能量与存储在较低水平的能量(留下的能量)之间的关系；它表明，这些**能量与该水平的高度**成比例。类似于等式(2)的等式对能量的**每一种**形式都可以成立；因此，可以认为，相当于等式(3)、从而相当于等式(1)的等式对每一种形式都是有效的。比如，就电来说，H_1 H_2 意指电势。

在能量转换定律中，当我们首次注意到这里暗示的一致时，由于我们不能立刻察觉它的原因，它显得令人吃惊和出乎意外。但

① 在我的专题论文 *Ueber die Erhaltung der Abeit*(《论功的守恒》)，Prague，1872. 我首次注意到这个事实。在这之前，佐伊纳已经指出力学能和热能之间的类似。以 *Geschichte und Kritik Carnot'schen Wärmegesetzes*(《关于卡诺热定律的历史和评论》)为题，在给维纳科学院的会议报告(1892 年 12 月)的提交的交流中，我对这个观点做了更广泛的发展。请比较波佩尔(1884)、赫尔姆(1887)、朗斯基(1888)和奥斯特瓦尔德(1892)的著作。

是，对于追求历史比较方法的人来说，这个原因不会长久秘而不宣。

从伽利略开始，力学功尽管长期被冠以不同的名称，可是它是力学的**基本概念**，同样也是应用科学中非常重要的概念。功转换 173 成活力，活力转换成功，意味着不同的能量概念——惠更斯首次富有成效地运用该观念，尽管托马斯·扬首先用“能量”的**名称**称呼它。让我们增添这个重量的恒定性（实际是质量的恒定性），我们将看到，关于力学能，它恰好被包含在该术语的定义中，即重物的做功本领或势能与重物在几何学向指上所处的水平的高度成比例，并且当重物降低时，它由于能量转换成比例地减小到该水平的高度。这里的零水平是完全任意的。由此可以给出等式(2)，所有其他形式都作为该等式的必然结果出现。

当我们沉思力学凌驾于其他物理学分支之上这一惊人的开端时，我们对下述做法就不会感到奇怪了：无论在哪里只要有可能，人们总是试图应用那门科学的概念。例如，库仑就这样在电量概念中模仿了质量概念。在电学理论的进一步发展中，在电势理论中同样直接引入了功的概念，并且用被提升到那个水平的单位功的量测量电平的高度。针对电能，随即给出前面的等式连同它的所有结果。与其他能量有关的状况大体如此。

无论如何，**热**能像是一个特例。仅靠提及的特殊试验，就可以 174 发现热是能量。但是，用布莱克的热量对这种能量进行测量，只是幸运境况的结果。首先，热容量 c 随温度的偶然微小变化和普通温标与源于**气体张力**的温标的偶然微小背离，都会引起这样的情况：“热量”概念能够确立，对应于温差 t 的热量 ct 几乎与热的能量成比例。阿蒙通突然想起用气体张力测量温度的主意，完全是偶然的历史境遇。可以肯定，他在此没想到热的功。[1] 但是，由此可以使表示温度的数字与气体的张力即与气体做的功——伴随着体积在其他方面的相同变化——成比例。于是**温度高度**和**功的水平高度**碰巧互相成比例。

如果挑选出与气体张力大相径庭的热状况的特性，那么这种关系会呈现非常复杂的形式，并且热和上面考虑的其他能量之间的一致将不复存在。沉思这一点非常具有启发性。因此，在能量性能的一致性中并不隐含**自然定律**的意思，更确切地说，这种一致性受到我们概念模式的均一性的重要影响，而且也部分地是运气好的问题。 175

六、能量的差异和能量原理的限度

在绝对温度 T_1、T_2之间的可逆过程(不伴随损耗的过程)中做功的每一个热量 Q，其中只有一部分

$$\frac{T_1 - T_2}{T_1}$$

转换为功，而余下的部分被转移到较低的温度水准 T_2。由于该过程可逆，被转移的部分随着消耗相同的功再次返回到水准 T_1。但是，如果这个过程不可逆，那么比前面实例中更多的热便流到较低的水准；而且，在没有特殊消耗的情况下，剩余部分不能再次返回

① 威廉·汤姆孙爵士首先有意识、有目的地引入了(1848、1851)温度的**力学**测量，它类似于电势的测量。

较高水准 T_2。相应地,W. 汤姆孙(1852)注意到下述事实:在所有不可逆的过程中,也就是在所有实际的热过程中,热量因做力学功而丧失,从而正在出现力学能的消散或浪费。在任何境况,热仅176 仅是部分转换为功,但是功通常完全转换成热。因此,存在着力学能减少而世界上的热能增加的趋向。

对于一个简单的闭合循环过程——从水准 T_1 获取热量 Q_1,在水准 T_2 存储热量 Q_2,而不伴随损耗——存在与等式(2)符合的下述关系

$$-\frac{Q_1}{T_1}+\frac{Q_2}{T_2}=0 .$$

类似地,对于许多复合的可逆的循环,克劳修斯发现代数和

$$\sum \frac{Q}{T}=0 ,$$

并且设想持续变化的温度

$$\int \frac{dQ}{T}=0 \quad \cdots\cdots\cdots\cdots\cdots\cdots\cdots\cdots\cdots (4)$$

在这里,把从特定水准扣除的热量元算做负的,把分给它的热量元算做正的。如果过程不可逆,则表达式(4)即克劳修斯所谓的**熵**便增加。在实际的实践中,情况总是如此,克劳修斯发觉自己被引向陈述:

1. 世界的能量保持恒定。

2. 世界的熵趋向极大值。

一旦我们注意到上面指出的不同能量在性能上的一致性,这177 里提到的热能的**特性**必定给我们以深刻印象。因为每一种能量一般只是部分地转换为另一种形式,这对热能也适用,那么这种特性

源自何处？下面将会找到说明。

一种特殊类别的能量 A 的每一次转换，都伴随包括热能在内的那种特定类别能量的势的下降。尽管对其他类别的能量来说，能量转换、从而在势降低的类别方面能量的损失与势的下降相关，但是就热而言却是不同的。至少根据惯常的估计模式，热能够在不承受能量损失的情况下经历势的下降。如果重物下落，它必定产生动能、或热、或某种其他形式的能量。电荷也不能经历势的降低而不损失能量，即没有能量转换。但是，只要我们把热的**每一个量**都看成能量，那么热能够随温度降低传到具有较大容量的物体，并且仍然保持相同的热能。情况正是这样：赋予热的除了它的能量特性外，在很多情况下还有物质的**实物**的特征或量的特征。

如果我们不以偏见的眼光看待物质，我们必定要问，在依旧把不能再转换成力学功的热量看做是能量（例如，一个封闭的、平稳变暖的物质系统中的热）时，是否有任何科学的含义或目的。在这 178 个实例中，能量原理当然起着完全多余的作用，人们只是出于习惯才把作用赋予它。[①] 不顾力学能的消散或浪费的知识，不顾熵的增加，还要坚持能量原理，这几乎与布莱克的肆无忌惮毫无二致，当时他认为液化热依旧是现存的而不是潜存的。[②] 进而可以察

---

① 对照 *Analysis of the Sensations*（《感觉的分析》），Jenna，1886：英译本，Chicago，1897.

② 在通常引起误解的术语之处，一个更好的术语显得极为可取。威廉·汤姆孙爵士（1852）好像觉察到这种需要，F. 沃尔德（1889）清晰地表达出来。我们应当把对应于消失的热量的功叫做它的力学替代值；而在从热状况 A 到热状况 B 的过渡时**实际上**能够做的功，应该单独命名为这种状况变化的**能量值**。应当以这种方式把该过程的**任意的**实体性概念保留起来，提前防止误解。

觉，“世界的能量”以及“世界的熵”这样的表达稍微渗透一点烦琐哲学。能量和熵是度规概念。把这些概念应用到不适合它们的情况，应用到它们的数值在其中不可测定的情况，会有什么意义呢？

如果我们果真可以决定世界的熵，那么它将表示准确的、绝对的时间度量。以这种方式，可以最清晰地看到一个陈述十足的同义反复，即世界的熵随时间而增加。时间和某些变化只在确定的向指发生的事实，其实是同一件事情。

179

七、能量原理的来源

现在我们准备回答这个问题：能量原理的来源是什么？所有关于自然的知识最终都来源于经验。在这种含义上，把能量原理视为经验的结果的人们是正确的。

经验教导我们，这个世界可能被分解成的感觉要素 $\alpha\beta\gamma\delta$…… 容易发生变化。它进一步告诉我们，这些要素的某几个与其他要素**关联**，从而它们一起出现或消失；或者，一组要素的出现与另一组要素的消失关联。在这里，由于原因和结果的概念含糊和歧义，我们将避开它们。可以把经验的结果表达如下：**世界的感觉要素（$\alpha\beta\gamma\delta$……）表明其本身是相互依存的。**用一些像在几何学中的那样的概念表示这种相互依存，比如三角形的边和角的相互依存，只是要素的相互依存更加多样和复杂而已。

我们以举出密封在圆柱体中、具有确定体积（α）的气体的质量作为例子，通过对活塞施加压力（β），我们改变气体的体积，与此同时用我们的手触摸圆柱体，并且接收热的感觉（γ）。压力的增加

180

减少体积并增大热的感觉。

各种经验事实并不是在所有方面都相似。通过抽象的过程，使它们的共同感觉要素轮廓鲜明，从而铭刻在记忆中。以这种方式，人们获取对广泛事实群的**一致性**特征的表达。正是借助语言的本性，我们能够言说的最简单的句子就是这种类型的抽象。但是，也必须考虑相关的事实的**差异**。事实可以如此紧密地联系到，以至包含 $\alpha\beta\gamma$……的相同类型，但是联系是这样的，即一种类型的 $\alpha\beta\gamma$……与另一种类型的 $\alpha\beta\gamma$……的差异仅仅取决于它们能够被分割的相同部分的数目。尽管情况如此，如果针对作为这些 $\alpha\beta\gamma$……度量的相互推断的数目能够给出法则的话，那么我们根据这样的法则就拥有事实群的**最普遍的**表达，相当于它的全部差异的表达也是如此。这就是定量研究的目标。

如果达到这个目标，我们发现的东西是，在事实群 $\alpha\beta\gamma$……之间，或者更确切地讲，在成为它们的度量的数目之间，存在若干等式。变化的简单事实导致，这些等式的数目必须少于 $\alpha\beta\gamma$……的数目。若前者比后者少一个，则 $\alpha\beta\gamma$……的一部分被另一部分**唯一地**决定。 181

对这后一类型的关系的追求，是专门的实验研究的最重要功能，因为我们据此能够在思想中完成只是部分给定的事实。只有实验才能确定在 $\alpha\beta\gamma$……之间存在的关系以及它们是什么类型的关系，这是不证自明的。进而，只有实验能够辨别，存在于 $\alpha\beta\gamma$……之间的关系是它们的变化能够可逆进行的关系。如果这不是事实，那么显而易见，阐明能量原理的所有理由就是不能令人满意的。因此，一切自然知识的最终源泉就掩藏在经验中，从而在这种意义上，能量原理的最终来源也掩藏在经验中。

但是，这不能排除能量原理也具有逻辑根源的事实，现在就要表明这一点。让我们在经验的基础上假定，一个感觉要素群 $\alpha\beta\gamma$……**唯一地**决定另一个群 $\lambda\mu\nu$……。经验进而教导，$\alpha\beta\gamma$……的变化能够被**颠倒**。于是，这个观察的逻辑结果是，每次 $\alpha\beta\gamma$……都假定相同的值，关于 $\lambda\mu\nu$……的实例也是如此。或者，$\alpha\beta\gamma$……的纯粹**周期性**变化不能产生 $\lambda\mu\nu$……的恒久变化。如果群 $\lambda\mu\nu$……是一个力学群，那么就排除永恒运动。

182 有人可能说，这是一个恶性循环，我们认可这一点。不过，从心理学的角度讲，情境本质上是不同的，不管我只考虑事件的唯一决定性和可逆性，还是我排除永恒运动。在这两个实例中，注意力关注不同方向，并且把眼光分散到问题的不同方面，当然这些方面在逻辑上有必然的关联。

确实，在伟大的探究者斯蒂文、伽利略以及其他人身上引人注目的、牢固的、逻辑的思想背景——它受到对最微不足道的矛盾的敏锐感觉有意识地或本能地支持——其意图无非是限制思想的边界，并使它免除可能的错误。因此，在这里给出排斥永恒运动原理的逻辑根源，即给出甚至在力学发展以前就存在、在这一发展中共同起作用的普遍信念。

在简单的纯粹力学领域，排斥永恒运动原理应当率先得以发展，这是十分自然的。面对该原理向普通物理学领域的转移，人们常常提出一切物理现象都是力学现象的观念。但是，前面的讨论显示，这个概念是多么非本质的。真正涉及的问题是辨认自然普遍的相互关联。一旦确立这一点，我们同意卡诺的意见，是直接地

还是迂回地破除力学定律，就变得无关紧要了。 183

排斥永恒运动原理与近代的能量原理密切联系，但是两者并不等价，因为只要借助一定的**形式概念**，后者就能从前者推导出来。这一点从前面的阐述即可看出，在不使用或不具有**功**概念的情况下，就能够排除永恒运动。近代的能量原理最初产生于功和物理状况的每一次变化——该变化反过来又产生功——的**实体性**概念。在迈尔和焦耳的实例中，显示出对这样的概念的强烈需求，这个概念绝不是必要的，可是在形式的意义上是非常方便的、非常明晰的。前面已经谈到，通过观察热的产生和力学功的产生二者都与实物的消耗有关，这个概念浮现在两位探究者的心中。迈尔说："无中不能生有(Ex nihilo nil fit)。"[①]在另一处说："力(功)的创生和毁灭存在于没有人类活动的区域。"在焦耳那里，我们发现这段话："假定上帝赋予物质的能力可以被消灭，这显然是**荒谬的**。"

在这样的陈述中，一些作者已经注意到**形而上学地**确立能量学说的企图。可是，在这些陈述中，我们只是看到对事实简明、清晰、生动把握的形式需要，这种需要在实际活动和技术活动中得以 184 发展，我们竭尽全力把它延伸到科学领域。事实上，迈尔写信给格里辛格："最后，如果你们问我，我如何逐渐卷入了整个事件中，我的回答不过如此：在海上航行期间，我几乎心无旁骛地从事生理学研究，由于**我强烈感到需要它**这个充足理由，我发现了新理论。"

---

① 拉丁语 Ex nihilo nil fit 亦做 Ex nihilo nihil fit。译为英语则是 You cannot make something out of nothing。意为"无中不能生有"或"巧妇难为无米之炊"。——中译者注

关于功(能量)的实体性概念绝不是一个必要的概念。远非真实的是,由于认识到需要这样一个概念,就可以解决问题。相反地,让我们看看,迈尔是如何逐渐尽力满足这个需要的。他首先认为运动的量即动量 mv 与功相当,直到后来他才偶然得到活力($mv^2/2$)的概念。在电领域,他无法指定功的等值表达。这后来由亥姆霍兹完成。因此,形式需要是**第一个**赠品,而我们关于自然的概念随后逐渐**适应**它。

对这个能量原理实验的、逻辑的和形式的根源的揭示,也许大大有助于清除仍旧附着在该原理上的神秘主义。至于我们对我们周围各种过程非常简明的、明显的、实体性的概念的形式需要,自185 然究竟在多大程度上符合这个需要,或者我们能在多大程度上满足它,依然是一个悬而未决的问题。在前面讨论的一个阶段,情况仿佛是,能量原理的实质性概念,像布莱克的热的物质概念,在事实方面有其自然限度,超过这个限度,只能人为地坚持它。

九　物理探究的经济本性*

186

当人的心智利用其有限的能力力图实质上反映这个世界丰富多彩的活动，而它本身只是世界的一小部分，并且永远不能希望穷竭世界时，它有一切可能的理由经济地进行。因此，在各个时代的哲学中都表达了这种趋势，即利用少数几个构成有机整体的思想，来理解实在的根本特征。一位中国古代哲学家这样说过："故生不知死，死不知生。"[①]可是，人在他缩小难以领悟的事物的边界之永不息止的欲望中，总是力图尝试以生悟死，以死悟生。

在古代文明人看来，自然界充满具有人的情感和欲望的恶魔和神灵。在所有本质的特征方面，这种万物有灵论的自然观——正如泰勒[②]恰当命名的——被现代非洲的拜物教崇拜者和最先进的古代民族共同分享。作为一种世界理论，它从未销声匿迹。同犹太教徒的一神教一样，基督教徒的一神教从未完全战胜它。在16世纪和17世纪即自然科学兴起的世纪对巫术和迷信的信奉中，它都呈现出骇人听闻的病态特征。当斯蒂文、开普勒和伽利略

187

---

* 1882年5月25日在帝国科学院年会上所做的演讲。

① 《列子·天端第一》。晋张湛注："生之不知死，犹死之不知生。故当其成也，莫知其毁；及其毁也，亦何知其成。"——中译者注

② *Primitive Culture*（《原始文化》）。

正在缓慢地建立近代物理科学的建筑物时，时人却用燃烧的木柴和牵拉四肢的肢刑架进行一场残酷的、无情的战争，以反对从各个角落怒视的魔鬼。甚至到今天，除了那个时期的所有幸存者，除了生来还存在于我们物理概念中的拜物教痕迹之外，[1]正是那些观念依旧隐蔽地潜伏在现代唯灵论的实践中。

和这种万物有灵论的世界概念相比较，从德谟克利特到当代，我们不时在不同的形式中遇见另一种观点，它同样声称拥有理解宇宙的专有资格。这种观点的特征可以被描绘为**物理-力学**世界观。今天，那种观点无可争辩地在人的思想中占有首要位置，决定我们时代的观念和特征。在 18 世纪，人的心智充分意识到它的力量，这是一个名副其实的醒悟时期。它展示出人的确实有价值一生的光辉灿烂的先例，从而有能力克服实际生活领域中过时的野蛮状态；它创造出《纯粹理性批判》，这部著作把旧形而上学放逐到幽灵的王国；它把它此刻抓住的缰绳紧握在力学哲学的手中。

188

我现在将和盘托出经常被引用的、伟大的拉普拉斯[2]的话语，它们发出对 18 世纪科学成就兴高采烈地举杯祝酒的回响："把一个个瞬时自然界的所有力和它的所有质量的相互位置给予一个心智，另一方面，如果这个心智强大得足以把哲学问题交付分析，那么它就能够用单一的公式把握最大的质量以及最小的原子的运动；对它来说，没有什么东西能够是不确定的，未来和过去在它眼前都一览无余。"正如我们所知，在写这些话语时，拉普拉斯也想到

---

① 泰勒，在前述之处。

② *Essai philosophique sur les probabilités*（《关于概率的哲学分析》），6th Ed. Paris，1840，p. 4. 在这一系统阐述中，缺少对初始速度的必要考虑。

大脑原子。他的追随者更有力地表达了这个思想；宣称拉普拉斯的理想实际上是绝大多数近代科学家的理想，其估价一点也不高。

我们乐于把由启蒙运动——我们应该把我们的理智自由归功于启蒙运动——的巨大成功在他身上唤起的崇高愉悦感，给予这位《天体力学》的创作者。但是到今天，由于心智处之泰然，又面临新的任务，正是物理科学通过仔细研究它的特征，使它本身变得免于自欺欺人，以至它能够以较大的可靠性追寻它的真实对象。因此，在这一讨论中，如果我跨越我的专业的狭窄辖域，非法侵入友邻的领地，我可以以我的下述理由辩护并请求宽恕：知识的题材对于所有研究领域都是共同的，无法划出固定不变的、泾渭分明的边界。 189

对自然界具有神秘魔法力量的信仰逐渐消逝而去，但是取而代之，一种新信仰出现了，即信仰科学的有魔力的力量。科学并不像任性的小精灵，把她的财宝投入她偏爱的少数几个受优待的人的衣兜，而是投入全人类的衣兜，其慷慨无度连传奇也梦想不到！因此，她的疏远的赞美者把揭露感官不能识破的自然界深奥莫测的事物的能力归因于科学，这并非没有显而易见的正当理由。的确，把光明带给这个世界的科学，完全能够驱除神秘的黑暗，摈弃浮华的炫耀——她既不需要因她的目的的正当理由而炫耀，也不需要因她的明显的成就装饰而炫耀。

科学的简朴开端将最为满意地向我们揭示它的简单的、不可改变的特征。人出于在思想中模仿和预测事实的本能习惯，欲用敏捷的思想之翼补充呆滞的经验，从而半有意识地和自发地获得他的头一批自然知识，起初只是为了他的物质福利。当他听到林下灌木丛中的响声时，他就像动物所做的那样，在那里建构他听到 190

的敌人;当他看见某个果皮,他就在内心形成他寻找的果实的图像;正如我们在心理上把某类物质与某一光谱线联系起来,或者把电火花与玻璃棒的摩擦联系起来一样。在这种形式中的因果性知识,肯定延伸到远至叔本华的宠物狗具有的水准之下。它大概在整个动物界都存在,并确认这位伟大思想家关于意志的陈述:意志就其意图而言创造了理智。这些原始的心理功能扎根于我们有机体的经济,其扎根之牢固并不亚于运动和消化作用。谁会否认,我们在它们中也感受到作为我们祖先的传家宝遗赠给我们的、长期实践的逻辑活动和生理活动的基本能力?

这样的原始认识行为今日构成科学思维的最稳固的基础。我们愿意简称的所谓本能知识,由于相信我们对它的形成并未有意识地和有目的地做出什么贡献,它使我们面对有意识地获取知识的权威和逻辑力量,即使后一种知识来自熟悉的源泉,并且从来不会具有容易检验的错误。一切所谓的公理皆是这样的本能知识。并非只是有意识获得的知识,而是与广阔的概念构造能力结合的强大理智能力,才造就出伟大的探究者。最伟大的科学进展总是存在于几个成功的公式中,存在于清晰的、抽象的和可传达的术语中,这些公式和术语与很久以前本能地知道的东西有关,从而与使之变成人类永久财产的过程有关。就牛顿的压力和反压力相等的原理来说,在他之前的所有人都感觉到其为真,但是没有一个前辈把它抽象地公式化,直到牛顿提出这个原理,力学才被一举放在一个较高的水平上。利用科学工作者斯蒂文、S. 卡诺、法拉第、J. R. 迈尔等人的例子,也可以从历史上为我们的陈述辩护。

无论如何,所有这一切仅仅是科学萌生的土壤。科学的第一个真正的开端出现在社会中，特别是出现在产生对经验交流需要的手工技艺中。在这里，在新发现不得不被描绘和叙述的地方，首次在意识上感到清楚定义那个发现重要的和本质的特征的强制性冲动，许多作者能够证明这一点。教育的目的只不过是节省经验；使得一个人的劳动可以代替另一个人的劳动。

在语言中可以找到最令人惊奇的交流经济。语词可与铅字比较，它们节省写下的符号的重复，从而服务于众多意图；或者，语词可与很少几种声音比较，我们不计其数的不同语词是由这些声音构成的。语言以及它的帮手概念思维，通过固定本质的东西和排 192 除非本质的东西，根据镶嵌方案建构变动不居的世界的稳固图像，尽管牺牲精确和忠实，但是却节约工具和劳动。像事先进行声音训练的钢琴演奏者一样，讲演者在他的听众中激起早先准备的想法，除非为了适应乐意地和毫不费力地对讲演者的召唤做出反应的诸多情况。

卓越的政治经济学家 E. 赫尔曼[①]就工业技术的经济系统阐明的原理，也适用于日常生活的观念和科学的观念。当然，在科学术语中。语言的经济得以增强。关于书写交往的经济，科学本身将实现哲学家关于通用现实书写符号（Universal Real Character）的宏大而古老的梦想，对此罕见有什么疑问。这一时刻为期不远。我们的数字、数学分析符号、化学符号和音乐音符——可以很容易地增补颜色标记系统——与现在使用的一些语音符号系统一起，全都起源于这个方向。我们拥有的逻辑外延与中国的表意文字系

① *Principien der Wirtschaftslehre*（《经济学说原理》），Vienna，1873.

统提供给我们的观念的使用结合在一起，将就整体上过多的通用书写符号做出独特的发明和传播。

科学知识的交流总是包含摹写，也就是说，包含在思想中模拟193地复制事实，而思想的目标是代替和省却新经验的辛劳。再者，为了节省教育和获得的劳动，便寻求简明的、节略的摹写。这确实是自然定律要做的一切。知道重力加速度的值和伽利略的落体定律，我们就具有简单的和简要的指示，以便在思想中复制可能的落体运动。这种类型的公式可以完全代替落体运动细目表，因为借助公式，这种表的数据能够很容易在片刻注意中制作出来，而无须轻微的记忆负担。

人的心智无法透彻了解所有个别的折射实例。可是，知道所呈现的两种介质的折射率和熟悉的正弦定律，我们能够很容易地在思想中复制或充实每一个想得到的折射实例。这里的好处在于解除记忆的负担；这是一个通过把自然常数写出加以保存而大大促进的结局。在这类自然定律中，不包含超过这种总括的和浓缩的事实记述的东西。实际上，定律包含的东西总是少于事实本身，因为它不复制作为一个整体的事实，而仅仅复制对我们来说是重要的那个方面的事实，其余的或有意地、或出于需要而被省略。可以把自然定律比做较高等级的理智类型，部分是活动的，部分是旧194框框，这种在新经验版本上持续下去的旧框框可能变成明显不过的障碍[①]。

① 在这句话中，我们把 type 译为“类型”，把 movable 译为“活动的”，把 stereotyped 译为“旧框框”。其实，作为一种隐喻，把它们分别译为“铅字”、“可拆卸的铅字”、“浇注的版型”似亦可。——中译者注

当我们第一次察看事实时，它在我们面前似乎显得形形色色、毫无规律、模糊不清、充满矛盾。起初，我们成功把握的只是单个的、与其他事实没有联系的事实。正像我们习惯于讲的，范围不是**清楚的**。不久，我们发现镶嵌图简单的、恒久的要素，我们能够在心理上用这些要素建构整个范围。当我们达到我们能够处处发现相同事实的地步时，我们不再感到在这个范围有所失了；我们不费吹灰之力了解它；它在我们看来被**说明了**。

让我用例子阐明这一点。我们一旦领会光直线传播的事实，我们思维的规则进程就对折射和衍射现象生疑。我们刚靠折射率扫清困难，我们便发现每种颜色的光线都必然需要一个特定的折射率。在我们使自己习惯于光的强度可以叠加而增大之后不久，我们突然遇见由这个原因产生的全黑暗的实例。不管怎样，我们最终在五花八门的光现象中处处看到光的空间周期性和时间周期性，以及它的传播速度依赖于介质和周期这一事实。这种以最小的思维消耗得到一个范围的全面考察、用某一单个的心理过程描绘它的所有事实的倾向，可以被正当地称为经济的倾向。 195

在达到最高的形式发展、广泛被用于物理探究的科学即数学中，已获得完美无缺的心理经济。尽管听起来似乎奇怪，数学的力量基于它回避一切不必要的思维，基于它极大地节省心理操作。即使我们称之为数的排列符号，也是一个不可思议的简单性和经济的系统。当我们使几位数相乘而利用乘法表时，我们这样使用旧有的计算操作，而不是把每一个操作的全体重新进行；当我们查看对数表时，是利用已经完成的旧计算如此代替和节省新计算；当我们利用行列式时，无论如何不重新开始解方程组；当我们把新整式分解为熟悉的旧整式时，情况也一样；我们在此处坦白地看到拉格朗日和柯西理智活动的微弱映现，他们以伟大的军事指挥官的敏锐洞察力，用整个一大群旧操作代替新操作。当我说，最基本的以及最高级的数学是经济地整理计算经验，提出便于使用的形式时，没有人会与我争辩。

196　在代数中，我们尽可能地进行在形式上是一劳永逸等价的一切数值操作，以便把仅有的工作残余留给个例。代数和分析的记号仅仅是所进行的操作的符号，使用它们是由于观察到，我们通过把全部机械性操作的重负交给雇员，能够以这种方式在心智上实质性地消除负担，为更重要的和更困难的任务节约它的能力。这种证明其经济特征的方法的一个结果，是计算机的建造。差分机的发明者、数学家巴贝奇大概是清楚地察觉这个事实的第一人，他在他的著作《制造和机械的经济》中提及它，尽管只是粗略地提及。

数学研究者常常发觉，很难甩掉一种不自在的感觉，即体现于他的铅笔的数学在智力方面胜过他——伟大的欧拉坦白地承认，他常常无法摆脱这种印象。当我们思考，我们处理的大多数观念都被其他人在数个世纪之前构想过时，这一感觉便找到一种辩护。在很大程度上，使我们在科学中面对的，实际上正是其他人的智力。一旦由此看待问题，我们的印象的神奇和神秘特征就随之终止，尤其是当我们想起，我们能够再次随意仔细思索那些陌生思想中的任何一个时。

197　物理学是以经济的秩序整理的经验。凭借这种秩序，不仅对我们已经提出的东西进行广阔的和综合的概观是可能的，而且使得缺点和必要的改变也一目了然，恰如一个井然有序的家庭。物理学和数学一起分享简洁摹写的优点和简明扼要的定义的优点，该定义甚至在包含许多其他观念的观念中也能杜绝混乱，让大脑没有明显的负担。丰富的内容能够由这些观念在任何时刻产生，能够在它们的强烈的感性光辉中展现。请想一想，一大批被禁锢在有潜力的观念中的、安排得井井有条的概念吧。包含如此之多业已完成的劳动的观念竟然从容地起作用，这难道有什么好奇怪的吗？

于是，我们的头一批知识是自我保存的经济的产物。通过交流，**许多**人起初个体地取得的经验被集合为**一体**。知识的交流和每一个人感到用最少的思维消耗使用他的经验存储的必要性，迫使我们以经济的形式运用我们的知识。但是在这里，我们有一条线索，它剥去科学的所有神秘，并向我们显示科学的力量实际上是什么。就特定的结果而论，它没有给我们带来任何东西，在没有方法的情况下我们在足够长的时间内不能达到这些东西。在整个数学中，不存在用直接计算无法解决的问题。但是，使用现有的数学工具，许多计算操作能够在几分钟内完成，没有数学方法则要耗费一生。正像一个完全被限制在他的劳动果实的独个人，从来不能够积攒大笔财产，但是相反地，把许多人的劳动聚集在一个人手中却是财富和力量的基础；同样地，在被局限于人的短暂一生、仅仅被赋予有限能力的单个人的心智中，不可能积累名副其实的知识，除非利用最精湛的思维经济，除非精心收集千千万万同事经济地整理的经验。在这里，作为魔法的果实打动我们的，只不过是出色的操持家务的报偿，这一点在文明生活中都是相似的结果。但是，科学事务具有这样的优于其他事业的好处，即从来自**它的**财富积 198

累中，没有一个人遭受一丁点儿损失。这也是它的赐福能力、它的使人自由的能力和它的拯救能力。

认识科学的经济特征，现在也许会帮助我们更好地理解某些物理概念。

在一个事件中，我们称之为“原因和结果”的那些要素，是它的某些显著的特征，这些特征就其心理复制而言是重要的。当上述事件或经验变得熟悉时，它们的重要性减少，注意力便转移到新鲜的特征。如果这样的特征的关联作为一个必然的关联打动我们，199 那只是因为我们十分熟悉并掌握的某些中间环节的插入，因此对我们来说，较高的权威证据往往伴随我们说明的成功。在我们遇见的心智镶嵌图中固定的现成经验，康德称之为先天知性（*Verstandesbegriff*）概念。

被分解为它们的要素的最主要的物理学原理，绝非不同于自然史家的摹写原理。在涉及矛盾的说明之处总是适合的疑问“为什么？”，像一切恰当的思维习惯一样，可能由于操之过急而失败，并且可能要求在那里没有一点东西留待理解。设想我们把在相似环境中产生相似结果的性质归属于自然；我们恰恰无法知道如何找到这些相似的环境。自然仅仅一次性地存在。唯有我们纲要式的心理模拟产生相似的事件。因此，只是在心智中，才存在某些特点的相互依赖。

我们在思想中反映世界的一切努力都可能是无效的，倘若我们在事物各种各样的变化中没有找出恒久的东西的话。正是这一点，驱使我们形成实物概念，这个概念的来源并非不同于与能量守恒有关的近代观念的来源。几乎在所有领域，物理学的历史都提供这种推动的众多例子。其中一些美妙的例子可以追溯到童年时期。儿童询问:“灯熄灭时,光跑到哪里去了?”对一个儿童来说,氢气球突然皱缩是莫名其妙的;他到处寻找这个刚才还在,现在却不知去向的庞然大物。200

热来自何方?热跑到哪里去?在成年人口中,此类幼稚的疑问构成一个世纪的特征。

在心理上把一个物体与它在其中运动的可变环境分开时,我们不得不使我们思维紧扣的、比其他感觉群相对地具有较大稳定性的一个感觉群摆脱我们的所有感觉流。这个群不是绝对固定不变的。群的时而这个成员、时而那个成员出现和消失,或者被改变。它永远不以它的完全一致的形式复现。不过,它的恒定要素的总和与它的可变要素的总和相比较如此之大——尤其是当我们考虑变化的连续特征时,以至于就手头的意图而言,前者通常好像足以决定物体的同一性。但是,因为在这个物体对我们来说未终止是相同的情况下,我们能够把每一个单独成员与该群分开,所以很容易导致我们相信,在抽取所有成员后,某种附加的东西会余留下来。从而发生这样的情况:我们形成截然不同于其属性的实物概念,即物自体(thing-in-itself)概念,而把我们的感觉仅仅看做是这种物自体的特性的符号或标示。但是,可以更恰当地说,物体或事物是代替感觉群的简要心理符号——在思维之外不存在的符号。例如,商人把他的箱子的标签只是看做它们容纳的东西的标志,而不是看做所容纳的东西。他赋予它们的内容以实际价值,而不是赋予它们的标签。诱使我们分解一个群并建立特殊记号代替它的组分——也有助于构成其他群的组分——的同一经济,照样 201

可以诱使我们用某个单一符号划分出整个群。

在古埃及的纪念碑上，我们看到描绘的对象，这些对象并不重新产生单个的视觉印象，而是由各种印象组成的印象。雕像的头和腿以侧面出现，从正面看见头饰和乳房，如此等等。可以这么说，在雕塑家保留他相信是基本的东西、而忽略他认为是无关紧要的东西的塑造中，我们在此对对象具有折中的视野。在儿童的绘画中，我们有活生生的例证，表明这些古老神殿墙壁上的石碑的制作过程；在我们自己的心智中形成观念时，我们也察觉到忠实的类似。仅仅借助像上面指出的这样一点观察技能，我们竟然被容许谈论一个物体。当我们提到一个有整齐包角的立方体，而不是一个立方体的图形时，我们的确是出于天生的经济本能这样做的，这种本能更喜欢把矫正添加到旧有的熟悉概念上，而不是形成全新的概念。这就是一切判断的过程。

202

与埃及人的艺术或我们小孩子的美术一样，粗糙的"物体"概念不能经受分析的检验。看见物体曲缩、伸展、熔化和蒸发的物理学家，把这个物体分割为最小的恒久的部分；化学家把它分解为元素。甚至元素也不是固定不变的。以钠为例。在受热时，这种有银白色光泽的质量变成液体；当增加热并排除空气时，液体变化为紫色的蒸汽；在热更加增大之后，蒸汽燃烧，同时发出黄光。如果还要保留名称钠的话，那是因为转换的连续特征和出于必要的经济本能。压缩蒸汽，白色的金属注定会复现。实际上，即使把这种金属投入水里，它已变化为氢氧化钠，消失的特性通过熟练的处理肯定还会出现；正如运动的物体通过圆柱背后从视野中消失片刻，过一会儿它又会出现一样。毫无疑问，就一个特性群用现成的名称和思想总是方便的，不管这个群经由什么可能性能够在哪里出现。但是，名称和思想至多只不过是关于这些现象的简要的、经济的符号。对于那些还没有唤起一大群妥善整理的感觉印象的人来说，它纯粹是一个空洞的词。对于化学元素进而被分解成的分子 203 和原子而言，相同的事态也是真实的。

的确，人们习惯于把重量守恒，或者更精确地讲把质量守恒，视为物质经久不变的证据。可是，当我们针对这个证据追根究底，如此深入到大量的仪器操作和理智操作，以至在某种意义上将查明它仅仅构成我们观念在模拟事实的过程中必须满足的等同时，该证据便被消解了。对于我们不由自主地在思想中添加的这个费解的、神秘的团块，我们却在心智之外徒劳地寻找它。

于是，正在不经意地溜进科学的，总是粗糙的实物概念，而科学证明实物本身始终是不充分的，而且永远处于正在被还原为越来越小的世界粒子的必然性中。在这里像在其他各处那样，如同最复杂的运输工具没有使步行这种最简单的移动模式变得多余一样，基于较低阶段的较高阶段并没有使较低阶段变成不必要的。物体作为光和触觉的复合物通过空间感觉紧密结合在一起，探索它的物理学家对它的熟悉程度，与猎食猎物的动物对它的熟悉程度毫无二致。但是，像地质学家和天文学家一样，必须允许知识理论的研究者从在他眼前被创建的形式，回溯推断他发觉对他而言已经准备好的其他形式。

一切物理学观念和原理都是简练的指示，其中频繁包括次要 204 的指示，以便运用经济分类的、供给使用的现成的经验。它们的简洁也像它们的内容罕见全部被显现的事实一样，给它们赋予独立存在的假象。关于这样的观念，例如作为万物产生者和吞没者的时间老人(Time)之观念的富有诗意的神话，在这里与我们无关。我们只需要提醒读者，甚至牛顿也提到独立于所有现象的**绝对**时间和绝对空间——即使康德也没有摆脱这些观点，人们今日还常常热衷持有它们。对于时间探究者来说，时间的测定仅仅是一个事件依赖于另一个事件的被缩写的陈述，此外别无他意。当我们说自由落体的加速度是每秒 9.810 米[①]，我们意谓在地球自转一周的 86400 分之一时，该物体的速度相对于地球中心增大 9.810 米，而地球自转本身是一个只有通过地球与其他天体的关系才能加以测定的事实。另一方面，在速度中，仅仅包含物体的位置与地球的位置之关系。[②] 我们可以把这些事件归诸于时钟，甚或归诸于我们对时间的内在感觉，而不是把它们归诸于地球。现在，因为万事万物都是有联系的，因为可以使每一事物变成其余事物的量度，所以很容易产生这样一种幻觉：时间具有独立于一切事物的意义。[③]

205

研究的目的在于发现现象的要素之间存在的方程。椭圆方程表达它的坐标之间的普适的、**可信的**关系，在这些坐标中只有实值才有**几何**意义。类似地，**现象**的要素之间的方程表达普适的、在数

① 原文如此(9.810 metres per second)。似应为每秒每秒 9.810 米，更规范的写法是 9.810 米/秒^{2}或 9.810m/s^2。——中译者注

② 由此很清楚，一切所谓的基本定律(微分定律)都与整个宇宙(the Whole)直接有关。

③ 就地球自转速度的摄动而言，我们能够察觉这样的摄动，并且正在受惠而得到时间的度量；如果这一点遭到反对，那么我们应该借助钠光波振动的周期——这里要表明的一切就是，由于实际的理由，我们应该选择这样的事件，即它作为其他事物的最简单的共同量度最佳地为我们服务。

学上可信的关系。不管怎样，在这里就许多值而言，只有某些变化方向**在物理学上**是可采纳的。如在椭圆中，只有某些满足方程的**值**才是可实现的，在物理世界中也一样，只有某些值的**变化**才出现。物体总是朝向地球加速，温度差任其自便总是逐渐变小，如此等等。相似地，关于空间，数学和生理学的研究表明，经验空间只不过是许多可信情况中的一个**现实的**事例，经验只能把它们的特殊性质告知我们。尽管这个观念遭遇荒谬的使用，但是它流布的阐明不应受到质疑。

现在，让我们尽力概括一下我们审视的结果。科学的强项和科学的弱项，都在它的经济的系统性组合中。事实表达总是以牺牲完备性为代价，其精确性从来不会超过适合该时刻的需要。因此，只要思想和经验并驾齐驱追求它们的行动方向，二者之间的差异将继续存在；但是，这种不一致将持续不断地减少。 206

事实上，所牵连之点总是某种不完全的经验的完善，总是从某些其他部分推论现象的一部分。在这一行动中，我们的观念必须直接建立在感觉的基础上。我们称此为测量。[①] 科学在它的起源和它的应用二者中的条件，是我们的环境的**极大相对稳定性**。它教导我们的是相互依赖。顺理成章的是，绝对的预测在科学中没有意义。随着天体空间的巨大变化，我们将会失去我们的空间和时间坐标系。

当几何学家希望理解一个曲线的形式时，他首先把它分解为小的直线元素。不过，在做此事时，他充分意识到，这些元素仅仅

① 事实上，测量是一个现象用另一个(标准的)现象定义。

是部分地了解他不能作为一个整体了解的、暂定的和任意的手段。每当找到曲线的法则，他就不再考虑这些元素。类似地，要在物理207科学自己创造的、可变的和经济的工具即分子和原子中，看出现象背后的实在，而忘记不久前从她的老大姐哲学获得的睿智，用力学神话代替古老的万物有灵论的或形而上学的图式，从而没有造成假问题的终结，那么这种做法同物理科学并不相称。原子必须像数学函数一样，依然是描述现象的工具。无论如何，随着理智通过与它的题材接触在训练中逐渐成长起来，物理科学将放弃它的用石块拼接的镶嵌图，并将搜寻出栩栩如生的现象之流在其中流动的河床的边界和形状。它为它自己设置的目标，是事实的最简单的和最经济的抽象表达。

* * *

现在问题依然是，截至目前我们心照不宣地局限于物理学的研究方法，是否也能在心理学领域应用？对于物理探究者来说，这个问题似乎是多此一举。我们的物理观点和心理观点，以严格相同的方式源于本能知识。我们在不知道怎么回事的情况下，在人的行为和面部表情中辨识他们的思想。正如我们借助想象在水流中的安培漂游者，预言接近电流的磁针的活动状态一样，类似地，我们借助设想与我们自己相似的而与他们的身体关联的感觉、情感和意志，在思想中预言人的行为和活动状态。我们在这里本能208地进行的东西，在我们看来似乎是科学最精妙的成就之一，它在意义和巧妙性上远远超过安培漂游者定则，尽管并非每一个儿童都能无意识地完成它。因此，问题仅仅是，从其他来源科学地把握即用概念思维把握我们已经熟悉的东西。而且，在这里不得不完成许多事情。在表情、运动和情感的物理现象与思想之间，必须揭示事实的漫长序列。

我们听说这样的疑问："可是，用大脑的原子运动说明情感如何可能？"肯定无疑地，这将永远无法说明，就像从折射定律永远无法推断光或热一样。因此，我们无须哀叹对这个疑问缺乏巧妙的答案。该问题不是一个问题。儿童从城镇的城墙或城堡的城墙上朝下俯视护城河时，他惊讶地看见在那里有活动的人；由于他不知道把城墙与护城河连接在一起的桥门，他不能理解，他们是怎么从高耸的城墙上下去的。就物理学概念而言，情况也是如此。我们无法凭借我们的抽象的阶梯向上攀登到心理学领域，但是我们能够向下爬到它那里。

让我们不带偏见地考察一下物质。世界是由颜色、声音、温度、压力、空间、时间等等构成的；我们现在将既不称其为感觉，也不称其为现象，因为在任何一个名称中都包含任意的、片面的理论；我们将坦白地称其为**要素**。不论直接还是间接固定这些要素 209 流，都是物理学研究的实际对象。在忽略我们自身的情况下，只要我们使我们自己专注于处理包括人和动物在内而构成**外部**物体的那些要素群的相互依赖关系，我们就是物理学家。例如，我们审查由于照明变化引起的一个物体的红颜色的变化。但是，当我们考虑构成我们身体的要素对红色的特定影响，借助众所周知的透视法用肉眼看不见的才智勾勒其轮廓时，我们就正在生理心理学领域工作。我们合上双眼，红色便和整个可见的世界一起消失了。于是，在每一感官的透视场中，都存在这样一个部分，该部分把不同的更为强大的影响施加于所有其余部分，而其余部分彼此施加的影响与之相比则要弱一些。无论如何，就此而言，一切都说过了。按照这个评论，我们称**所有东西**为要素，在我们把要素看做依赖于这一特定部分（我们的身体）的范围内，我们称其为**感觉**。在这种意义上，说世界是我们的感觉，不应该受到质疑。但是，用这个暂定的概念制作一个处理系统，并忍受它的奴役，在我们看来则是不必要的；这一点对于数学家来说，总会是类似的历程：数学家在变更暂时假定是常数的一系列函数变量时，或者在交换独立的变量时，他发现他的方法源于某些对他来说十分惊奇的观念。[①]

210

如果我们以这种公正的眼光考察物质，那么毋庸置疑的将是，生理心理学的方法无非是物理学的方法；而且，这门科学就是物理学的一部分。它的题材并非不同于物理学的题材。它将毫无疑问地决定感觉拥有的与我们身体的物理过程的关系。我们已经从这个科学院的一位成员（黑林）那里获悉，在所有可能性中，光学实物的化学过程的六重簇对应于颜色感觉的六重簇，生理过程的三重簇对应于空间感觉的三重簇。人们将追究和揭露反射作用和意志的路径；已经查明，大脑的什么部位对说话功能有用，什么部位对运动功能有用，等等。当这些审查完成时，仍然依附于我们身体的

① 我在这里描述的观点，花费了三十多年，并在各种论著中发展了它（*Erhaltung der Arbeit*（《功的守恒》），1872. 该著作的几部分发表在这本选集的 *The Conservation of Energy*（"能量守恒"）一文中；*The Forms of Liquids*（"液体的形状"），1872，也发表在这本选集中；以及 *Bewegungsempfindungen*（"运动感觉"），1875）。尽管该观念对哲学家来说是已知的，但是大多数物理学家还不熟悉它。因此，使我深感遗憾的事情是，在许多细节与我的观点一致、我记得在十分忙碌的时期（1879～1880）偶然瞥见的一本小册子的标题和作者从我的记忆中消失得无影无踪，以致获取它们线索的一切努力迄今都毫无结果。

那个功能即我们的思维、意志，原则上就不呈现新的困难了。一旦经验清楚地显示出这些事实，并且科学以经济的和明了的秩序排列它们，无须怀疑，我们将**理解**它们。因为除了对事实的心理把握之外，从来不存在另外的“理解”。科学并不由事实创造事实，而仅仅使已知的事实**有序化**。 211

现在，让我们稍微比较周密地考察一下生理心理学的研究模式。关于物体在围绕它的空间中如何运动，我们有十分清晰的观念。我们对我们的光学视觉场极其熟悉。但是，我们通常不能阐明，我们怎么得到一个观念的，它从我们的理智视觉场的哪个角落进入的，或者运动的冲动是由什么部位发出的。再者，仅凭内省，我们将永远无法认识这个心理视域。内省与寻找物理关联生理学研究结合起来，才能把这个视野明晰地呈现在我们面前，从而将首次向我们揭示我们的心灵。

原来，自然科学或物理学在其最广泛的意义上，使我们仅仅认识要素群的最牢固的关联。暂时，我们不可以把过多的注意力给予这些群的单一组分，倘若我们想要保持可理解的整体的话。作为最容易的进程，物理学给予我们的不是原始变量之间的方程，而是这些变量的**函数**之间的方程。生理心理学教导我们，如何把可见的、可触的和可听的东西与身体分开——一种随后得到丰厚回报的劳动，就像物理学学科的部门充分表明的那样。生理学进而把可见的东西分析为光和空间感觉；首先分析为颜色，最后同样分析为它们的组分；它把声音分解为声振动，分解为音质等。毋庸置疑，能够把这种分析推进得比它已经行进的更远。最后，将可能在相同形式的十分抽象但却明确的逻辑行动的基础上，展示共同的 212

要素——敏锐的法学家和数学家仿佛以绝对的确定性弄清楚的要素，而缺乏某种知识或经验的人在那里只听到空洞的词语。一言以蔽之，生理学将向我们揭示世界的真正的、实在的要素。生理心理学在它的最广泛的意义上与物理学具有的关系，类似于化学在它的最狭窄的意义上与物理学具有的关系。但是，比物理学和化学相互支持大得多的将是，自然科学和心理学将彼此提供帮助。因此，来自这种联合的结果十之八九将远远超过近代力学物理学的结果。

当物理事实和心理事实的闭合环路(我们现在只看见该环路的两个拆开的部分)完备地展现在我们面前时，在这项工作的开端将不能预见我们想要用以了解世界的那些观念是什么。总是可以找到这样的人，他们将判断什么是正确的，并且怀有勇气，而不是213 在逻辑和历史的偶然事件的错综复杂路线上迷失方向，从而沿着径直的道路登临绝顶，由此能够俯瞰强劲的事实之流。我们不知道，我们现在称之为物质的概念，是否将继续拥有超越日常生活的粗糙意图的科学意义。但是，我们肯定会感到惊异，是我们心灵如此深邃的组成部分的颜色和音质，为什么会在原子的物理世界突然消失呢；我们怎么会猝然惊诧，在我们之外只是拍打和敲击的某些东西，会在我们的头脑中变成光亮和音乐呢；我们为何会询问，物质是否能够感觉，也就是说，代替感觉群的心理符号是否能够感觉？

我们无法用严格的和可靠的界限标示未来的科学，但是我们能够预见，现今把人和世界分隔开来的坚硬的壁垒将逐渐消失；人将不仅以较少的自私心和强烈的同情心彼此面对，而且也将面对整个有机体世界和所谓的无生命世界。大约两千年前，伟大的中国哲学家列子也许就具有这样的预感，他当时指着一堆正在腐朽的人骨，以他严密冷峻、刻意雕琢的语言风格对他的门徒说："唯予与彼知而未尝生未尝死也。"[①]

① 《列子·天端第一》。晋张湛注："俱涉变化之途，则予生而彼死。推之至极之域，则理既无生亦又无死也。"——中译者注

214 # 十　论科学思想中的变化和适应*

在16世纪行将结束时，伽利略由于对他所处时代的经院哲学家的辩证法技艺和诡辩术狡猾极度冷淡，而把他的卓越心智的注意力转向自然。通过研究自然，转变了他的观念，把他从继承的偏见的桎梏中解放出来。浩大的革命立刻被感知，随即在人类思想的王国产生影响——实际上在远离科学范围和与科学范围完全无关的领域被感知，在迄今仅仅间接地辨认出科学思想影响的社会各阶层中被感知。

215 这场革命是何等伟大、何等深远！从17世纪伊始到这个世纪的终结，我们至少在萌芽时期就预见到几乎一切东西都在横空出世——今日在自然科学和技术科学中起作用的几乎一切，在紧接着的两个世纪如此惊异地改变地球面貌的几乎一切，在当今这样浩大的进化过程中正在前进的一切。而且，所有这一切全是伽利略观念的直接成果，全是由于审查自然现象而刚刚唤醒的那种意

---

* 1883年10月18日在就任布拉格大学校长时发表的就职演说。

这篇论说文表达的观念既不是新的，也不是久远的。我在几个场合使自己触及它（首次在1867年），但是从来没有使它成为一个正式专题讨论的主题。毫无疑问，其他人也探讨过它；可以这样说，它依然悬而未决。不管怎样，由于我的许多说明已被赞许地接受——虽然只是以不完美的形式从该讲演本身和报纸得知的——我一反我原先的打算，决定发表它。在这里擅自侵入生物学领域，并不是我的意旨。我的陈述必须被仅仅看做是表达这样一个事实：没有一个人能够避免伟大而深远的观念的影响。

识的直接结果！这种审查教导这位托斯卡纳(Tuscan)的哲学家，从下落石头的**观察**中形成落体的概念和定律。在没有名副其实的工具的情况下，伽利略开始他的审查；他用几乎原始的方式即水的流出测量时间。可是此后不久，望远镜、显微镜、气压计、温度计、气泵、蒸汽机、钟摆和起电机被接二连三地迅速发明出来。在紧随伽利略之后的世纪，动力学、光学、热和电的基本理论都被一一揭示。

由刚刚过去那个百年的著名生物学家准备、由去世不久的达尔文先生正式开创的运动，似乎更具有意义。伽利略加快了对**无机**界较为简单的现象的见识。达尔文用与伽利略标示的相同的简 216 单性和坦白性，在没有专门仪器或科学仪器帮助、没有物理实验和化学实验的情况下，把握**有机**界的新特性——我们可以简要地称这种特性为生物界的**可塑性**。[①] 达尔文受相同意图的指导，追寻

① 乍看起来，明显的矛盾出自对遗传和适应二者的承认；无疑真实的是，强烈的遗传倾向排斥巨大的适应能力。但是，设想有机体是一个可塑性的质体，该质体保持遗传影响传递给它的形态，直到新影响改变它为止；于是，**可塑性**的**一个**特性总是描述适应能力以及遗传机能。与此类似的是具有高矫顽力的被磁化的铁棒之实例：铁保持它的磁性，直到新力免除这些特性为止。也可举一个运动物体的例子：该物体保持方才在先的时间间隔获得的(从中**遗传的**)速度，除非它在下一个时刻被加速力改变。在运动物体的例子中，速度的**变化**(Abänderung)被看做是习惯程序的事情，而**惯性**(或**持续性**)原理的发现引起震惊；相反地，在达尔文的例子中，**遗传**(或**持续性**)被认为是理所当然的，而**变异**(Abänderung)原理则似乎是新奇的。

当然，足够恰当的观点只有借助研究达尔文强调的原初事实、而不是凭借这些类比才能达到。假如我没有弄错的话，是在谈话中首次从我的朋友、维也纳的波佩尔(J. Popper)先生那里听到正在提及的运动的例子。

许多探究者把物种的稳定性视为某种已被固定的东西，并且使达尔文理论与之对抗。但是，物种的稳定性本身是一种"理论"。达尔文观点也正在经受的实质修改能从华莱士[和魏斯曼]的著作中看到，而尤其能从罗尔夫的书《生物学问题》(W. H. Rolph, *Biologische Probleme*, Leipsic, 1882)中看到。不幸的是，这位权威性的、颇有才干的研究者已经驾鹤西去了。

他的道路。处于相同的真诚坦率和对真理的热爱，他指出他的论证的长处和弱点。他以高明的镇定远离不相关主题的讨论，并在同样的程度上赢得他的信徒和对手的钦佩。

自从达尔文首次提出他的进化论原理以供讨论以来，刚刚过217 去了三十年。[①] 可是，我们已经看到，他的观念已经牢固地根植于人的思想的每一个分支，不管这些分支多么遥远。在每一个地方，在历史学中，在哲学中，甚至在物理学中，我们都听到口号：遗传、适应、选择。我们谈论天体之间的生存斗争，谈论在分子世界中的生存斗争。[②]

伽利略给予科学思想的冲击被标明在每一个方向；例如，他的弟子博雷利创办了严格的医学学校，甚至卓越的数学家也出自此处。此刻，达尔文的观念以相同的方式正在激励所有的研究领域。确实，自然并不是由两个泾渭分明的部分即无机界和有机界组成的；这两种划分也不必按大相径庭的方法处理。无论如何，自然具有许多**侧面**。自然就像难以解开的乱七八糟的线团，必须时而从这一点、时而从那一点追踪和查找。但是，我们永远不必设想——物理学家从法拉第和J. R. 迈尔那里学到这一点——沿着曾经开始的路线行进是达到真理的**唯一**途径。

决定达尔文观念在不同领域相对的可持续性和多产性，将移交给未来的专家。我希望在这里简单地考虑一下，鉴于进化论自然**知识**的成长。作为知识，也是有机界的产物。虽然观念本身并

---

① 写于 1883 年。

② 参见 Pfaundler, *Pogg. Ann.*, *Jubelband*(《波根多夫年鉴》纪念册), p. 182.

不像独立的有机个体那样在所有方面表现，虽然应该避免极端的比较，可是，如果达尔文正确推理的话，那么进化和遗传转换的普遍印痕必定也在观念中是显而易见的。 218

在这里，我想推迟考虑观念传播这个富有成效的话题，或者更确切地讲，推迟考虑某些观念的习性的传播这个富有成效的话题。[①] 像斯宾塞[②]和其他现代心理学家所做的那样，以任何形式讨论因变异成功的心理进化，也不会进入我的领域。我也不想开始讨论科学理论之间的生存斗争和自然选择。[③] 在这里，我们将仅仅考虑这样一类遗传转换的过程，每一个研究者在他自己的心智中都能够察觉它们。

*　　　*　　　*

林区的孩子以惊人的敏锐辨别和追逐动物的踪迹。他用非凡的机灵智胜和超越他的对手。他在他的特殊经验范围内驾轻就熟。但是，使他面临罕见的现象吧；使他面对现代文明的技术产物，那么他将陷入无能为力和孤弱无助。在这里有他并不了解的事实。如果他试图掌握它们的意义，那么他会曲解它们。在月食时，他幻想月亮被邪恶的精灵折磨。就他的心智来说，呼呼喷气的机车是一个活着的怪物。他受委托携带交付给他的信件，信件曾 219

① 参见黑林的 *Memory as a General Function of Organized Matter* (1870)(《记忆作为有机物的一般功能》)，Chicago，The Open Court Publishing Co.，1887. 也请对照 Dubois，*Ueber die Uebung*(《关于训练》)，Berlin，1881.

② Spencer，*The Principles of Psychology*(《心理学原理》)，London，1871.

③ 参见文章 *The Velocity of Light*(“光速”)，p. 63.

经揭露了他的偷窃行为,它在他的想象中是一个有意识的存在物,在冒险犯新的罪过之前,他必须把这个存在物隐藏在石头底下。算术在他看来像《天方夜谭》中的泥土占卜[①]技艺——一种能够完成每一个可以想象得到的不可能之事。于是,跟伏尔泰的天真汉[②]一样,当他置身于我们的社会生活时,正如我们料想的,他便演出狂热的恶作剧。

对于创造了近代科学成就和他自己的文明的人来说,情况就截然不同了。他领悟月亮短暂地通过地球的阴影。他在他的思想中察觉水在机车的锅炉中正在变热;他也发觉推动活塞向前的张力增大。在他不能追寻事物直接关系的地方,他求助于码尺和对数表,这帮助和便利他的思想,却不曾支配他的思想。像他无法赞同的这样一些见解,至少他了解它们,而且知道如何在辩论中对付它们。

说起来,这两种人的差别何在呢?第一种人习惯利用的思想系列不符合他看到的事实。他每走一步都感到惊异和迷惑。但220 是,第二种人的思想跟随和预期事件,他的思想适合或适应他居于

① geomancy 可译为"泥土占卜",即抓一把泥土撒于地上,根据所成形状判断吉凶。也可译为"标点占卜",即任意标出若干圆点,以其构成的线形判断吉凶。——中译者注

② 原文是 Voltaire's ingénu(伏尔泰的天真汉)。天真汉是伏尔泰《天真汉》(1767)中的主人公。天真汉从小生活在加拿大的原始部落,成年时回到法国。他生性纯朴,天真无邪,与当时社会的伪善、奸诈格格不入,最后被关进巴士底狱。他的妻子为搭救他不得不委身于当朝权贵,后在悲愤中死去。但是,天真汉却由于权贵的提拔,成为优秀的军官,得到正人君子的赞许。伏尔泰赞赏天真汉的质朴,他也希望用这一艺术形象证明:自然人应当文明化,一个文明的民族必定胜过未开化的野蛮民族。——中译者依据《中国大百科全书(外国文学卷)》和网络资料注。

其中的观察和活动的较大领域;他以事物本来的样子构想事物。可是,印第安人的经验范围却迥然不同;他的肉体感官处于不断的活动中;他始终极度警觉,提防他的对手;或者,他的全部注意力和精力都忙于获取食物。因此,这样的家伙怎么能够把他的心智投射到未来,预见或预言呢?直到我们的同胞多少把我们从对生存的关心解脱出来,才有这种可能。我们获得观察的自由正是在此时,而社会助长和教导我们的那种思想狭隘性太频繁地发生,因而不能置之不理。

如果我们在一个确定的现象圈子内暂时运动,而现象以不变的均匀性反复发生,那么我们的思想将逐渐使自己适应我们的环境;我们的观念无意识地反映我们周围的事物。在我们手中握着的石块坠落时,实际上它不仅仅落在地面,而且也落入我们的思想。铁锉屑在想象中和在事实上猛冲向磁铁;当把它们投入火中,它们也在概念中变热。

在心理上完成仅仅被部分地观察到的现象的冲动,并非来源于现象本身;对于这个事实,我们是充分感觉得到的。而且,我们完全了解,它并不处在我们的意志力的范围之内。看来使我们面对的,宁可说是从外部强加的、正在控制思想和事实二者的力量和规律。221

我们能够借助这个规律预见和预测的事实,仅仅证明足够产生这类心理适应的环境的同一性或均匀性。可是,在这个控制我们思想的强制原理中并未包含完成的必然性,它也没有以任何方式由预言的可能性决定。事实上,我们已经被责成等待被预言的东西的实现。错误和偏差是经常辨认得出的,只是在经久稳固的领域是轻微的,例如在天文学中。

在我们的思想轻易地跟随事件的关联的情况下,在我们肯定地预感现象进程的例子中,设想后者被我们的思想决定、并且必须适合我们的思想,则是很自然的。但是,所谓**因果性**的神秘动因的信念,即坚持思想和事件一致的信念,在人第一次进入他先前没有经验的探究领域时,被剧烈地动摇了。以电流和磁体的陌生的相互作用为例,或者以电流的交互作用为例,这似乎公然向力学科学的所有资源发起挑战。让他面对这样的现象,他会立即感到他自己被他的预言能力摈弃;除了希望早些能够使他的观念适应在那里呈现的新条件外,他不会把包括他在内的一点东西带到这个陌生的事件领域。

222

人由遗留的骨头构造动物的身体结构,或者他由蝴蝶半隐蔽翅膀的可见部分推断和重构被隐蔽的部分。他出于直感这么做,直感使他对他的结果的精确度极为信任;在这些过程中,我们没有发现什么超自然的或超验的东西。但是,在物理学家使他们的思想适应得最终与事件的动力学进程一致时,我们用形而上学的光环恒定地环绕他们的审查;不过,后者的这些适应与前者的适应具有完全相同的特征,我们给它们穿上形而上学外衣的唯一理由,也许是它们高度的实践价值。①

① 我充分意识到,在自然研究中把自己限定于**事实**的努力,常常被指责为夸大对形而上学鬼怪的恐惧。但是,通过它们已经造成的危害判断,我能够观察到,在所有鬼怪中,形而上学鬼怪是最少难以置信的。这并非否认,许多思想形式最初不是通过个体获得的,而是先前形成的,或者宁可说是在物种的发展中以这样的方式被准备的,就像斯宾塞、海克尔、黑林和其他人猜想的,就像我本人在各种场合暗示的。

让我们考虑一下，当使我们的观念适应并且此刻符合的观察领域变得扩大时，会发生什么。让我们说，我们总是看见，当移走重物的支撑时，它们下落；我们也可能看见，较重的物体下落迫使较轻的物体上升。但是，我们接着看见工作中的杠杆，我们突然因这样的事实而震撼：较轻的物体正在提升另一个大得多的重物。我们习惯的思想训练要求它的权利；新的和罕见的事件同样要求它的权利。从思想和事实之间的这种冲突中产生**问题**；由这种部分的对立涌现疑问"为什么？"。由于对扩大的观察领域的新适应，问题消失，或者换句话说，问题得以解决。在所引用的例子中，我们必然采取的思想倾向是，老是考虑所做的力学功。 223

刚刚醒悟得开始意识世界的儿童，还不知道问题。鲜艳的花朵、洪亮的钟声对他来说全是生疏的；而且，他对什么东西都不诧异。不折不扣的非利士人[①]照样没有问题，因为他唯一的关心停留在他每天追猎常走的小径上。每一事物都沿着它惯常的路线行进；倘若意外的事物间或走错路，那么它至多只是好奇的对象，而不值得认真考虑。事实上，在我们熟悉事件的每一个方面之处，疑问"为什么？"在所述的事情中便失去一切正当理由。但是，有能力和有才干的年青人在他的头脑中充满问题；他在或大或小的程度上获得了某些思想习惯，同时他不断地观察，什么是新颖的和罕见的，在他的例子中不存在疑问"为什么？"的终结。

因此，最能促进科学思想的因素是经验领域的逐渐扩展。我

① 非利士人(Philistine)是起源于爱琴海的一个民族，在公元前12世纪定居于巴勒斯坦南部海岸地带。——中译者注

们几乎不注意我们已经习惯的事件；在把后者置于与我们已经习惯的一些事物对照之前，它实际上对发展他们的理智无关紧要。熟悉的事物未被注意地悄然而逝，当它们在户外时却使我们欣喜，虽则它们可能仅以稍微不同的形式出现。艳丽的阳光在高空熠熠闪耀，色彩斑斓的繁花竞相盛开，我们的同伴以轻松愉快的神态与我们神聊。接着，回到家里，我们发觉，甚至旧有的熟悉景象比先前更加激励人心、更加启发灵感。

促使和激发我们修改和改变我们思想的每一个动机，都出自新颖的、非同寻常的和尚未理解的东西。新奇在人身上激起惊奇，他们固定的习惯被他们看到的东西震撼和打乱。但是，惊奇的要素从来都不在于现象或所观察的事件；他的处所在正在观察的人身上。具有比较朝气蓬勃的心理类型的人立即对准**思想的适应**，这将符合他们观察到的东西。于是，科学最终的确变成惊奇事物的天然对手。奇异事物的根源被揭露，惊奇开辟通向冷静解释的道路。

让我们详细考虑这样的心理变化的过程。重物落到地球的境况似乎是完全自然的和有规律的。但是，当一个人观察木头漂浮在水上，火焰和烟尘在空气中升腾时，则呈现出与第一个现象相反的景象。往昔的理论通过把意志力归因于实物，力图说明这些事实，因为这种属性是人最熟悉的。它断言，每一实物寻找它的固有位置，重物倾向于下落，轻物趋向于上升。然而，很快有了结果，即使烟尘也有重量，也就是说，到下边寻找它的位置；它被迫向上，是因为空气具有向下的倾向，正如木头受迫浮在水的表面，是因为水向下施加较大压力的缘故。

另外，我们看看抛向空中的物体。它升高。它怎么不寻找它的固有位置呢？它的"意志力"运动的速度随着它上升而减小，而它的"自然的"下落的速度随着它下降却增大。如果我们周密地留心这两个之间的关系，那么问题本身将迎刃而解。我们会像伽利略那样看到，在上升时速度减小和在下落时速度增大是同一现象，即朝向地球的速度增大。从而，被归属于物体的，不是位置，而是朝向地球的速度增大。

根据这种观念，重物的运动变得完全熟悉了。当时牢牢把握这种新思维方式的牛顿看穿，在其路线上运行的月球和行星，按照类似于测定抛向空中的抛射体运动的原理运行。可是，行星运动具有的特性强制他再次稍微修改他习惯的思维模式。重物或确切地讲组成重物的部分，并不是以恒定的加速度相互运动，而是"相互吸引"，引力与质量成正比，与距离的平方成反比。 226

正如我们得知的，这后一个概念，包括作为一个特例应用于地上的物体的概念，都截然不同于我们由以开始的概念。最初的观念在范围上多么受限制啊！该观念多么不适合众多的现象啊！不过，在"吸引"的表达中，毕竟还残留"搜寻位置"的痕迹。可是，对我们来说，以谨小慎微的担心避免作为带有它的家谱标志的"吸引"这个概念，实际上总会是蠢行。它是牛顿概念的历史基础，它在我们如此长久熟悉的路线上仍然继续指引我们的思想。因此，最幸运的观念并不是从天上掉下来的，而是源于已经存在的概念。

类似地，光线起初被看做是连续的和均匀的直线。然后它变成微小投射物的投射路线，接着变成不计其数的不同类型的投射物的路线的集合。它变成周期性的；它具有各种各样的侧面；最终,它甚至失去它在直线上的运动。

电流最初被设想为假设的流体的流动。不久,与电流的路线227密切关联的化学电流的概念,电场、磁场和各向异性的光场的概念,都被添加到这个概念中。概念在跟随和保持与事实的步调一致方面越丰富,它就能够更好地适应预期事实。

鉴于激励新适应的每一个问题预设固定的思维习惯,这种类型的适应过程没有可以指定的开端。此外,它们没有可见的终点;因为经验从来也没有终止。因此,科学站在进化进程的中途;而且,科学可以有力地指引和促进这个进程,但是科学从来不能代替它。这样一种科学是不可思议的:它的原理能够使一个没有经验的人在不知道经验世界的情况下构造这个世界。这与一个人单单借助理论而没有音乐经验期望变成伟大的音乐家,或者通过遵循教科书的引导变成画家毫无二致。

扫视一下我们十分熟悉的一个观念的历史,我们不再能够正确评价它的成长的充分意义。在它的进化路线上受影响的深刻的和生气勃勃的变革,仅仅从观点令人震惊的狭隘性即可窥见一斑,同时代的伟大科学家偶尔因此相互对立。惠更斯的光的波动论对228牛顿来说是不可理解的,牛顿的万有引力观念对惠更斯而言也是晦涩难懂的。但是,一个世纪之后,甚至在普通的心智中,两种概念是可以调和的。

另一方面,无意识形成的先驱者非凡理智的原始创造并没有呈现外来的外表;它们的形式是属于它们自己的。在它们之中,孩子般的简单与成人的成熟结合在一起,不能拿它们与平均心智的思维过程比较。后者像处于催眠状态中的人一样行动——在催眠状态中,行为不由自主地追随其他人的语言暗示给予他们心智的意象。

通过长期的经验已经变成最熟悉的观念,正是这样的一些观念,即它们本身闯进观察到的每一个新事实的概念。于是,在每一个例子中,它们被卷入自我保存的斗争之中;恰恰是它们,受不可避免的变化过程支配。

用假设说明新的和难以理解的现象的方法,实质上依赖这个过程。因此,我们不是形成全新的概念以说明天体运动和潮汐现象,而是想象构成宇宙的物体的物质粒子彼此相对具有重量或引力。类似地,我们设想带电体充满吸引和排斥的流体,或者构想它们之间的空间处在弹性张力的状态。在这样做时,我们用老经验 229 中的独特的和比较熟悉的概念代替新观念,这些概念在很大程度上在它们的进程中变得畅通无阻,尽管它们也必须经受部分变化。

动物不能建造新的器官,以便完成环境和命运要求它的每一个新功能。相反地,它被迫使用它已经拥有的器官。当脊椎动物冒险进入它必须学会飞翔或游泳的环境时,它不会为此目的生长另外的双翼或双肢。相反地,动物必须适应和变化它已经具有的肢体。

因此,假设的建构不是人为的科学方法的产物。恰恰在科学的幼年时期,这个过程是无意识地进行的。即使后来,假设对进步来说也没有变成有害的和危险的,除非人们把更大的信赖置于假设之上而不是置于事实本身之上;当假设的内容比事实具有更高的价值时,当我们由于刻板地依附假设的概念,与我们必须获得的观念相比过高估价我们拥有的观念时,情况就变得有害和危险了。

我们的经验范围的扩展，总是包含我们的观念的变化。是自然的面目实际上逐渐改变，从而呈现新颖的和奇异的现象，还是观230 察有意的或偶然的转向揭露这些现象的，都无关紧要。事实上，约翰·斯图尔特·密尔[①]枚举的形形色色的科学探究方法和有目的的心理适应方法，也就是观察方法以及实验方法，最终可以辨认出是一种根本的方法即变化方法或变异法(variation)的形式。自然哲学家正是通过环境的改变学习的。可是，这个过程决不限于自然研究者。历史学家、哲学家、法学家、数学家、艺术家、美学家，[②]都借助由丰富的记忆财富创造熟悉的但却不同的实例，来阐明和展示他们的观念；从而，他们在他们的思想中观察和实验。即使所有的感觉经验突然消失，过去的日子的事件还会以各种姿态在心智中遇到，适应的过程还会继续——这样一个过程与在实践范围思想对事实的适应截然不同，可以严格地是理论的适应，即是思想对思想的适应。

变化的方法或变异法把相似的现象实例带到我们面前，这些现象具有相同的要素和部分不同的要素。只有通过把处在变化的入射角的折射光线的不同实例加以比较，才能揭示共同的因素即231 折射率的恒定性。而且，只有通过比较不同颜色光线的折射，折射率的差别即不相等才会引起注意。基于变化的比较同步地把心智导向最高级的抽象和最细微的差别。

毋庸置疑，动物也能够在两个实例的类似和不类似之间区分。

① 旧译穆勒。——中译者注

② 例如，请比较 Schiller, *Zerstreute Betrachtungen über verschiedene ästhetische Gegenstände*(《关于不同审美对象的散思》)。

它的意识被嘈杂声或窣窸声唤起，它的运动中枢准备就绪。正在受到干扰的动物将根据干扰的大小察看，或引发逃跑，或激励追击；在后一种情况下，更精确的区分将决定攻击的模式。但是，唯有人达到自愿的和有意识的比较的本领。唯有人凭借他的抽象能力，能够在一个时期上升到理解诸如质量守恒原理或能量守恒原理这样的高度，在另一个时期观察和标示铁的谱线在光谱中的排列。在如此处理他的概念生活的对象时，他的观念像他的神经系统一样，展现和扩展到广泛分叉的原初连接的树状结构，他基于此可以沿着每一个大枝直到它的最远的分枝，并且在机会需要时返回他由以出发的树干。

英国哲学家休厄尔[①]评说，对科学形成而言有两件事情是不可或缺的：事实和观念。仅有观念导致空洞的思索；纯粹的事实不能产生有机的知识。我们看到，一切都取决于使现存的观念适应新鲜事实的能力。 232

过度乐意屈从每一个新事实，妨碍定型思想习惯的形成。过分刻板的思维习惯阻碍观察自由。在这一斗争中，在判断和预断（成见）之间的妥协中——如果我们可以使用该词语的话——我们对事物的理解就会扩展。

在没有先行检验的情况下应用于新例子中的习惯判断，我们称其为预断（prejudgment）或成见（prejudice）。谁不知道它的恐怖的力量啊！但是，我们不大经常记得成见的重要性和效用。假如人必须用有意识的和有目的的行为指导和管理他的肉体的循

① 亦译惠威尔。——中译者注

环、呼吸和消化,那么没有一个人能够在肉体上生存。同样地,倘若他不得不在每一个正在消逝的经验之上形成判断,而不是容许他自己受他已经形成的判断的控制,那么也没有一个人能够在理智上生存。成见是理智领域里的一种反射运动。

思想和自然科学家工作的相当大的部分,建立在成见即习惯性判断的基础上,而它们在应用它们的每一个实例中并没有经受检验。大多数社会行为基于成见。由于成见突然消失,社会会绝望地瓦解。对理智习惯的力量显示出深刻洞察的王子,仅仅通过233 宣布正规的口令,就一举平息了他的警卫队就拖欠军饷发出的喧闹威胁和要求,迫使他们改变意见,转而继续行军;他完全了解,他们总不会抗拒那个口令的。

直到习惯的判断和事实之间的不一致变得极大时,才使研究者牵连到可以感觉的错觉之中。此时,悲剧性的纠葛和灾难在个人和民族的实际生活中发生——这是真正的危机;在这里把习惯置于生活之上、而不是坚持使习惯服务生活的人,变成他的错误的牺牲品。正是在理智生活中推进、培养和支持我们的力量,在其他环境中可以欺骗和摧毁我们。

* * *

观念不是生活的全部。它们只是派定照亮意志小径的短暂的灿烂光华。但是,作为我们肌体进化的灵敏反应能力,我们的观念具有至高无上的重要性。没有理论能够否认,我们感到由于它们的能动作用在我们身上发生的生气勃勃的变化。也没有必要苛求,我们应该取得这个过程的证据。我们径直确信它就是了。

于是,观念的变化是作为普遍的生命进化的一部分,作为生命对不断扩大的活动范围的适应的一部分出现的。山脉斜坡上的花岗岩砾石趋向于滚下地面。在它的支撑物坍塌之前,它必定在它静止之处停留了万千年。在其基部生长的灌木向远处蔓延;它使 234 自己适应炎夏和寒冬。狐狸在运动时比砾石和灌木中的任何一个更自由,它克服引力爬上顶峰,因为它在那里嗅到它的猎物。人的手臂伸得更远;在非洲或亚洲发生的值得注意的事情,几乎没有任何一个不在他的生活留下印记。其他人的生活有多么庞大的部分在我们自己身上得以反映——他们的欢乐,他们的喜爱,他们的幸福和痛苦!只要我们环视一下目前周围的环境,把我们的注意力限定在现代文学,确实能够感受这一点。当我们随希罗多德[①]穿越古埃及旅行时,当我们通过庞贝大街漫步时,当我们使自己返回十字军东侵的阴郁时期或意大利艺术的黄金时代时,时而结识莫里哀[②]的医生,时而结识狄德罗或达朗伯,我们要有多少体验啊。其他人的生活,他们的特性,他们的意图,其中有多大份额我们不是通过诗歌和音乐汲取的!虽然它们只是轻微地触动我们情感的

---

① 希罗多德(Herodotus,约公元前484～前430/420)是希腊历史学家,所著希波战争史为古代第一部夹叙夹议的伟大史书。他最著名的一次旅行是去古埃及。——中译者注

② 莫里哀(Molière,1622～1673)是法国古典主义时期著名的剧作家。马赫在《认识与谬误》第一版的序言中,也提到莫里哀的医生。他这样写道:"我已经明确地声明,我不是哲学家,而仅仅是科学家。不管怎样,倘若我时常在某种程度上被冒失地计入哲学家之内,那么这个过错不是我的过错。但是,很明显,我也不希望在某种程度上以下述方式成为盲目地把他自己交托给单独一个哲学家指导的科学家,而莫里哀笔下的医生也许就是以这样的方式期望和要求他的病人的。"参见:马赫:《认识与谬误》,李醒民译,北京:商务印书馆,2007年第1版,第3页。——中译者注

琴弦，但是就像青春时期的记忆在老年人的心灵温柔地窃窃私语一样，我们部分地使它们重新获得永生。在这个概念形成中，自我变得多么伟大且内涵广泛；自身则变得无足轻重！乐观主义和悲观主义二者的利己主义体系，都会随着它们的理智生活含义的狭隘标准消亡。我们认为，生活的真正珍珠在于不断变化的意识内容，而自身只不过是一条把这些珍珠串联在一起的、无关紧要的、象征性的细线。①

因而，我们准备把我们自己和我们的每一个观念，仅仅当做宇宙进化的一种产物和主题；在这条道路上，我们必须坚定地前进，而且沿着未来将向我们洞开的路线前进的步伐是势不可挡的。②

① 我们务必不要受人欺骗而设想，其他人的幸福不是我们自己的幸福的非常显著和非常基本的部分。正是公共财富，不能由个人创造，也不随他消亡。**自我**的形式的和实质的限度仅仅对赤裸裸的实际目标是必要的和充分的，而在广泛的概念上则是不能成立的。人类在其整体上也许像珊瑚虫生长一样。个体联合的物质的和有机的黏合剂确实被切断；这些黏合剂只会妨碍运动和进化的自由。但是，在更高程度上，终极目的即整体的精神关联通过如此使其成为可能的、比较丰富多彩的发展达到。

② 冯·贝尔(C. E. von Baer)这位达尔文和海克尔后来的对手在两个漂亮的演说(*Das allgemeinste Gesetz der Natur in aller Entwickelung*(《发育中普遍的自然规律》)和 *Welche Auffassung der lebenden Natur ist die richtige, und wie ist diese Auffassung auf die Entomologie anzuwenden?*(哪一个生命本质的观点是正确的，那个观点如何应用于昆虫学?》))中讨论了下述观点的狭隘性：这种观点认为，动物在它的生存状态中是完美的和完备的，而不是设想它是进化形式系列的一个阶段，不是一般地认为物种本身是动物界发展的一个阶段。

十一　论物理学中的比较原理*

236

二十年前，当基尔霍夫把力学的对象定义为“用完备的和十分简单的术语摹写在自然界中发生的运动”时，他通过这一陈述产生了特别的印象。接着的十四年，玻耳兹曼在他描绘伟大探究者的惟妙惟肖的图景中，还谈到对这种处理力学的新奇方法的普遍惊讶；而在今天，我们遇见认识论的专题论文，这些论文坦率地表明，接受这种观点是多么困难。不过，还有一小群谦虚的探究者，对他们来说，基尔霍夫的几个词语在认识论领域是受欢迎的、强有力的同盟者的音讯。

现在，我们如此勉强地同意一位探究者——对他的科学成就我们只有赞颂之辞——的哲学见解，这是如何发生的呢？一个理由大概是，在为获得新知识所要求的准确运用中，没有几个探究者能够找到时间和闲暇，去仔细探究科学借以形成的庞大心理过程。进而，不可避免的是，许多人会拘泥于基尔霍夫最初不打算用它们来表达的、刻板的词语，许多人在它们之中会发觉总是被看做是科学知识的基本要素的要求。仅仅摹写能够完成什么呢？说明的遭遇，我们对事物因果关联洞察的遭遇，究竟会怎么样呢？

237

* 1894 年 9 月 24 日在维也纳德国自然科学家和医生协会普通组所做的演讲。

*　　　　*　　　　*

请容许我暂时以坦诚而公正的方式不去注视科学的结果，而去沉思它的**成长**模式。我们知道科学事实**直接显露**的唯一**一个**源泉——**我们的感觉**。孤立的个人由于仅仅局限于这个源泉，全部躺倒在他自己的资源储备上，总是被迫重新开始，他到底能够完成什么呢？关于如此获得的知识储存，在最蒙昧的非洲的遥远黑人村庄的科学，简直无法给我们以蒙受奇耻大辱的想法。因为在那里，十足的精神感应(thought-transference)奇迹已经开始起作用，与之相比，唯灵论者的奇迹是极度的可笑的——**通过语言交流**。也可深思一下，借助我们图书馆收藏的神秘书写符号，我们能使从法拉第到伽利略和阿基米德、经过诸多时代的"古时至高无上的死者"之精神起死回生——这些精神并没有使我们消除模棱两可的238和令人哂笑的神谕，但是却把他们懂得的最好的东西告诉我们；于是，我们的确将发觉，在科学**交流**形成中重大的和必需的因素是什么。敏锐的自然观察者或人性批评家的朦胧的、半有意识的**推测**绝不属于科学，除非他们明显具有足以与其他人**交流**的东西。

可是，我们现在如何着手进行新获得的经验、新观察的事实的这种交流呢？正如群居动物不同的呼唤和争斗嚎叫无意识地形成共同的观察和行为的记号，而这些记号与产生这些行为的原因无关——这是一个已经包含概念萌芽的事实；仅仅被更高级地特化的人的语言中的单词，也同样是大家都能观察或已经观察的、众所周知的事实的名称或记号。因此，如果心理表象立即**被动地**追踪新事实，那么新事实必然自行地直接在思想中用已经普遍了解和共同观察的事实构成和描述。记忆总是动辄拿相似于新事件的、或在某些特征上与其一致的已知事实做**比较**，从而使基本的内心判断成为可能，成熟的和可靠地做出的判断不久便接踵而来。

比较作为交流的根本条件，是科学最强有力的、必不可少的内在要素。动物学家在蝙蝠翼膜的骨骼中看到指爪；他把颅骨与椎 239 骨比较，把不同生物的胚胎相互比较，把同一生物的不同发展阶段彼此比较。地质学家在加尔达湖峡湾、在咸海，发现处于干枯过程的湖泊。历史比较语言学家把不同的语言相互比较，也把同一语言的形成过程彼此比较。即使不习惯于在我们所说的比较剖析的相同意义上谈论比较物理学，那么其理由在于，在具有如此巨大实验活动的科学中，注意力太多地离开**沉思的**因素。但是，像所有其他科学一样，物理学也通过比较生存和成长。

*　　　*　　　*

比较的结果在交流中找到表达的方式当然是多种多样的。当我们说光谱线的颜色是红的、黄的、绿的、蓝的和紫的时，所使用的名称可以从文身技术推出，或者它们后来可以获得代表玫瑰、柠檬、叶子、矢车菊和紫罗兰的颜色的意义。不过，从在各种各样的环境所做的这种比较的频繁重复中，常变的特征在与持久一致的特征比较时被抹掉了，以至后者获得了独立于每一个对象或关联的固定意义，或者如我们所说具有**抽象的**或**概念的**含义。没有一 240 个人认为在"红的"一词中除了颜色一致外还与玫瑰有任何其他一致，或在"直线"一词中除了取向相同外还有拉直的绳子的其他什么特性。也正是如此，本来是手指或脚趾名称的数，由于被用来作为各类对象排列的记号，而被提升到抽象概念的水平。仅仅使用这些纯粹抽象的工具做事实的言语报告（交流），我们称其为**直接摹写**（direct description）。

任何大范围的事实的直接摹写是令人厌倦的任务，即使在那里需要的概念已经完备地发展了。如果我们能够说，现在考虑的事实 A 不是在它的**一个**特征、而是在**许多**特征或**所有**特征上像旧有的、熟知的事实 B 表现一样，事情会变得多么简单。月球相对于地球像重物表现一样；光像波动或电振动；磁体仿佛充满了有吸引力的流体，等等。我们称下述摹写为**间接摹写**（indirect description）：在其中，我们可以说诉诸已经在其他地方阐述的摹写，或者也许还诉诸被精确地阐述的摹写。我们有增补这种摹写，用直接摹写逐渐矫正它或者完全替代它的自由。于是，我们毫无困难地看到，被称之为**理论**或者**理论观念**（theoretical idea）的东西，都落在这里命名的间接摹写的范畴之下。

241

*　　*　　*

接着的一个问题是：什么是理论观念？我们从何处得到它？它为我们完成了什么？它为什么在我们的判断中比仅仅牢固地持有事实或观察占有更高的地位？在这里，只有记忆和比较还起作用。但是，在这种情况下，不是从记忆中挑选的相似的**单一**特征，而是相似的**巨大系统**使我们面对熟知的面相，新事实藉此立即转变为旧相识。此外，正是由于观念的功能，给我们提供比我们最初时刻实际上在新事实中看到的更多的东西；它能够扩展事实，能够丰富事实，从而使事实充满这样的特征：我们宁愿被诱使从这样的启示中**寻求**这些特征，并且常常竟然能找到它们。正是这种扩展知识的**快速性**，使得理论优先简单的观察。但是，这种优先从总体上讲是**量上的**。从质上讲，在实际的基本之点上，理论与观察的差别既不在于它的起源模式，也不在于它的最终结果。

然而，采纳一个理论总是包含危险。因为理论总是用**不同的**、但却比较简单和比较熟悉的事实 B 在思想上代替事实 A，事实 B 在**某些**关系方面能够在心理上描述 A，但是正是由于它是不同的这个理由，它在其他关系方面不能描述它。正如可以轻易地发生的那样，如果此时不加充分注意的话，那么最富有成效的理论在特定的情况下也会变成探索的明显不过的障碍。因此，在使物理学家习惯于把"光粒子"的抛射路线看做是无差别的直线期间，光的发射说明显妨碍光的周期性的发现。通过用更熟悉的声音现象代替光，惠更斯使光在它的许多特征上变成熟悉的事件，但是就缺少他所了解的纵波的偏振而论，光在他看来具有双重奇怪的样态。这样一来，他不能用抽象的思想把握摆在他眼前的偏振事实，而牛顿只不过由于使他的思想适应观察，并提出"光线是否是发光物质发射出来的很小的物体?"这个问题，从而在马吕之前一个世纪抽象地把握了偏振，也就是直接摹写它。另一方面，如果事实与在理论上描述它的观念一致扩展得比它的发明者起初预期的更远，那么与上面所举的例证形成对比，它可能导致我们做出未曾料到的发现，锥形折射、全反射引起的圆偏振、赫兹波就提供了这些发现的现成例子，

242

我们对所指出的条件的洞察，也许会通过更详细地沉思无论哪一个理论的发展得以改善。让我们考虑一个被磁化的钢棒，它

243 处在第二个未磁化的钢棒旁边，而在所有其他方面都相同。第二个钢棒未给出铁锉存在的指示；第一个钢棒吸引铁锉。另外，当没有铁锉时，我们必定认为，磁化的钢棒与未磁化的钢棒处于不同的条件。这是因为，仅仅存在铁锉并不导致吸引现象，这一点已经被第二个未磁化的钢棒证明。以他的意志——作为他的最熟悉的力量源泉即最完善的比较技能——做裁决的坦率之人，构想一种磁体中的**精灵**(spirit)。热物体或**带电**体启发相似的观念。这是最古老的理论**拜物教**的观点，中世纪早期的探究者还没有推翻它，在它的最后残余中，即在力的概念中，它还在近代物理学中繁荣兴旺。于是，我们看见，在科学摹写中与在惊险小说中一样，不需要**戏剧性的**要素缺席。

在随后的审查中，人们无论何时都观察到，冷物体在与热物体接触时使它本身变热，也就是说，以**消耗**热物体为代价；进而，在实物是相同的时候，让我们说，具有两倍于其他实物的质量的冷物体，只获得其他实物失去的一半温度数，一种崭新的印象出现了。事件的着魔特征突然消失，因为设想的精灵的行为并未发生突变，244 而是按照固定的规律行事。不过，**实物**概念**本能地**取代它，即一部分实物从一个物体流到其他物体，但是可用进入各自温度变化的质量产物的总和描述的实物总量依然是恒定的。布莱克是因热过程与实物概念的这种相似而受到**强烈**震撼的第一人，在该相似的指引下他发现了物体的比热、熔解热和汽化热。不管怎样，由于从这些成功中获得力量和稳定性，这种热的实物概念随后处在科学进展的道路上。它使布莱克的后继者一叶障目，妨碍他们看到每个原始人都知道的摩擦**生**热的明显事实。尽管该概念对布莱克而言富有成效，对于今天在布莱克的特殊领域的初学者也是有帮助的，但是作为一种**理论**，它从来也不能保持永恒的和普遍的正确性。不过，其中从概念上讲是基本的东西，即上面提到的产物总和的恒定，却保留着它的价值，并且可以看做是对布莱克的事实的**直接摹写**。

有人很可能会推断，这些本能地和完全自愿地推进自己的未经探求而得到的理论，应该具有最伟大的力量，应该使我们的思想赞同它们，并展示自我保存的牢固力量。另一方面，也有可能观察到，当以批判的态度详细检查时，这样的理论极其易于丧失它们的说服力。我们始终如一地忙于"实物"，它的行为模式使这些模式 245 本身在我们的思想铭刻永不磨灭的印记，我们的最鲜明和最清晰的记忆与它结合在一起。因此，罗伯特·迈尔和焦耳使布莱克的热的实物概念最后开花结果，从而以更抽象的和加以修改的形式把相同的实物概念重新引进愈加广大的领域，这不应使我们感到奇怪。

在这里，把它的力量分给新概念的心理学境况清楚地展现在我们面前。根据在热带气候静脉血液异常发红，迈尔把注意力转向在这种气候中人体内热消耗减少和**物质材料的耗费**成比例减小。但是，由于包括其力学功在内的人的机体每一努力都与物质材料的耗费有关，由于因摩擦而做的功能够产生热，因此热和功看来在类型上是等价的，在它们之间必定存在比例关系。并非**每一个量**，但是近似计算的两个量的**总和**——这一点与成比例的物质材料耗费相关——似乎是**本质性的**。

依据严格类似的考虑，相对于伏打电流要素的经济，焦耳达到

他的观点;他在实验上发现,在电流中放出的热、在产生的气体燃
246 烧中耗费的热、恰当计算的电流的电磁功之总和,一句话,电池组的所有效应之总和,与锌的成比例的耗费相关。相应地,这个总和本身具有本质性的特征。

迈尔对已经达到的观点如此全神贯注,以至**力**——在我们的用语中是**功**——的不可毁灭性对他来说似乎是先验地显而易见。他说:“力的产生或毁坏处在人的思想和能力的范围之外。”焦耳针对类似的效应表达他的观点:“假定上帝赋予物质的能力能够被消灭,明显是荒谬的。”说起来也奇怪,根据这样的言论,不是焦耳而是迈尔,被打上形而上学家的印记。不过,我们可以确信,二人仅仅表达了对简单的新观点强烈的**形式**需要,而且是半无意识地表达这一点的;如果向他们提议,应该把他们的原理提交哲学会议或教会法院以决定它的正确性,二人都会感到极度震惊。尽管这两个人的态度极为一致,但是在其他方面却截然不同。虽然迈尔以全部惊人的本能天赋能力描述了这种**形式**需要,可是我们几乎还可以带着狂热的激情说,在所有其他探究者之前,他同时又不欠缺从长期已知和任由大家使用的古老物理恒量在概念上推断热功当
247 量的才能,也不欠缺这样为新学说建立包容整个物理学和生理学的纲领的才能;另一方面,焦耳却专注于用出色构想和熟练实施的实验严格证实该学说,并把实验延伸到物理学的所有部门。不久,亥姆霍兹又以完全独立的和特有的方式着手处理这个问题。与这位物理学家用来把握和处置迈尔纲领未解决的一切要点的专业精湛技巧相称,而且相比有过之而无不及,特别打动我们的是,这位二十六岁的年青人具有完美无缺的批判性洞彻。在他的阐明中,

缺乏标志迈尔特点的热烈和冲动。在他看来,能量守恒原理不是自明的或先验的命题。基于这个命题得到的假定,什么作为必然结果出现呢?在这个假设形式中,他服从他的素材。

我必须坦白,我已经对许多我们当代人的审美品味和伦理品味感到惊异,这些人用事物的这种关系勉力编造可憎的民族问题和个人问题,而不是赞扬使这样**几个**人一起工作的好运气,也不是为伟大心智——伴随这些伟大心智的是适合于我们的丰富结果——的有教益的多样性和个人气质而欣喜。

我们知道,另一个理论概念在能量原理的发展中发挥了作用,而迈尔却坚持使能量原理远离这个概念,即热也像其他物理过程一样归因于运动。但是,一旦达到能量原理,这些辅助的和过渡的 248 理论就不再履行基本的功能,而且我们可以把与布莱克给出的原理相像的这个原理,看做是对广泛扩展的事实领域**直接摹写**的贡献。

出于这样的考虑,随着对理论观念在研究中的有用性的一切适当承认,正如新事实变得熟悉一样,此刻逐渐用**直接**摹写代替间接摹写,也许不仅是明智的,而且也是必要的;而直接摹写不包含不是基本的东西,而且把自己绝对局限于对事实的抽象理解。我们几乎可以说,通常以带有优越感的意味所说的摹写科学,就科学特征而论,胜过最近正在流行的物理阐明。当然,在这里,一个长处是由必要性构成的。

我们必须马上承认,直接摹写每一个事实不在我们的能力之内。事实上,如果我们逐步了解的大量事实同时全部呈现在我们面前,那么我们应该在彻底绝望中屈服。幸运的是,只有孤立的和异常的特征打动我们，我们通过与寻常事件的比较使这样的特征更接近我们自己。在这里，日常言语的概念首先得以发展。于是，249 比较变得越多样和越众多，事实的领域比较得越广泛，使直接摹写成为可能的概念也成比例地愈普遍和愈抽象。

首先，我们逐步熟悉自由落体运动。力、质量和功的概念经过适当修正之后，继续用于电现象和磁现象。据说，水流启发傅里叶提出第一个独特的热流图景。泰勒审查的弦振动的特殊例子，帮他厘清热传导的特殊例子。许多人走在同一条道路上，丹尼尔·伯努利和欧勒由泰勒的例子建构弦振动的各种形式，傅里叶同样用简单的传导例子建构五花八门的热运动；这种方法把自己扩展到整个物理学。欧姆仿效傅里叶的方法形成他的电流概念。后者也采纳菲克的扩散理论。磁流的概念是以类似的方式发展的。于是，稳定流的所有种类注定显示共同的特征，甚至在扩展的媒质中，完全平衡的条件也和稳定流平衡的动力学条件一起分享这些特征。像电流的磁力线和无摩擦液体涡旋的流线一样关系疏远的事物，也以这种方式进入特定的相似关系。原本针对专门领域阐250 明的势概念，也获得广泛而深远的适用性。像压力、温度和电动势这样的不相似的事物，此刻在与用特定方法从势概念推导的观念的关系中显示出一致之点，就是压力下降、温度下降、势下降，就深一层的液体流强度、热流强度和电流强度而言也是如此。在观念系统中，每两个相应概念的不相似以及每两个相应概念对在逻辑关系上的一致，都被清楚地揭露出来，观念系统的这种关系被称为**类比**(analogy)。它是在一个统一的理解中把握异质的事实领域的有效工具。该路线清晰地表明，其中包容所有领域的**普适物理**

现象论会得以发展。

在摹写过程中,我们初次得到在广阔事实领域的直接摹写中是必不可少的东西——广泛而深刻的**抽象概念**。于是,我现在必须提出一个带有教导者意味的、但却不可避免的问题:什么是概念?它是模糊的表象而又容纳心理形象吗?不,心理形象只是在最简单的情况下伴随它,因而只不过作为附属物伴随它的。例如,想想"自感系数",找找它的形象化的心理图像吧。或者,也许该概念是一个纯粹的词?采纳这个竟然由一位驰名数学家最近提议的几乎无望的观念,只会使我们倒退一千年,返回最深奥难解的经院 251 哲学。因此,我们必须拒绝它。

寻求解决办法并不遥远。我们不必认为,感觉或表象是纯粹被动的过程。最低等的生物以简单的反射运动对它做出反应,吞食趋近它们的猎物。在较高等的生物中,传入的刺激在神经系统遭遇障碍和帮助,以修正传出的过程。在追捕和审查猎物的更高等的生物中,在所述的过程停止之前,它可以通过众多的循环运动路线。我们自己的生活也以这样的过程展现;我们称为科学的一切,可以被视为这样的活动的各部分或中间项目。

现在,如果我说下面的话,将不会使我们惊奇:概念的定义,在概念是十分熟悉时甚至它的名字,是对某种精确决定的、往往错综复杂的、关键性的、比较的或构造性的**活动的神经冲动**,通常对此的感知结果是该概念范围的一个项目或成员。不管概念只是引起某一感官(如视觉)或感官的一个方面(如颜色、形状)的注意,还是概念是一个复杂行为的起点;也不管所述的活动(化学的、解剖的和数学的操作)是肌肉活动或技术活动,还是全部在想象中完成的活动或只是内心深处的活动,都无关紧要。概念对于物理学家而252言,就像音乐音符对于钢琴演奏家一样。但是,正如钢琴演奏家在能够毫不费力地按照他的音符演奏之前,他首先必须学会单个地和集体地调动他的手指,可以这样说,物理学家或数学家在获得控制他的肌肉和想象的多种灵敏的神经之前,他同样必须通过漫长的学徒期。请想一想物理学或数学中的初学者多么频繁地完成比所要求的或多或少的训练吧,或者想一想他多么频繁地构想不同于它们原本所是的事物吧!但是,在已经拥有足够的训练之后,如果他想阐明短语"自感系数",那么他立即要通晓这个术语要求他什么。鉴于长期的和彻底的实践**行动**起源于用其他事实比较和描述事实的必要性,因此这些行动是概念的真正核心。事实上,实证的和哲学的历史比较语言学二者声称已经确立,一切词根都描述概念,并且最初只代表肌肉的活动。物理学家对基尔霍夫名言的缓慢赞同现在变得可以理解了。他们在能够实现直接摹写的理想之前,就会最适当地发觉所需要的大量个人劳动、理论和技能。

* * *

现在设想,给定的事实领域的理想达到了。摹写会完成探究253者能够要求的一切吗?依我之见,它会完成。摹写是在思想中建立事实,这种建立在实验科学中常常是实际实施的条件。举一个特殊的例子,对于物理学家来说,度规单位是建筑的基石,概念是建筑的指挥,而事实则是建筑的结果。我们的心理意象(mental imagery)几乎是事实的完备的替代物,我们借助它能够查明所有的事实的性质。我们不知道我们自己已经造成的最坏结果。

人们要求科学应该**预言**，赫兹在他逝世后出版的《力学》中使用这个表达。但是，地质学家和古生物学家，间或还有天文学家，始终有历史学家和哲学家，可以说是**向后反向**预言的。摹写科学像几何学和数学一样，既不向前预言，也不向后预言，而是从给予的条件寻求处于某种状况的东西。让我们更恰当地讲：**科学在思想中完成仅仅是部分给予的事实**。这通过摹写成为可能，因为摹写预先假定摹写要素的相互依赖性：否则什么也不能被摹写。

据说，摹写使得因果性感觉不能让人满意。事实上，许多人想象，当他们向自己描绘拉力时，他们才能更透彻地理解运动；可是，**加速度**这个事实在没有多余添加的情况下做得更多。我希望未来的科学将抛弃形式上是模糊的原因和结果的观念；在我的感觉中，254 这些观念包含着强烈的偶像崇拜的色彩，有这种感觉的肯定不是我一个人。比较恰当的方针是，以纯粹逻辑的方式**把抽象的、决定性的事实要素看做是相互依赖的**，就像数学家或几何学家所做的那样。确实，与意志相比，力更接近我的感觉；但是，与质量的加速度相比，很可能最终会使意志本身变得更清楚。

如果我公正地询问：何时事实在我看来是**清楚的**？我必定说："当我能够用十分**简单的**和十分熟悉的理智操作重新产生它时，例如图示加速度或加速度的几何和，如此等等。"当然，**简单性**的要求对专家而言与对新手是不同的事情。首先，用微分方程组摹写是充分的；其次，由基本定律构成的等级结构是需要的。第一件事立即察觉两个阐述的关联。不用说，毫无争议的是，实质上等价的摹写的**艺术**价值不可能是不同的。

最困难的是使生手相信，最为普适的物理学定律，例如不加区

别地用于实体的、电的、磁的和其他系统的定律，与摹写并无本质

255 的不同。在与许多科学比较时，物理学在这方面占据一个优越的位置，这一点很容易加以说明。例如，以解剖学为例。当解剖学家在他探索动物的一致和差异中追溯越来越高的**分类**时，描述该系统的最终项目还是如此不同，以致必须**单个地**记录它们。比如，请想想脊椎动物的共同标志吧，请一方面想想哺乳动物和鸟的分类特征、另一方面想想鱼的分类特征吧，请一方面想想血液的双循环、另一方面想想单循环吧。最后，总是剩下仅仅显示相互之间**些微**相似的**孤立的**事实。

一门科学更密切地与物理学、化学发生联系，它就常常处于相同的种系。在由居间状态的些微稳定性调节的一切可能性中，质的特性的突然改变，协调的化学事实的细微相似，都使它的资料处理变得困难。不同质的特性的一对物体以不同的质量比率混合；但是，在第一个和后一个之间的联结最初并未受到注意。

另一方面，物理学向我们揭示**在质上均匀的**事实的广泛领域，这些事实只是在它们的特征标志是可分的相等部分的数目上不同，即只是**在量上**不同。即使在那里，我们也不得不处理质（颜色和声音），这些质的定量特征由我们处理。在这里，分类是如此简单的任务，以至它们本身罕见给我们留下印象，而在无限细微的分

256 级中，在**事实的连续统**中，就我们希望的而论，我们的数系已经预先准备仿效。协调的事实在这里是极其类似的、关系十分密切的，这也是它们的摹写，这些摹写在于借助熟悉的数学操作即求导方法，从不同集合的数值测量来决定一个特定的特征集合的数值测量。于是，在这里，能够发现所有摹写的共同特征；由于这些共同

特征，一个简明的、综合的摹写，或为构造所有单个摹写的法则，便被指派——我们称这个法则为**定律**。众所周知的例子是关于自由落体、抛射体、中心运动等等的公式。如果物理学用它的方法明显完成的东西比其他科学要多，那么我们必须记住，在某种意义上它把更为简单的问题提交给它。

其事实也呈现物理学的侧面的下余科学，不需要由于这一优势而妒忌物理学；因为物理学的一切获得最终也使它们受益。但是，这种相互帮助也在其他方面将发生改变和必须改变。在使物理学的方法成为它自己的方法上，化学推进得很远。撇开比较古老的尝试不谈，洛塔尔·迈尔和门捷列夫的周期系列是产生容易检查的事实系统的光辉而适当的手段，这个事实系统经过逐渐变得完备，将差不多代替事实连续统。进而，通过研究溶解、离解，实 257 际上通过一般地研究呈现实例连续统的现象，热力学的方法找到进入化学的入口。类似地，我们可以希冀，在未来的某一天，数学家让胚胎学的事实连续统面对他的心智起作用，就像未来的古生物学家恐怕会在蜥蜴目爬行动物和鸟之间，用比我们现在已有的孤立的翼指龙、始祖鸟、鱼鸟等更居间的和衍生的形式充实他的心智——这样的数学家将借助几个参数的变分，像在分解视图中那样把一种形式转换为另一种形式，恰如我们把一种圆锥曲线转换为另一种圆锥曲线一样。

现在，让我们重提基尔霍夫的话语，我们能够就它们的含义达到某种一致。在没有建筑基石、灰浆、脚手架和建筑工人技巧的情况下，无法建筑任何东西。可是，希望确实被牢固确立，它将向子孙后代显示在它的完成形式中的完备结构，而拆除了不雅观的脚手架。基尔霍夫话语所讲的,正是数学家纯粹的逻辑感和审美感。物理学的近代阐述追求他的理想;这也是可以理解的。但是,对于培训建筑师是其职责的人而言,下述说法也许是蹩脚的、好说教的推卸责任:"一座豪华的建筑物在这里;如果你确实想建设,那么你就去吧,照样做就是了。"

特殊科学之间的藩篱将逐渐消失,这些藩篱使工作划分和专注成为可能,但是它们对我们来说毕竟是冷漠的和约定的限制。258 一个接一个的桥梁架设在鸿沟之上。甚至对最遥远的分支的内容和方法也加以比较。当自然科学家会议在此后一百年召开时,我们可以期待,它们将比在今天是可能的还要高的意义上体现统一——这种统一不仅仅体现在情趣和目的中,而且也体现在方法中。其间,通过我们始终在心智面前保留所有研究的固有关系的事实,以促进这一伟大的变革,基尔霍夫用如此典型的简单性概括了这个特征。

十二　偶然事件在发明和发现中扮演的角色*

259

在首次出现成功后就认为一切问题都是可以解答的,并从根本上是可以理解的,这是在年青的人类和民族中朴素的和自信的思想开端的特征。米利都的哲人在看到植物由于水分而长高时,相信他理解了整个自然;萨摩斯的他在发现确定的数对应于和声弦的长度时,想象他能够借助数穷竭世界的本性。这个时期的哲学和科学混在一起。不管怎样,更广阔的经验急剧地揭露这样一个进程的错误,引起批判,并导致科学的分割和分支。

同时,关于世界的广泛的和普遍的观点有必要继续存在;而且,为了满足这种需要,哲学与特殊的探究分道扬镳。的确,在巨人身上,常常发现这二者是统一的。但是,作为一个准则,它们的道路越来越远地彼此岔开。于是,如果哲学与科学的疏远能够达到这样的程度,即相信值得培育的资料作为世界根基太贫乏,另一方面彻头彻尾的专家可以走极端,断然拒绝比较广阔的观点的可能性,或者至少认为它是多余的,那么忘记伏尔泰的箴言"多余

260

* 1895 年 10 月 21 日在接受维也纳大学归纳科学的历史和理论教授席位时发表的就职演说。

的——非常必要的事物”，在任何地方没有比在这里更适用于他们了。

确实，哲学史大半是而且必然是错误的历史，因为它的建构资料不充分。但是，在我们方面，忘却仍然使特殊研究的土壤多产的思想种子，诸如无理数理论、守恒概念、进化学说、比能（specific energies）观念等等，可以追溯到久远时代的哲学源泉，当然是登峰造极的忘恩负义。此外，根据对我们的材料不充分性的透彻认识，遵从或抛弃对广阔的哲学世界观的尝试，全然是与从未着手做它相当不同的事情。再者，由于专家所犯的正是哲学很久以前就揭穿的错误，于是忽视它的报复经常降临在他的身上。作为一个事实，在物理学和生理学中，特别是在本世纪上半叶，不能不遇见这样的理智产品：就朴素的简单性而言，它们一点不次于爱奥尼亚学派的产品、或柏拉图的理念、或那个常常被辱骂的本体论证明。

后来，有证据表明，情况逐渐发生变化。最近的哲学为自己设立了比较谦逊，比较能够达到的目标；它不再对专门探究怀有敌意；事实上，它正在热情地参与这种探究。另一方面，专门科学如数学和物理学，也像历史比较语言学一样，显著地变得哲学化了。不再无批判地接受所介绍的材料。探究者的扫视集中在邻接的领域，材料由此取得。不同的专门部门正在力求密切联合，下述确信正在逐渐普及：哲学只能由专门科学相互的和互补的批判、彼此渗透和联合为一个牢固的整体构成。正如滋养身体的血液分为无数的毛细血管，只是在心脏重新集合和会聚一样，在未来的科学中，所有知识的小溪将越来越多地汇合为共同的和专一的河流。

这种观点正是我打算倡导的,尽管人们对眼下的概括并非不熟悉。我对我将为你们构造体系不抱希望,或者更确切地讲感到畏惧。我将依然是一位自然探究者。不要期待,绕着自然探究所有领域的边缘走是我的意向。只是在我熟悉的领域,我能够尝试 262 成为你们的向导,甚至在这里,在促进所分派任务的仅仅一小部分中,我能够提供帮助。如果我要接着向你们表达物理学、心理学和知识论的关系,以至你们可以从每一个得益和启发中行进,同时有助于每一个的优势,那么我会认为我的工作不是徒劳无功的。因此,为了以我的能力和视野用例子协调地阐明,我如何构想这样的探究应该加以实施,我今天愿以简明的概述处理下述特定的和限定的题目——**偶然事件在发明和发现的进展中扮演的角色**。

*　　　*　　　*

当我们德国人谈到一个不是黑色火药发明者的人时,[①]我们不言而喻地引起对他的才能的严重猜疑。但是,该表达不是贴切的表达,因为在那里可能没有这样的发明:在其中深思熟虑的思维分担的份额较少,纯粹的运气分担的份额较大。有理由询问,因为偶然事件在发明者的工作中帮助他,我们给予他的成就以低下的估价是有道理的吗?惠更斯大加强调这个因素,他的发现和发明正好足以给他在这样的问题上发表见解的权利。他宣称,在没有偶然事件共同起作用的情况下,发明望远镜的人必须具有超人的 263

① 该短语是他不具备发明火药的才能(Er hat das Pulver nicht erfunden)。

天才。[①]

生活在文明当中的人,发觉他自己被一大群奇异的发明包围着,这些发明正是考虑到满足日常生活需要的手段。请设想一下这样的人移居到这些精巧器具发明之前的时代,并想象他着手以严肃的方式理解它们的由来吧。起初,人能够创造这样的奇迹的理智力量将给他以难以置信的印象;或者,如果我们采取古老的观点,那么可以说给他以神授的印象。但是,由于迄今醒悟原始文化历史的解释性展现,将大大缓解他的惊讶,这在很大程度上证明,这些发明是十分缓慢地、以难以觉察的进度发生的。

在地上挖一个小洞,在其内点火,就构成原始的火炉。用水浸没猎物的毛皮,通过与灼热的石头接触在沸水中煮它的肉。用石头烧煮也在木制容器中进行。用黏土覆盖凹形的葫芦瓢以便防火。于是,从烧灼黏土意外地产生了封裹的罐子,这使得葫芦瓢成为多余的东西,尽管在此后漫长的时间还是把黏土涂敷在葫芦瓢上;或者,在陶工的技艺呈现其最终的独立自主性之前,把黏土紧贴到编织的柳条制品上。甚至在当时,作为它的起源的一种证明,柳条编织的装饰品被保留下来。

264

于是,我们看到,正是通过偶然的境遇,或者通过诸如毫无我

① 如果有这种智慧,使得能用自然法则和几何学探索此事,可以拒绝相信我才能超群的说法。然而,由于长期没有它[望远镜],以致到现在对这一意外的新奇发现,即使最博学的人也不能充分地解释其机理。——惠更斯《光学》(论望远镜)。("Quod si quis tanta industria extitisset, ut ex naturae principiis et geometria hanc eruere potuisset, eum ego supra motalium sortem ingenio valuisse dicendum crederem. Sed hoc tantum adest, ut fortuito reperti artificii rationem non adhuc satis explicari potuerint viri doctissimi."——Hugenii Dioptrica (de telescopiis).)

们的意图、预见和能力的状态，逐渐地导致人了解满足他的需求的改进手段。让读者自己想象一下，在没有偶然事件——以普通方式触摸黏土会产生有用的烧煮器皿——帮助的情况下能够预见的人的天才吧！在文明早期阶段做出的大多数发明，包括语言、书写、货币和其他东西，由于一个简单的理由而不会是蓄谋已久的、有条不紊的深思的产物；这个理由就是，除了实际使用，绝不可能有关于它们的价值和意义的念头。桥梁的发明可能是受到树干倒下横跨山涧的启发；工具的发明可能是受到利用石头偶尔着手砸干果的启发。开始并传播火的发明大概出自这样的区域：火山爆发、热泉、天然气的燃烧喷射为平静观察和实际利用火的特性提供了机会。只是在完成这一切之后，火钻的重要性才能够受到重视，这也许是由在木块上钻孔发现的一种器械。卓越的探究者的启发是奇异古怪和不可思议的，火钻的发明源于在宗教仪式场合的启发。至于谈到火的使用，我们不应试图从火钻的发明追溯其起源，就如同我们不应试图从硫黄火柴的发明追溯其起源一样。毋庸置疑，相反的路线是真实的路线。[①] 265

类似的现象虽然还大半隐藏在黑暗中，但是却标志各民族从狩猎到游牧生活和农业的初始过渡。[②] 我们将不增加例子，而使我们自己满足于如下评论：在历史时期，在伟大的技术发明的时代，相同的现象反复发生；进而，关于它们，最想入非非的概念流传开来——这些概念把过分夸张的部分归因于偶然事件，而在心理

① 务必不要理解我是在说，火钻在火崇拜或太阳崇拜中未起作用。

② 关于这一点，请比较一下 Paul Carus 博士在他的 *Philosophy of the Tool*（《工具的哲学》），Chicago，1893 年中的极其有趣的评论。

学方面这些概念是绝对不可能的。观察从茶壶喷出的蒸汽和壶盖的咕唧声，认为这导致蒸汽机的发明。就对蒸汽机一无所知的人 266 而言，请想一想这一景象和蒸汽完成巨大力学功的概念之间的间隙吧！无论如何，让我们设想，精通实际建造气泵的工程师，偶尔把颠倒的瓶子浸入水中，这个瓶子充满蒸汽以便干燥，并且依然保留它的蒸汽。他能够看见，水猛烈地冲进瓶子；一个想法十分自然地浮现在他的心中：在这个经验的基础上建造方便的和有用的空气蒸汽泵；经历难以觉察的、在心理上可能的和直接的阶段，这种泵于是自然地、逐渐地转变为瓦特的蒸汽机。

但是要承认，最重要的发明是偶然地、以超越人的预见的方式引起他的注意的；不过，不能由此得出，仅有偶然事件，对于产生发明就是充分的。人扮演的角色绝不是被动的角色。即使远古森林中的第一个陶工，也必然亲身感受到唤起某种才华。在所有这样的实例中，发明者不得不**注意**新事实，他必须发现并把握它的有利的特征，必须有能力把这种特征转换为实现其意图的考虑。他必须**隔离**新特征，把它铭刻在他的记忆中，与他的思想中的其余东西结合并交织在一起；简而言之，他必须具有**用经验获益**的作业能力。

用经验获益的作业能力，很可能是作为理智试验而产生的。这种能力在同一种族的人中大相径庭，并随着我们从低等动物推 267 移到人而惊人地增加。在这方面，低等动物几乎完全局限于反射行为，而反射行为是随它们的有机组织一起遗传下来的；它们几乎全部不能拥有个体经验，考虑它们的简单需求简直不需要它。象牙泥螺(Eburna spirata)从未学会躲避食肉的海葵，不管它在后者的针突显示时多么经常地可以退缩，显然它对无论什么疼痛都没有记忆。[1] 用音叉触动蜘蛛网，能够引诱蜘蛛从它的洞穴反复外出。衣蛾一而再地扑向烧死它的火焰。捕捉蜘蛛的蜂鸟[2]屡次猛撞壁纸上画的玫瑰花，就像不幸的和绝望的思想家一样，他从未厌倦进攻同一不能解决的、异想天开的问题。常见的家蝇在寻求光亮和户外露天时，像麦克斯韦的气体分子一样漫无目的地、以同一盲目冲动的方式对着半开窗子的玻璃窗格飞窜，由于完全没有能力找到绕过狭窄边框的路径而逗留在那里。但是，用玻璃隔板把狗鱼与它所在鱼缸中的鲹鱼隔离开来，狗鱼在事隔几个月后便得知，它不能不受惩罚地进攻这些鲹鱼，不过在用头冲撞之后自身反而碰死一半。尤其值得注意的是，甚至在移走隔板之后，它与鲹鱼和平共处，虽然它将要立刻囫囵吞下一条陌生的鱼。必须把值得 268 考虑的记忆归属于迁徙的鸟类，可能由于缺乏骚动的思想活动，这种记忆以某些白痴记忆的精确性起作用。最后，较高等的脊椎动物显示出来的对训练的敏感性，是这些动物借助经验获益的能力的无可争辩的证据。

回忆活跃的和可靠的旧时境况的、极为发达的**机械的**记忆，足以躲避明确的、特定的危险，或者足以利用明确的、特定的机会。但是，对**发明**的发展而言，则需要得更多一些。较大数量的图像系列在这里是必要的，即用差异很大的观念训练的相互接触加以激励，使更强有力的、更多样的和更丰富的记忆内容关联起来，通过

---

① Möbius，*Naturwissenschaftlicher Verein für Schleswig-Holstein*（《石勒苏益格-荷尔斯泰因州自然科学协会》），Kiel，1893，p. 113 以及其下等等。

② 关于这个观察，我受惠于教授获得凭证。

使用提高更强有力的、更可塑的精神生活。人站在山涧的斜坡上，对他来说山涧是一个严重的障碍。他记得，他以前正好在倒下的树干上跨越这样的激流。通过树干渐渐变得艰难起来。他常常移动倒下的树干。在先前他也砍倒过树木，然后移动它们。为了砍树，他使用锋利的石块。他去寻找这样的石块，因为在刚刚跨越这个激流时怀有的确定而强烈的兴趣，使得旧时的境况涌入他的记忆，并在这里以逼真的现实保持下去，也就是说，因为这些印象注269 定在他的心智面前以与它们在那里被唤起的**相反的顺序**通过，于是他发明桥梁。

毫无疑问，较高等的脊椎动物在某种适当的程度上使它们的行为适应环境。它们没有凭借发明的积累给出可以看得见的进展证据，这一事实可以通过与人比较，用理智的程度或强度的差别满意地加以说明；类型差别的假定并不是必要的。每天积攒一点东西的人，虽然永远积攒得如此之少，但是他具有无数胜过下述人的优势：这种人天天挥霍那种积蓄，或者不能保持他已经积累的东西。在这样的事物中，微小的定量差异即可说明进展的巨大差异。

在前史时期适用的法则在历史时期也适用，就发明所做的评论可以几乎不加修正地用于发现；因为二者的区分仅仅在于新知识的使用。在两种实例中，研究者都要涉及某些**新近观察到的**、新特性或旧特性的抽象的或具体的关系。例如观察到，供给化学反应 A 的实物也是化学反应 B 的原因。如果这种观察除了促进科学家的洞察或消除理智不安的根源外而没有实现意图，那么我们便有发现；但是，如果在利用供给反应 A 的实物时，为了产生所需270 要的反应 B，我们怀有被期待的实际目的，并企图消除材料不便的根源,那么我们便有发明。**对反应关联的揭示**一语广泛得足以覆盖所有活动领域的发现和发明。它包括毕达哥拉斯作为几何学反应和算术反应的组合的命题,牛顿关于开普勒运动与反平方定律的关联的发现,它完美得如同在建造工具时察觉到某种微小而相称的改变,或者在染色工艺确立的方法中察觉到某种恰当的变化。

揭示未知面前新的事实领域只能由偶然的境况引起,在这种情况下**被觉察的**事实是通常未引起注意的事实。在这里,发现者的成就在于他的**敏锐的注意力**,这种注意力从它们的最短暂的标志中发觉偶发事件的异乎寻常的特征及其决定性的条件,[①]并发现把它们提交给严格的和充分的观察手段。属于这个项目之下的有:首次揭示电现象和磁现象;格里马尔迪观察干涉;阿拉戈发现,与在圆筒形盒子内的比较,在铜外罩内振动的磁针经受不断增加的牵制;傅科观察到,偶然受到撞击的棍棒在车床旋转时其振动面具有稳定性;迈尔观察到,在回归线处静脉血的红色增强;基尔霍夫借助钠灯的干预,观察到太阳光谱的 D 线扩大;舍恩拜因在用电火花裂解空气时,由散发的像磷的臭味中发现臭氧;所有这些事实——许多人无疑在**注意到**它们之前的若干时间内**看见**这些事实——都是通过偶然境况开创重大发现的例证,并把紧张的注意力的重要性置于明锐的眼光上。 271

但是,超越研究者预见的配合的境况不仅在探究的开始扮演显著的角色,而且它们的影响在探究执行中也是起作用的。以此方式,迪费在追究他设想的**一种**电的活动状态时,发现**两种**活动状

① 参见 Hoppe, *Entdecken und Finden*(《发现和发觉》), 1870.

态。菲涅尔通过偶然事件得知，在毛玻璃上接收的干涉光带在露天看格外好。双狭缝衍射现象显示相当不同于夫朗和费预料的现象，他在追究这一境况时导致光栅光谱的发现。法拉第的感应现象广泛地背离引起他做实验的最初概念，正好是这种偏离构成他的真正发现。

272　每一个人都思索某一问题。我们中的每一个人都能够通过来自他自己经验中的不大著名的例子，增加所引用的实例。我将只引用一个例子。在一次绕铁路弯道环行时，我偶尔看见房子和树木令人吃惊地明显倾斜。我推断，物体总的合成**物理**加速度**在生理上**作为竖直加速度起作用。过后，在尝试更仔细地探究这个现象时，并且只是在一个大回旋机器中探究这个的现象时，附带的现象把我引向角加速度的感觉、晕头转向、弗卢朗关于一段半规管的实验等，由此逐渐产生与方向感有关的观点，布罗伊尔和布朗也拥有这些观点；这一切起初在各个方面受到争议，但是现在在许多方面被看做是正确的，并且最近由布罗伊尔关于位觉斑（macula acustica）的有趣探究和克赖德尔关于可以磁取向的甲壳纲动物的实验加以丰富。[①] 不漠视偶然事件，而是径直地和有目的地使用它，才能推进研究。

记忆图像的心理关联——它随着个人或精神状态的不同而异——越强烈，富有成效的同一偶然观察就越适宜。伽利略知道，空气具有重量；他也了解“对真空的抗拒”，这在水柱的重量和高度

273　二者中表露出来。但是，这两个观念在他的心智中是分开留存的。

① 参见“论取向感觉”讲演，p. 282 以及其下等等。

这留给托里拆利变更液体的比重以测量压力，只是到那时空气才被列入施加压力的流体的清单中。在基尔霍夫之前，人们反复看见光谱线自蚀，并从力学上加以说明。但是，这只是留给他的明察秋毫的眼力识别这个现象与热问题的关联的迹象，唯有他通过坚持不懈的劳动，才揭示出关于热的动态平衡这个事实的广泛意义。接着，请设想一下，存在记忆要素这样丰富的有机关联，它是探究者最初的辨认标志，重要意义的下一步肯定是对明确的目标、明确的观念的**热切兴趣**，这种兴趣由先前无关联的要素形成思想的优势组合，并把那个观念强加给所做的每一个观察和所形成的每一个思想，从而使它参与到所有事物的联系之中。就这样，全神贯注于光行差课题的布拉德雷，被导致借助在横越泰晤士河时极其不引人注目的实验解决了它。因此，对科学探索的成功结果而言，询问偶然事件是否引导发现，或者询问发现是否是偶然的，是可以容许的。

没有一个人能够做梦解决重大的问题，除非他彻底地沉浸于他的课题，使得其他每一事物与之相比低落得无足轻重。在海德堡与迈尔的一次仓促会面时，约利以半信半疑的口吻含蓄地评论道：如果迈尔的理论是正确的，那么就能够通过摇动加热水。迈尔一句话也没有回答就离开了。几周后，他在未被约利认出的情况下，闯进后者的所在地呼喊："它是这样，它是如此！"只是在做了许多说明之后，约利才弄明白迈尔想说什么。偶然事件不需要评论。[①] 274

① 这个故事经由约利而与我有关，随后在他的来信中复述了。

一个对感觉印象麻木不仁的、唯一放弃对他自己的思想追逐的人，也可能点燃一种观念，该观念将把他的心理活动转向全新的渠道。在这样的实例中，它就是心理的偶然事件、理智的经验，这与物理的偶然事件有所区别；人把他的下述发现归因于物理的偶然事件：该发现在这里是借助于对世界的心理复制"演绎地"做出的，而不是在实验上做出的。而且，**纯粹**实验的探索并不存在，因为正如高斯所说，我们实际上总是用我们的思想做实验。因此，发现恰恰是实验和演绎不断的、正确的交替进行或密切结合，就像伽利略在他的《对话》和牛顿在他的《光学》中那样培育它；与古代的探究相比，这是近代科学探究令人欣喜的有效性的基础，而在古代，观察和思考像两个陌生人一样，常常追求它们各自的路线。

275

我们不得不等候有利的物理偶然事件的出现。我们的思想活动服从联想规律。在经验贫乏的实例中，这个规律的结果仅仅是确定的感觉经验的机械复制。另一方面，如果心理生活易受强烈而丰富的经验的持续影响，那么心智中的每一个有代表性的要素都与如此之多的其他要素关联起来，以至于思想的实际的和自然的路线很容易被无足轻重的境况影响和确定，这种境况偶尔是决定性的。于是，被叫做想象的过程产生它的千变万化的和无限多样的形式。现在，看看图像结合律超过我们达到的范围，为了指导这个过程，我们能够做什么呢？宁可让我们询问，强有力的和不断复发的观念能够把什么影响施加在我们思想的活动之上呢？按照前边所讲的东西，答案被卷入疑问本身之中。**观念**支配探究者的思想，而不是探究者的思想支配观念。

现在，让我们看一看，我们是否能够对发现过程获得更深刻的洞察。正如詹姆斯中肯评论的，发现的条件不像一个试图回忆他已忘掉的某一事物的人的状况。二者都可以察觉到间隙，并对缺少的东西只有模糊的表象。假定我在一家公司遇见一位出名的和慈祥的绅士，我却忘记他的名字，他面对我的震惊请求我向某人介绍他。我按照利希滕贝格法则开始思想活动，在他的名字的首个字母搜寻字母表。含糊的交感使我停住在字母 G。我试验性地添加第二个字母，并在 e 上被阻止；我早就尝试第三个字母 r；名字"Gerson"洪亮地在我的耳朵响起，我的极度痛苦消失了。在散步时，我遇见一位先生，从他那里得到交流的信息。返回房间，在专注于比较重要的事务时，这件事逃脱我的心智。我闷闷不乐，只是徒劳地仔细搜索我的记忆。最终我察觉，我再次在思想中正在从头至尾浮现我的散步。在所说的那个街角，同一先生站在我面前，复述他的信息。在这个过程中，所有的知觉对象相继地被召回意识，这些知觉对象与丢失的知觉对象关联在一起，最后这个知觉对象也被揭露出来。在第一个实例，即在已经产生经验并在我们的思想上持久地铭刻印象的实例中，**系统的**步骤是可能的和容易的，因为我们知道，一个名字必定是由有限数目的发音组成的。但是与此同时，应该观察到，包含在这样的组合任务中的劳动也许是庞大的，倘若名字很长而心智的响应比较微弱的话。

常听人说，科学家解开了一个**谜**，这并非完全没有道理。几何学中的每一个问题都可能披上**谜**的外衣。例如："具有特性 A、B、C 的 M 是什么东西？""切触直线 A、B，但在点 C 切触 B 的是什么圆？"头两个条件在想象力面前排列圆的群，其圆心处在 A、B 的对称线上。第三个条件使我们想起一切在直线上具有圆心的圆，该

直线在 C 与 B 成直角。两个图像群的一个**公共**项或多个公共项解开这个谜——满足该问题。处理事物或词语的难题引起类似的过程，但是它把在这样的实例中的记忆施加在许多方向上，并且环视比较多变的和较少清晰整理的观念领域。要做一个图形的几何学家的状况和面临一个问题的工程师或科学家的状况之间的差异在于这一点，即第一个在他十分娴熟的领域活动，而后二者却强使他自己随后熟悉这一领域，并部分地远远超越共同需要的东西。在这个过程中，机械工程师至少总是在他面前有一个确定的目标和实现他的目的的确定工具，而在科学家的实例中，目的在许多例子中只是以模糊的一般轮廓呈现出来。谜的真正形成常常依他而定。往往直到达到该目的，才能得到系统步骤需要的比较广阔的眼界。因此，他的成功非常大的部分是幸运的偶然性和本能。就其特征而言，不管上述过程在一个人的头脑中迅速得出结论，还是在接连不断的思想者的心智中度过数个世纪，都是不重要的。解谜一词对于那个谜拥有的同一关系，近代的光概念对于格里马尔迪、罗麦、惠更斯、牛顿、杨、马吕和菲涅尔发现的事实同样拥有；只是借助于这个唯一发达的概念，我们的心理眼光才可能包容上述事实的广阔领域。

278

文明史和比较心理学提供的对发现的可喜补足，可以在伟大的科学家和艺术家的坦白中找到。我们可以说，如李比希大胆宣称的，科学家和艺术家二者之间不存在本质的差别。我们必须认为列奥纳多·达·芬奇是科学家或是艺术家吗？如果说艺术家从几种动机(motives)出发创作他们的作品，那么科学家发现渗透实在的原动力(motives)。如果像拉格朗日或傅里叶这样的科学家在某种程度上是描述他们结果的艺术家，那么另一方面，像莎士比亚或雷斯达尔这样的艺术家在他们创造之先必须具有的洞察方面也是科学家。 279

当探问牛顿的工作方法，他能够给出的回答无非是，他需要再三沉思一个问题；达朗伯和亥姆霍兹也有类似的表达。科学家和艺术家都推举持久的劳动。此后，对一个领域的反复审视为有利的偶然事件的介入提供机会，使所有适合于精神状态或占优势的思想品性变得更有生气，并把所有不相宜的事物逐渐放逐到背景，使它们今后不可能出现；接着从自由的和高超的想象唤起的大量丰富而凸出的幻想中，与主导的观念、精神状态或意图完全和谐的特定形式突然显露出来。于是，作为逐渐选择的结果缓慢产生的东西正是它，仿佛它就是自由的创造行为的结局。当牛顿、莫扎特、理查德·瓦格纳以及其他人说，思想、旋律和和谐在他们身上源源而来，他们只是保留了正确的东西时，他们的陈述必须如此加以说明。无疑地，天才人物无论在何处只要有可能，也有意识地或本能地追求系统的方法；但是，在他的微妙的表象中，他将排除许多任务，或者在匆促试验后抛弃它，而较少具有某些天资的人则徒劳地在这种试验上耗费他的精力。因此，天才在短暂的时间间隔完成[①]的任务，常人要完成它们用整个一生还远远不够。如果我们把天才仅仅看做稍微偏离平均的心理天资，即只是具有较大的大脑反应敏感性和迅捷的反应能力，那么我们就未走入歧途。受 280

① 我不知道，斯威夫特的拉加多设计者学院——在这个学院中伟大的发现和发明是通过一种语词的掷骰游戏做出的——是否打算讽刺弗兰西斯·培根的做出发现的方法，即借助经文抄写员编制的庞大概要表格做出发现。它肯定不会是有恶意的。

其内在冲动控制的人为观念而做出牺牲，而不是致力于提高他们的物质福利，在真正的庸人看来，他们也许都像傻瓜；我们终归不能采纳隆布罗索[①]的观点——必须视天才为疾病，尽管不幸为真的是，敏感的大脑和虚弱的体质最容易死于患病。

C. G. J. 雅可比的评论说，数学缓慢地成长，它只有通过长期的、迂回的路线才达到真理，它的发现道路必定在先前很长时间已经准备好了，可是真理使它自己长期延迟出现，仿佛是受某种神圣的必然性驱使似的[②]——所有这一切对每一门科学都适用。注意到下述事实往往使我们感到震惊：为了达到真理，需要许多著名思想家整整一个世纪的联合劳作，我们要掌握它只用几个小时就行了，而且一旦获得真理，便极容易在正常类别的环境中达到。说句使我们蒙耻的话，我们得知，即使最伟大的人与其说是为科学诞生，还不如说是为生存而出生。甚至使他们受惠于偶然事件的范围，即受惠于身体生活和心理生活的奇异会合——在这种会合中心理生活对身体生活连续的、但却不完善的和永无止境的适应找到它的独特表达——的范围，也是我们今天评论的主题。对我们

281

① 隆布罗索(Cesare Lombroso，1835～1909)是意大利犯罪学家。他在担任帕维大学精神病学教授期间写出代表作《犯罪者论》，使对犯罪存在的法制主义成见转变到对罪犯进行科学研究。——中译者注

② “Crescunt disciplinae lente tardeque；per varios errors sero pervenitur ad veritatem. Omnia praeparata esse debent diuturno et assiduo labore ad introitum veritatis novae. Jam illa certo temporis momento divina quadam necessitate coacta emerget.”(这门学科缓慢地成长，经过种种错误才慢慢得出真理。为了引入新的真理，所需要的一切准备就是持久的和艰苦的劳动。现在无疑是必须出现奇迹的时候了。)引自 Simony, *In ein ringförmiges Band einen Knoten zu machen*(《在一个环形带中制造一个节点》), Vienna, 1881, p. 41.

来说，雅可比关于神圣的必然性在科学中起作用的诗化的思想，一点也不会失去它的崇高地位，倘若我们在这种必然性中发现消除不适合和培育适合的同一能力的话。因为比诗更崇高、更壮观、更浪漫的，是真理和实在。

十三　论取向感觉*

在探究者连续的合作中间，其中必须特别提及的是斯特拉斯堡的戈尔茨和维也纳的布罗伊尔；最近二十五年，在我们用以弄清我们空间中的位置和我们运动的方向，或者给我们自己取向——正如标题的短语[①]表达的——的知识中，已经做出显著的进展。我假定，你们已经熟悉这个过程的生理学部分，即用来关联我们的运动感觉的部分，或者更一般地讲，用来关联我们的取向感觉的部分。在这里，我愿意更特别地考虑该内容的物理学侧面。事实上，在我十分了解生理学之前，在我公正地追踪我的天然思想时，我起初是通过观察极其简单和众所周知的物理学事实被导致考虑这些问题的；而且我深信，如果你们跟随我的讲解，我所追求的和完全摆脱假设的道路将是最容易赢得你们大多数人的道路。

具有健全常识的人从来不会怀疑，使物体在给定的方向上运动需要压力或力，使运动中的物体突然停止需要相反的压力。虽然惯性定律由伽利略首次以完全的精确性系统阐明，但是在具有列奥纳多·达·芬奇、拉伯雷等人的印记的人之前很久，就知道以

* 1897年2月24日在维也纳自然科学知识传播协会上发表的演说。

① 这篇讲演的标题“ON SENSATIONS OF ORIENTATION”可以译为“论取向感觉”或“论定位感觉”。——中译者注

其为根据的事实，并被他们以恰当的实验加以说明。列奥纳多晓得，用直尺迅速一击，人们能够从阻止者的竖直柱状物中撞出单个的阻止者，而不会打翻柱状物。在覆盖高脚酒杯的一片纸板上静置一枚硬币，当猛拉纸板时，硬币便落入酒杯；该实验像所有同类型的实验一样，肯定是十分古老的。

由于伽利略，上述实验呈现较大的明晰性和威力。在使他失去自由的、关于哥白尼体系的著名对话中，他用大浅盘的水来回摇荡的类比，以措辞不贴切的、虽则原则上正确的方式说明潮汐。伽利略所处时代的亚里士多德学派的人相信，一个重物的下降能够被另一个重物叠加其上而加速；他在反对他们时宣称，一个物体从来也不会被放置在其上的一个物体加速，除非第一个物体以某种方式在它的下降中阻止被叠加的物体。试图借助另一个放置在它上面的物体施压于下落的物体，是毫无意义的，这就像力图用长矛刺一个人，而此时这个人却以与长矛相同的速度迅速离开长矛一样。即便这有点远离物理学，但是也能够向我们说明许多东西。你们知道一种特别的感觉：人从高跳板跃向水面时在下落过程中就有这种感觉，升降机开始下降和转动时人在某种程度上也能体验这种感觉。我们以某种方式肯定感觉到的我们身体不同部位的交互重力压力，在自由下落时消失了，或者在升降机的例子中，在下降开始时减小了。假如突然把我们运送到月球，那里的重力加速度比地球小得多，那么也会经历相似的感觉。我在 1866 年被物理学中的一个启示导致这些考虑，而且还注意到在上述例子中血压的改变；我发觉，我在不了解它的情况下与沃拉斯顿和珀基涅不谋而合。头一位早在 1810 年在他的克鲁尼安讲演中就触及晕船

284

285 的主题，并用血压的改变说明它；后者则在他对眩晕说明的基础上，提出相似的考虑(1820～1826)。[①]

牛顿第一个以完美的普遍性确切地阐明，一个物体只有在受力作用或受第二个物体作用的情况下，才能够改变它的运动速度和方向。欧拉首次明确推导出，这个定律的推论是，除非受力和其他物体的作用，从来也不能使一个物体**转动**或停止转动。例如，在你的手里有一个自由地来回摆动却逐渐停摆的手表，旋转这个打开的手表。摆轮不能充分地跟着急剧旋转，它甚至不充分地对发条的弹性力做出反应，原来弹性力显得太微弱了，以至无法完全用它带动摆轮。

让我们现在考虑，我们是借助腿使自己运动，还是车辆或船舶携带我们运动；起初，只是我们身体的一部分直接运动，此后头一部分使身体的其余部分运动。我们发现，压力、拉力和张力总是在这个活动的身体各部分之间发生，这些压力、拉力和张力产生一种感觉，借助这种感觉使我们进行的向前或旋转的运动变成可察觉的。[②] 286 但是，十分自然的是，如此熟悉的感觉不会受到注意；只有在特殊的境况下，在它们意外地或以异常的强度发生时，才能够把注意力引向它们。

---

① Wollaston, *Philosophical Transactions*, *Royal Society*(《皇家学会哲学会刊》), 1810. 在同一处，沃拉斯顿也描述和说明肌肉吱吱嘎嘎作响。我的注意力最近被 W. 帕谢尔斯博士吸引到这一工作。也可参见 Purkinje, *Prager medicin. Jahrbücher*(《布拉格医学年鉴》), Bd. 6, Wien, 1820。

② 相似地，许多外力并非同时作用在地球的所有部分，产生形变的内力起初只是直接作用于有限的部分。假如地球是一个有感觉的生物，潮汐和其他地球上的事件就会在它身上激起与我们运动的感觉相似的感觉。也许，现在正在调查的地极地平纬度的稍微改变，与由地震发生引起的中心椭面连续的稍微改变相关。

我的注意力正是这样被下落的感觉，随后被另外的异常事变吸引到这一点。有一次，我正在绕一个急转弯铁道转弯，当时我突

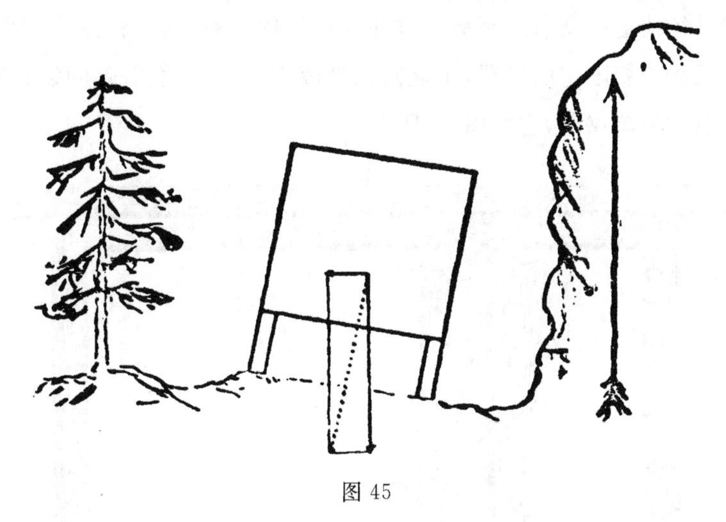

图 45

然看见沿着铁轨的所有树木、房子和工厂烟囱忽然偏离竖直方向，并显著地呈现倾斜姿势。迄今在我看来好像是极其自然的东西，即我们如此完美和明显地把竖直方向和每一个其他方向区别开来的事实，现在像谜一样震撼了我。相同的方向在我看来时而能够是竖直的，时而不能是竖直的，这究竟是为什么呢？对我们来说，根据什么区分竖直方向呢？(对照图 45) 287

这些轨道在铁轨的凸边或外侧抬高，以便抗拒向心力的作用，确保车厢的稳定；整体是如此安排，使得列车的重力与向心力的组合能够产生垂直于轨道平面的力。

现在，让我们设想，在所有境况下，我们以某种方式感觉到总的合成质量-加速度，无论出于何种原因它可以作为竖直的出现。

于是，寻常现象和反常现象二者将同样变得明白易懂。[①]

眼下我渴望提出一种观点，与在铁路旅行时可能的检验相比，我已经使这一观点达到更为方便和严格的检验，而在铁路旅行中人无法控制限定的境况，不能随意地改变境况。我相应地拥有所建造的简单仪器，它如图 46 所示。

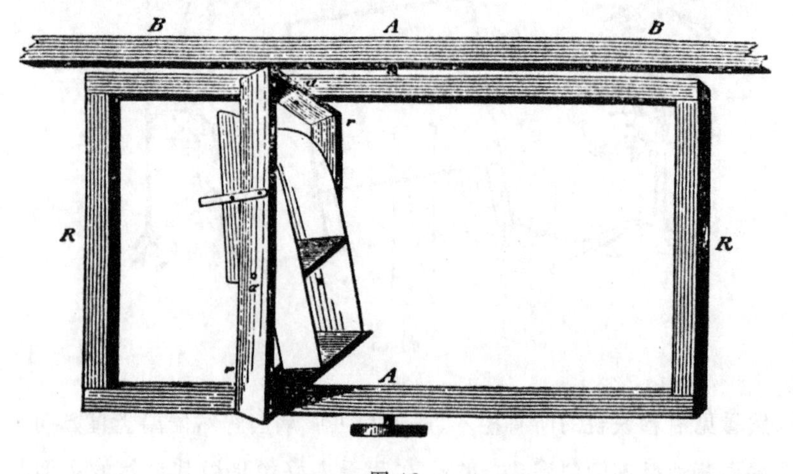

图 46

源自马赫的 *Bewegungsempfindunngen*(《运动感觉》)，Leipsic，Engelman，1875.

在一个钉牢在墙上的大框架 BB 中，第二个框架 RR 绕竖直轴 AA 转动；在后者之内，能够把第三个框架 rr 安置在离轴——使这个轴可静或可动——的任何距离和位置上，并为观察者装配

288

① 就用无意识的推断做通俗的说明而言，事态是极其简单的。我们把火车车厢视为竖直的，并且无意识地推断树木倾斜。当然，不幸的是，相反的结论——我们把树木看做是竖直的，并且推断车厢倾斜——在这个理论中是同样清楚的。

一个椅子。

观察者坐在他的椅子座位上；而且，为防止扰乱判断，他被封闭在一个纸箱内。如果此时使观察者与框架 rr 一起处于匀速转动，那么就方向和程度二者而言，他将截然不同地感觉并看见转动的开始，尽管缺乏外部可见的或可触知的每一个参考点。如果运动是匀速连续的，那么转动感觉会逐渐地完全止息，观察者将想象他自己处于静止。但是，如果把 rr 放置在转动轴之外，那么一旦转动开始，整个纸箱便产生极其明显的、容易察觉的、实际可见的倾斜，在转动缓慢时轻微倾斜，在转动急速时强烈倾斜；而且，只要转动持续下去，倾斜也会继续。对于观察者来说，要逃避察觉倾斜 289 是绝对不可能的，尽管在这里也缺乏一切外部的参考点。例如，如果使观察者停止以便面对轴观看，那么他会感觉箱子强烈向后倾侧；倘若总合成力的方向被察觉是竖直的，那么情况必然是这样。就观察者处于另外的位置而言，境域是相似的。①

有一次，在进行这些实验之一，并在如此长久转动之后，以至我不再意识到运动时，我突然促使器械停下来，于是我即时感觉和看见我自己随着整个箱子急速地陷入相反方向的旋转，虽然我知道整个器械处于静止状态，并且缺乏察觉运动的每一个外部参考点。应该使每一个怀疑运动感觉的人了解这些现象。假如牛顿知道它们，假如他始终观察到，在没有作为参考点的静止物体帮助的情况下，我们实际上如何想象我们自己在空间转动和移动，那么他

① 人们将注意到，我的思维和经验方式在这里与把奈特导向植物向地性发现和研究的方式有关系。*Philosophical Transactions*（《哲学会刊》），January 9，1806. 最近，J. 洛布研究植物向地性和动物向地性之间的关系。

290 肯定会比任何时候更加坚定地确信他关于绝对空间的不幸思索。

在使器械停止后相反方向转动的感觉，是缓慢而逐渐地止息的。但是，有一次在这件事情发生时，偶尔使我的头倾斜，我也观察到，就方向和程度二者而言，明显转动的轴以严格相同的方式都发生倾斜。因此，很清楚，转动的加速或减速被感觉到。加速度作为一种刺激起作用。不过，这种感觉像几乎所有的感觉一样，可察觉的持续时间比刺激长，即使它是逐渐减小的。因此，在器械停止后，明显的转动会继续长时间。不管怎样，使这种感觉持续的器官在头中必定具有它的处所，由于明显转动的轴不会以另外的方式呈现与头相同的运动。

此刻，如果我打算说，在做这些最新的观察时，启示之光在我身上掠过，那么这个表达可能是一个无力的表达。我应当说，我体验到光彩夺目、豁然开朗的景象。我想到我少年眩晕的经历。我记得弗卢朗关于野鸽和兔子内耳迷路的一段半规管的实验，这位探究者在那里观察到与眩晕相似的现象；但是，出于他对迷路听觉理论的偏见，他宁可把这些现象解释为引起痛苦的听觉干扰。我291 发觉，戈尔茨用他的半规管理论，几乎但并非完全击中靶心。这位探究者从遵循他自己的自然思想的幸运习惯出发，而不注重传统观念，在科学中厘清了如此之多的难题；早在1870年，他就实验涉及的领域发表如下言论："半规管是否是听觉器官，这是未确定的。在任何事件中，它们形成对保持平衡有用的器官。可以说，它们是头平衡的感觉器官，间接地是整个身体平衡的感觉器官。"我回忆起伽伐尼电眩晕，这是里特尔和珀基涅在使电流通过头部时观察到的，当时经历这个实验的人想象他们正在朝阴极跌倒。该实验被立即重复;后来某个时候(1874),我能够利用鱼客观地演示相同的实验,所有的鱼在电流场中像服从命令似的,都使自己斜向一边和同一方向。[①] 在我看来,米勒的比能(specific energies)学说现在似乎把这一切新的和旧的观察带进一个简单的、相关的统一体中。

让我们想象一下内耳迷路:它有三个处在三个相互正交平面上的半规管(对照图 47),探究者力图以每一个可能的和不可能的方式 292 说明它们的神秘位置。让我们构想壶腹神经或半规管可扩展的范围,它们用对每一个可以想象得到的刺激伴随转动感觉做出反应的能力配备起来,犹如眼睛的视网膜神经在受压力、电刺激或化学刺激激励时,总是伴随对光亮感觉做出反应一样;让我们进而想象,通常对壶腹神经的刺激是由半规管容纳的东西的惯性产生的,这些东西在半规管平面上适当转动时遗留在运动之后,或者至少倾向于在运动之后继续存在,随之施加压力。人们可以看到,按照 293 这一推测,所有单个事实——事实在没有理论的情况下似乎是如此多样和不同的个别现象——从这种单一的观点看变得清晰易懂了。

在我提出这一观念交流之后不久,[②]我满意地看到布鲁尔的论文面世了,[③]这位作者在论文中用截然不同的方法,在所有基本点上达到与我自己一致的结果。几周之后,爱丁堡的格鲁姆·布朗的研究成果发表了,他的方法甚至更接近我的方法。布鲁尔的

① 这个实验无疑与十年后 L. 赫尔曼描绘的用蛙的幼体所做的向电性实验有关。关于这一点,请对照我在 *Anzeiger der Wiener Akademie*(《维也纳科学院院刊》),1886, No. 21 的评论。最近的向电性实验应归于洛布。

② *Wiener Akad*(《维也纳科学院院刊》),6 November, 1873.

③ *Wiener Gesellschaft der Aerzte*(《维也纳医师协会》),14 November, 1874.

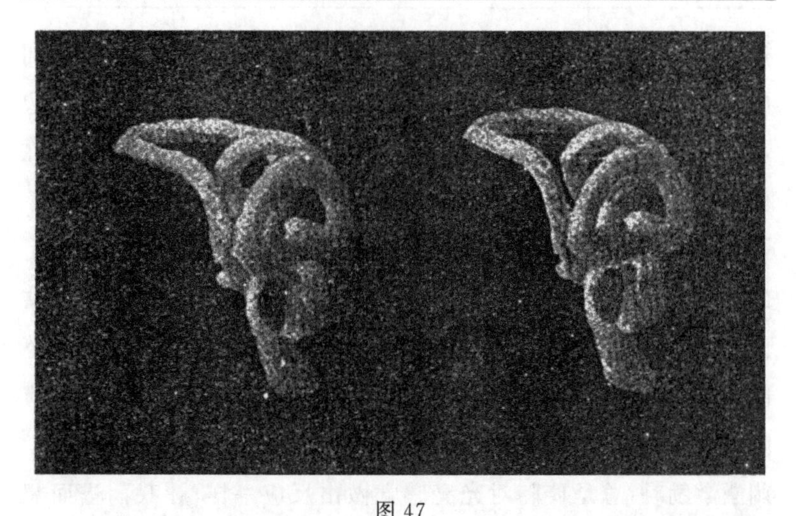

图 47

野鸽的迷路(立体地复制),源于 R. Ewald, *Nervus Octavus*(《第八神经》),Wiesbaden, Bergmann, 1892.

论文在生理学方面比我的远为丰富,他在关于反射运动的附带效应和眼睛在所考虑现象中的取向的研究方面特别进入到比较重大的细节。[①] 另外,作为对上述观点正确性的检验,我在我的论文中提议的某些实验,已经由布鲁尔完成了。在这个领域进一步的苦心经营中,布鲁尔也做出最高级的贡献。但是,在物理学方面,我的论文不用说更为完备。

为了从外表上描绘半规管的活动,我在这里建造了一个小仪器(参见图 48)。可转动的大圆盘表示骨状的半规管,它跟头骨是连续的;在大圆盘轴上有一个可以自由转动的小圆盘,它表示半规

294

① 在我的 *Analysis of the Sensation*(《感觉的分析》),(1886),英文版,1887 年中,我对最后这个问题做出了贡献。

图 48
阐述半规管作用的模型

管容纳的可动的和部分是液体的物质。在转动大圆盘时，正如你们看到的，小圆盘依然留在原处。在小圆盘因摩擦随大圆盘一起转动之前，我必须旋转数次。但是，如果我现在使大圆盘停止，正像你们看到的，小圆盘继续转动。

现在简单设想一下，小圆盘的转动，比如说按表针的方向转动，会产生在相反方向转动的感觉，反之亦然；于是，你们已经理解，上面陈述的部分事实是可靠的。即使小圆盘没有完成所估计的转动，而是被类似于弹性发条——发条的张力使感觉解除——的机械装置制止，上述说明依旧成立。此刻，请构想三个这样的具 295 有相互正交的转动平面的机械装置，它们连接在一起形成单一的仪器；再者，就作为一个整体的这个仪器来说，在它此刻未被可动的小圆盘或连接在小圆盘上的发条预示的情况下，不能传递转动。请构想右耳和左耳用这样一个仪器装备起来，你们会发觉，它适合半规管的一切效用，而你们在图47的野鸽耳中看见立体描绘的半规管。

我在我自己的身体上做过许多实验，按照上述模型的活动，从而按照力学法则，新观点能够预言这些实验的结果，我将仅仅引用其中之一。我把水平木板固定在我的转动器械的框架 *RR* 上，以右耳靠近木版躺在该框架上，并使器械匀速转动。只要我不再察觉转动，我就转身向着我的左耳，转动感觉立即以显著的鲜明性再次突然出现。能够认为这个经验像人们希望的那样经常发生。对于恢复在全然沉寂状态立即全部消失的转动感觉，甚至头稍微旋转一下也就足够了。

我们将通过模型模拟这个实验。我旋转大圆盘，直到最后小圆盘被带动随它一起转动。在转动继续匀速时，如果此刻我烧掉你们在这里看见的一根细线，那么小圆盘将因发条急速翻转到它自己的平面即180°，以至向你们呈现它的反面，此时转动马上在相反的方向开始。

296

因此，我们拥有十分简单的手段决定，人实际上是匀速的和难以察觉的转动的经受者，或不是经受者。如果地球转动比它实际上转动要急剧得多，或者我们的半规管灵敏得多，那么在北极睡觉的南森[1]在每次翻身时，他就会被转动感觉唤醒。在这样的境况

① 南森(F. Nansen, 1861～1930)是挪威的北极探险家、海洋学家和政治活动家，他曾经数次组织到北极探险。——中译者注

下，作为演示地球自转的傅科实验必定是多余的。我们借助我们的模型不能证明地球自转的唯一理由在于，地球的角速度太小，结果倾向于产生很大的实验误差。①

亚里士多德说过："所有事物中最甜美的是知识。"他是对的。但是，如果你们要设想，新观点的**发表**都产生无限的甜美，那么你们就会犯大错误。没有一个人用新观点扰乱他的同胞而不受惩罚。这一真相也绝不应该成为这些同胞指斥的根据。敢于变革关于任何问题的流行的思维方式，不是一项舒适的任务，尤其不是一项轻而易举的任务。提出新观点的他们完全知道，严重的困难耸立在他们的道路上。人们以诚实的、值得赞扬的热忱致力于探索与他们不相称的每一事物。他们试图发现，他们用传统观点是否不能更有效地说明事实，或者是否不能更近似地说明事实。而且，这也被证明是有正当理由的。但是，有时听到一些极端天真的责备，几乎使我们迷惑。"如果第六感官存在，它在数千年前就不应当未发现。"确实是这样；有一个时期，当时只可能存在七个行星！但是，我不相信，任何一个人会把任何重要的价值放在这样一个哲学疑问上：我们正在考虑的现象的集合是否应该被称之为感官。在名称消失时，现象并不会消失。有人进而对我说，存在没有内耳迷路、但是也能够使它们自己取向的动物，因而内耳迷路与取向无关。我们真的不是用我们的腿步行，因为蛇没有腿也驱使它们自

297

① 在我的《运动感觉理论的基本路线》(*Grundlinien der Lehre von den Bewegungsempfindungen*，1875)中，占有第20页从下端起的第4行到13行的内容基于一个错误，正如我在别处同样评论的，这一内容必须被一笔勾销。关于与傅科实验有关的另一个实验，请对照我的《力学》(*Mechanics*，p. 308)。

己行进!

但是,即使新观念的颁布者从它发表时起不能期望任何巨大的乐趣,不过他的观点经受的批判过程极其有助于它们的主要内容。必然依附于新观点的一切缺点被逐渐发现和消除。估计过高和夸张给更清醒的评价让路。于是,这样的事情发生了:人们发觉,把取向的一切功能全部归因于内耳迷路是不可容许的。在这些批判性的劳动中,德拉吉、奥伯特、布鲁尔、埃瓦尔德和其他人做出卓越的贡献。也能够出现这样的情况:在这个过程中,新颖的事实变得众所周知,这些事实能够被新观点预言,实际上被部分地预言,并相应地对新观点提供支持。布鲁尔和埃瓦尔德成功地用电流和器械刺激内耳迷路,甚至刺激内耳迷路的单一部位,从而产生属于这样的刺激的运动。情况表明,当缺乏半规管时,不能产生眩晕;当去掉整个内耳迷路时,头不再可能取向了;没有内耳迷路,不能引起电眩晕。早在 1875 年,我自己就建造了一个观察旋转中的动物的仪器,随后这种仪器被以多种形式发明出来,由此得到"轮转固定器"的名字。[①] 在用多种多样类别动物的实验中,情况表明,例如在开始时缺乏的半规管发育起来之前,蛙的幼体不易眩晕(K. 舍费尔)。大百分比的聋子和哑巴受内耳迷路严重病变的折磨。美国心理学家威廉·詹姆斯用许多聋哑受使试者做了回旋实验,在他们大多数中发现缺乏头晕的敏感性。他还发现,许多聋哑人在突然扎入水下时,他们因此失去重量,随之不再具有肌肉感觉的充分帮助,彻底丧失他们在空间的位置感觉,不知道哪个是向

① *Anzeiger der Wiener Akad*.(《维也纳科学院院刊》), 30 December, 1875.

上、哪个是向下，从而显得惊恐万状——这些结果在正常人身上不会发生。这样的事实是有说服力的证据，它证明我们并非完全借助内耳迷路使我们自己取向，内耳迷路对我们像它所是的那样重要。克赖德尔博士做了类似于詹姆斯的那些实验，发现不仅聋哑人在回旋时缺乏眩晕，而且也缺乏由内耳迷路正常引起的眼睛反射运动。最后，波拉克博士发现，在大百分比的聋哑人中并不存在电眩晕。既观察不到在里特尔和珀基涅实验中正常人显示的猛推猛拉运动，又观察不到眼睛的匀速运动。

在这位物理学家达到半规管是转动或角加速度的感觉器官的观念之后，他紧接着被强使探询在向前运动中察觉居间的加速度感觉的器官。在探索适合这个功能的器官时，他当然未倾向于选择与半规管没有解剖和空间关系的器官。此外，在那里还要权衡生理学考虑。一旦放弃**整个**内耳迷路在它的功能上是听觉的先入之见，那么在耳蜗留给声音感觉和半规管留给角加速度感觉之后，在那里还剩下履行另外功能的前庭。前庭特别是它的作为内耳迷路中的球囊而知的部位，由于它包含所谓耳石，在我看来似乎显著地适合于作为感觉向前加速度或头的位置的器官。在这个推测中，我再次与布鲁尔密切一致。 300

位置、方向和质量-加速度轴的那种感觉，我们在升降机中以及在弯曲线路上运动的经验，都是充足的证据。我也借助各种机械装置，尝试突然产生和消除向前运动的巨大速度，在这里我愿提及一种机械装置。当把我的身体装入与轴有某一距离的大回转器械的纸箱内时，如果我的身体处于我不再感觉到的匀速转动，并且我此时松开框架 rr 与 R 的连接，从而使前者可动，接着突然使大框架停止，那么在框架 rr 继续转动时，我的向前运动出其不意地301被阻止。我现在想象，我在与被制止的运动的方向相反的方向上沿着直线被加速。不幸的是，由于许多理由，无法令人信服地证明，上述器官在头中有它的处所。按照德拉吉的见解，内耳迷路与这种特殊的运动感觉无关。另一方面，布鲁尔具有这样的见解：在人身上向前运动的器官的发育受到阻碍，上述感觉的持续太短暂，以致不容许我们的刺激体验像在转动中那样明显。事实上，克拉姆·布朗在生理刺激的条件下，曾经观察到在他自身的奇异眩晕现象，这类现象都可以用转动感觉反常的长时间存留满意地说明；在火车车厢停止的类似实例中，我本人感觉到明显的向后运动，其强度惊人，时间格外长。

毫无疑问，我们感觉到竖直加速度的变化，而且在一批追随者看来，前庭的耳石是质量-加速度**方向**的感觉器官，似乎是极其可能的。因此，认为它不能感觉水平加速度，将与真正合乎逻辑的观点不相容。

在低等动物中，内耳迷路的相似器官蜷缩成充满液体、包含微小结晶体即听觉石或耳石的小囊，耳石具有较大的比重，被悬挂在302细微的毛状物上。这些结晶体在物理上好像完全适应指示两个方向——重力的方向和刚开始的运动方向。它们履行前一个功能，德拉吉通过低等动物的实验使他自己确信这一点；在去掉耳石时，这些低等动物便丧失它们的方向感，不再能够返回它们的通常位置。洛布也发现，鱼在没有内耳迷路的情况下，时而靠它们的腹部游，时而靠他们的背部游。但是，最著名的、最漂亮的和最有说服力的实验，是克赖德尔博士用甲壳纲动物进行的实验。按照亨森的观点，某些甲壳纲动物在自发地蜕皮时把细微的沙粒作为听觉石引入它们的耳石囊。经由S.埃克斯纳巧妙的建议，克赖德尔博士用铁锉屑(ferrum limatum)强使这些动物中的一些表演。如果使电磁体的磁极接近动物，那么在接通电流时，它立即翻转它的背部远离磁极，并伴随与眼睛的相称反射运动一起的移动，恰如使重力在与磁力相同的方向上施加到动物上一样。[①] 事实上，从归属于耳石的功能来看，这是应该被预期的东西。如果眼睛用沥青覆盖突然看不见了，听觉囊被除去了，那么甲壳纲动物便完全丧失它们的方向感，头朝下脚朝上地打滚，它们毫不在乎侧躺还是平躺。当仅仅覆盖眼睛时，不会发生这种情况。对于脊椎动物，布鲁尔通过彻底的研究证明，耳石或者更确切地讲平衡石，在平行于半规管平面的三个平面上滑动，因而完美地适应于指示质量-加速度大小和方向二者的变化。[②]

303

我已经评论过，并非取向的每一个功能全部地归因于内耳迷路。不得不浸没在水中的聋哑人和必须使它们的眼睛闭合的甲壳纲动物，如果他们(它们)全然不能取向，那么就是这个事实的证据。我在黑林的实验室看见一只瞎眼猫，对于不是十分聚精会神的观察者的人来说，它的行为与明眼猫完全相似。它灵活地在地

① 对我来说，这个实验特别有趣，因为我在1874年尝试用电磁体刺激我的内耳迷路，这就要使电流通过迷路，尽管这次试验具有非常小的可信度，而且没有成功。

② 也许关于猫的怪癖的讨论总是运气好，几年前巴黎科学院全神贯注于此，巴黎学会偶尔也为此忙碌，在这里将回忆这个讨论。我相信，所产生的疑问通过在我的*Bewegungsempfindungen*(《运动感觉》)(1875)中提出的考虑被处理了。早在1866年，我也部分地做出巴黎科学家构想的阐明上述现象的仪器。一个在巴黎争论中没有触及的困难被感觉到了。猫的耳石仪器不能在**自由**下降时提供服务。不过，猫在睡觉时无疑知道它在空间的位置，并且本能地意识到要靠它的脚使它躺卧的移动量。

板上滚动物体玩耍，好奇地把它的头伸进空抽屉，敏捷地跳到椅子上，以完美的精确性奔跑，穿过敞开的大门，从来不碰撞紧闭的大304 门。视觉感觉在这里被触觉感觉和听觉感觉迅速代替了。而且，从埃瓦尔德的研究来看，情况似乎是，即使内耳迷路被祛除之后，动物也能逐渐地再次完全学会以正常的方式走来走去，大概因为被去掉的内耳迷路的功能现在由大脑的某些部位执行。唯有肌肉的某些特有的功能衰弱是可察觉的，埃瓦尔德把这归咎于缺乏内耳迷路（内耳迷路音腔）以另外的方式不断发射的刺激。但是，如果大脑执行委托功能的部位被祛除，那么动物再次完全无法取向，绝对不能自制。

可以说，布鲁尔、克拉姆·布朗和我本人在1873年和1874年发表的观点，实质上是对戈尔茨的观念更充分、更丰富的发展，这些观点大体上已被证实。至少它们施加了有益的和激励的影响。不用说，在还等待答案的研究过程中，新问题产生了，许多工作依然要做。同时我们看到，在一个时期孤立的和生气勃勃的单独劳动之后，科学各个特殊部门重新开始的合作可以变得多么富有成效。

因此，可以允许我从另外的和更普遍的观点考虑听力和取向305 之间的关系。我们称之为听觉器官的东西在低等动物中只不过是包含听觉石的囊。随着我们升高等级，在耳石器官本身的构造变得更复杂的同时，一个、两个、三个半规管逐渐从它们中发育出来。最后，在较高等的脊椎动物中，特别是在哺乳动物中，后者的器官（听壶）的部位变成耳蜗，亥姆霍兹说明，它是音质的感觉器官。在相信整个内耳迷路是听觉器官的情况下，亥姆霍兹与他自己高明分析的结果相反，起初力图把内耳迷路的另一个部位解释为声音的器官。我在很久以前(1873)表明，每一个音质刺激通过把激发期间缩短为几个振动，都逐渐地丧失它的音调特征，并呈现尖锐的、枯燥的爆裂声或噪音。[①] 在音质和噪音之间的所有插入的阶段，都能够显示出来。由于实例是这样的，几乎不能设想，一种器官在功能上突然在某一给定点被另一种器官代替。在不同实验和推理的基础上，S. 埃克斯纳也认为，假定感觉噪音的特殊器官是不必要的。

要是我们仅仅深思，较高等动物内耳迷路的一部分在服务于听力感觉中表面上是多么小，另一方面，十分相似地服务于取向用途的一部分是多么大，而低等动物听觉囊的第一个解剖开端多么多地类似于充分发达的非听的内耳迷路部位，那么不可抗拒地使人想起布鲁尔和我(1874，1875)表达的观点，即听觉器官是通过适应微弱的周期运动的刺激从感觉移动的器官中获得它的发育的，在低等动物中有助于变成听力器官的许多组织根本不是听觉器官。[②] 306

好像看得出，这种观点是获益的基础。克赖德尔博士用精巧计划的实验得出结论：甚至鱼也没有听力；而在他所处的时代，E. H. 韦伯却把鱼鳔与内耳迷路结合起来的小骨，看做是从前者到后者明确预定传导声音的器官。[③] 斯特伦森也借助作为通过韦伯

---

① 参见我的 *Analysis of the Sensations*(《感觉的分析》)，Chicago，1897 年的英文版附录。

② 对照我的 *Analysis of the Sensations*(《感觉的分析》)，p. 123 及其以下。

③ E. H. Weber, *De aure et auditu hominis et animalium*(《人和动物的耳朵和听觉》)，Lipsiae，1820.

小骨传导震扰的鱼鳔,研究了声音刺激。他认为,鱼鳔是特别适合于接收其他鱼发出的声音,并把声音传导给内耳迷路。他听到南美河流中的鱼喧闹的咕哝声,并提出它们以这种方式相互引诱和寻找的见解。按照这些观点,某些鱼既不聋也不哑。① 在这里包307 含的疑问,大概可以通过在严格意义上的听力感觉和震扰感觉之间的截然区分加以解决。甚至在许多脊椎动物的实例中,第一个提及的感觉是极其有限的,甚至也许是绝对缺乏的。但是,除了听觉功能之外,韦伯的听觉小骨完全可以完满地履行某种另外的功能。正如莫罗表明的,虽然鳔本身在博雷利的简单的物理含义上不是平衡器官,可是毋庸置疑,这个特征的某种功能还是服务于它。与内耳迷路的联合有利于这一概念,于是大量的新问题在这里出现在我们面前。

我乐于以缅怀 1863 年的往事结束讲演。亥姆霍兹的《音质感觉》刚刚出版,耳蜗的功能当时对于整个世界来说似乎很清楚。在我与一位物理学家的私下交谈中,后者宣称它对力图弄清内耳迷路其他部位功能的任务几乎毫无帮助,而我却以青年人的无畏坚持,疑问能够得以解决,而且能够很快解决;不用说,尽管当时我对必须如何去做这件事还没有模糊的认识。

今天,在许多疑问上频繁而徒劳地尝试了我们的能力之后,我308 不再相信,我们能够迅速解决科学问题。无论如何,我不应该把"不知道"看做是谦虚的表示,而宁可视为相反的东西。这种表示

① Störensen, *Journ. Anat. Phys.* (《解剖生理学杂志》), London, Vol. 29, (1895).

仅仅对错误阐述的问题，因而仅仅对根本不是问题的问题而言，才是合适的表达。在一定的时候，在没有超自然预卜的情况下，完全借助精确的观察和周密的、彻底的思考，能够解决每一个真正的问题，并且将要解决每一个真正的问题。

309 # 十四 论伴随射弹飞行的一些现象*

"我带领我的衣服破烂肮脏的人到达雨点般地射击他们之处。"
——福斯塔夫[1]

"他只想看看他听到的嘈杂声。"——《仲夏夜之梦》

射击要在尽可能短的时间内，在彼此的身体上留下尽可能多的弹孔，而且并非总是出于完全不可原谅的目标和最终目的，这似乎导致现代人责任的庄严；现代人尽管异常不协调并从属于决然相反的目的，但是同样受到下述神圣义务的约束：要使这些弹孔尽可能地小，若造成弹孔则要尽可能迅速地止住伤口并使之愈合。由于射击和与其有关的一切是现代生活的十分重要的事务——即使不是最重要的事务，因此你们无疑不反对花费一个小时把你们的注意力转向某些实验，这些实验不是为了推进战争的目的，而是为了促进科学的目的进行的，这些实验有助于阐明伴随射弹飞行的一些现象。

310

* 1897年11月10日发表的演说。

① 福斯塔夫(Falstaff)是莎士比亚戏剧《亨利四世》和《温莎的风流娘儿们》中一个大胆、爱吹嘘、肥胖、快活、滑稽的人物。——中译者注

近代科学不是从思辨，而是尽可能由事实力求构造它的世界图景。它依靠观察证实它的构造。每一个新近观察到的事实都改善它的世界图景，构造与观察的每一个分歧都指出其中的某种不完善、某种缺漏。所看到的东西被用来检验所想到的东西，并被所想到的东西增补，另一方面所想到的东西无非是预先看到的事物的结果。因此，把我们仅仅在理论上设想的或在理论上推测的某种东西交给观察直接确认，即使之变得感官可以触知，始终是特别有吸引力的。

1881 年，在巴黎聆听比利时炮术专家梅尔桑的讲演时，他冒险猜测，以高速率运动的射弹在弹头携带被压缩的空气的质量，这些质量有助于在被射弹击中的身体产生某些众所周知的炸裂性质的事实；一种欲望在我心中产生了：用实验检验他的猜想，若该现象存在则使之变得可以察觉。这种欲望是比较强烈的，以至我能够说，所有实现它的手段都存在，我已经部分地就其他意图利用和试验过这些手段。

首先，让我们厘清必须克服的困难。我们的任务是，观察正在以每秒数百码的速度通过空间飞驰的子弹或其他射弹，以及子弹在周围大气中引起的扰动。甚至作为不透明体本身的射弹只有在下述境况下变得例外地可以看见：只有当它具有相当大的尺寸时，而且当我们以极大的透视缩短——以至速度明显减小——看见它的飞行路线时。当我们站在大炮后面，并沿着大炮弹的飞行路线镇静地观看时，或者在较少舒适的实例中，当大炮弹急速朝我们飞来时，我们能够十分清楚地看见它。不过，也有一种观察快速运动物体的十分简单和有效的方法，几乎没有什么麻烦，仿佛物体在它们的路

311

径某一点保持静止状态一样。该方法是在暗室中用持续时间极其短促的闪亮电火花照明的方法。但是,对于充分理智地理解呈现在我们眼前的图景而言,由于确定的、相当大的时间间隔是必要的,因此也将自然地使用瞬时摄影方法。于是,具有极其微小持续时间的图景被永久记录下来,在人们方便和闲暇时能够审查和分析。

与刚才提到的困难关联的还有另一个更大的困难,这个困难归因于空气。在通常条件下,大气一般是看不见的,即使在它静止之时。但是,向我们提出的任务是,使正在以高速运动的附加空气质量变成可见的。

312

为了一个物体是可见的,或者这个物体本身必须发光,必须闪耀;或者,必须以某种方式影响照射在它上面的光,必须完全或部分地承接那些光,吸收光;或者,必须对光有偏转影响,也就是反射或折射光。我们不能像看见火焰那样看见空气,因为空气只是例外地闪耀,比如在盖斯勒管中。大气是极为透明和无色的;因此,不能像看见黑色的或有色的物体,或者氯气,或者溴蒸气或碘蒸汽那样看见它。最后,空气对光具有如此之小的折射率和如此之小的反射影响,以致折射效应通常是全然不可察觉的。

玻璃棒在空气或在水中是可见的,但是它在与玻璃一样具有相同平均折射率的苯和二硫化碳的混合物中几乎不可见。粉末状的玻璃在同一混合物中具有鲜艳的色彩,因为折射率由于颜色分解对于穿过该混合物而不受阻碍的唯一一种颜色是相同的,而其他颜色却经受反复反射。[1]

---

① Christiansen, *Wiedemann's Annalen*(《维德曼年鉴》), XXIII. S. 298, XXIV., p. 439 (1884, 1885).

水在水中不可见,酒精在酒精中不可见。但是,如果把酒精与水混合,那么酒精在水中的絮凝条痕将立即可见,反之亦然。因此,以相似的方式,在有利的境况下也能看见空气。在被烈日晒热的屋顶上,物体震颤的抖动是显而易见的,这一点在炽热的火炉、辐射体和锅炉挡板上也存在。在所有这些实例中,具有稍微不同折射性的热空气和冷空气的微小震颤质量被混合在一起。 313

以相似的方式,在构成大块同一玻璃的低折射部分中,非均匀的玻璃质量部分即所谓的玻璃的条纹或缺陷的较高折射是容易发觉的。这样的玻璃就光学用途而言是不适用的,人们把特别的注意力专门用来研究消除或避免这些欠缺的方法。其结果,极其精密的检测光学缺点的方法得以发展,该方法即是所谓的傅科和特普勒方法,它也适合于我们目前的意图。

甚至惠更斯在试图检测被磨光的玻璃的条纹存在时,他在倾斜的照明下、通常在相当大的距离查看它们,以便给予像差以充分的余地,并求助望远镜以获取较大的精确性。但是,在 1867 年,特普勒利用如下做法,把这种方法推进到最完美的程度:小光源 a

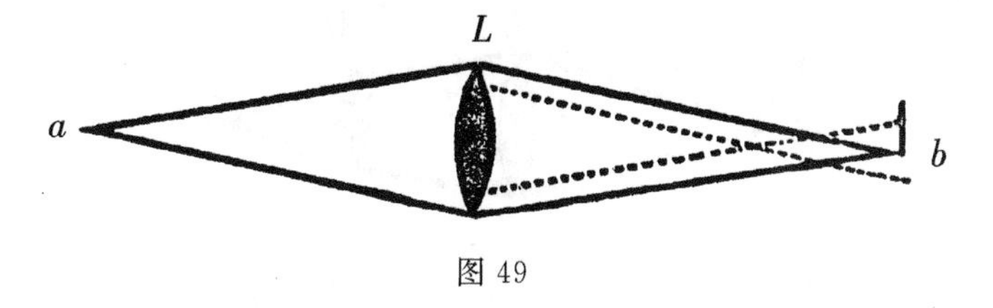

图 49

(图 49)照射透镜 L,透镜 L 投射该光源的像 b。如果眼睛如此放置,使得像落在瞳孔上,那么整个透镜若完美无缺,看来同样被照明,其理由在于它的所有点都向眼睛发出光线。只有在像差如此 314

大,来自许多疵点的光经由眼睛瞳孔通过的实例中,才使面式或均匀性的粗糙缺陷变得可见。但是,如果像 b 部分地被小滑动片的边缘拦截,那么透镜中的那些疵点在如此部分地变暗时,将似乎更明亮,它的光因其较大的像差不顾阻拦的边缘还是到达眼睛,而那些疵点好像将更暗,它们由于像差的缘故在其他方向上把它们的光完全投射到滑动片上。傅科先前为研究镜子的光学缺陷使用过阻拦滑动片,滑动片的这种巧妙设计大大提高该方法的精密度,特普勒利用滑动片背后的望远镜进一步使这种方法的作用加强了。因此,特普勒的方法享有惠更斯和傅科程序组合的一切优点。它是如此灵巧,以至透镜周围空气中的最微小的不规则性都能够变得清晰可见,我愿用一个例子表明这一点。我把一支蜡烛放置在透镜 L 前面(图 50),并这样排列第二个透镜 M,使得蜡烛的火焰在屏幕 S 上成像。只要阻拦滑动片被推到从 a 发出的光的焦点 b,你们就在屏幕上十分清楚地看到密度变化的像和火焰在空气中引起的运动的像。作为一个整体的现象的明晰性取决于阻拦滑动片 b 的位置。b 的移除增加照度,但却减少明晰性。如果移除光

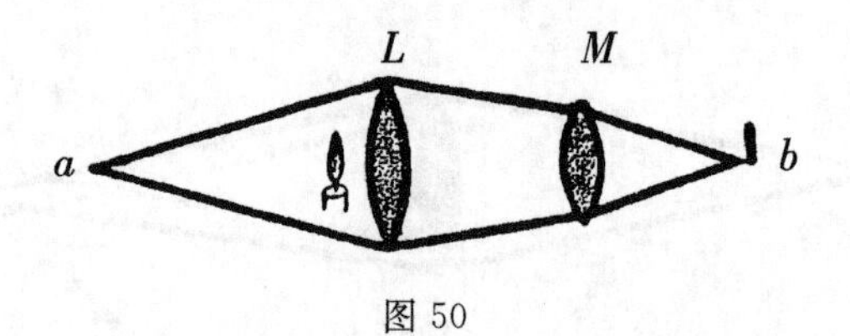

图 50

源 a,那么我们仅仅在屏幕 S 上看到蜡烛火焰的像。如果我们熄灭火焰,而容许 a 继续发光,那么屏幕 S 看来将被均匀地照亮。

按照这个原理,特普勒长期而徒劳地力图使因声波在空气中

产生的不规则性变得可见，此后伴随电火花产生的有利境况，最终引导他达到他的目标。借助这些方法，电火花在空气中产生的、并 316 伴随它们的劈啪爆炸的波具有足够短促的周期，这些波强烈得足以使其本身可见。于是，我们发觉，如何通过现象最纯粹的和最模糊的迹象，通过境况和方法的轻微渐进的和适当的改变，最后能够获得最令人震惊的结果。例如，请考虑一下像摩擦琥珀和现代大街的电灯这样两个现象。对把这两件事结合起来的无数微小联系一无所知的人，将绝对对它们的关联迷惑不解，他将仅仅像不熟悉胚胎学、解剖学和古生物学的普通观察者理解蜥蜴和鸟之间的关联那样理解它。通过这样的例子，探究者经过数世纪协作——在那里每一个人都可能采纳他的前辈工作的思路并向前延伸它——的高度价值和意义变得特别明显。而且，这样的知识也以可以想象的最清楚的方式从科学中消除旁观者可能接受的奇迹印象，与此同时，它对于科学工作者反对傲慢也是最有益的告诫。我也附加下述清醒的评论：倘若自然本身至少不提供某些把从潜藏的现象导向可观察事物领域的些微指引线索，那么我们所有的技艺都可能是徒劳的。从而不需要使我们诧异的是，一旦在特别有利的境况下，由几百磅氨爆炸药爆炸造成的极其强烈的声波，在阳光下可以投射直接可见的阴影，博伊斯最近告诉我们这一点。假如声波绝对不受光的影响，那么就不会发生这种情况，我们的一切巧妙 317 设计也都是徒劳的。因此很相似，法国炮术专家茹尔内曾经以十分不完善的方式偶然看见我正要向你们表明的伴随射弹的现象，当时这位观察者只是简易地用望远镜追踪光的路线，正像蜡烛火焰产生的波动在微弱的程度上也能直接看见，并在明亮的阳光下以阴影波的方式在均匀的白色背景上成像一样。

由傅科和特普勒发明的电火花产生的**瞬时照明**，也就是使小光学差异或条纹变得可见的方法——因而可以称其为**加条纹**法或**差异**法[①]——和最后用**照相**片**记录**像，因此这些是必然导致我们达到我们的目标的主要手段。

318

我在1884年夏天用打靶手枪进行我的实验，发射子弹穿过上面描述的有条纹的区域，注意射弹一段时间在该区域应该脱离来自莱顿瓶或富兰克林玻璃片照明的电火花，这种电火花在特别有目的地设置的照相片上产生射弹的效果。我毫无困难地立即得到射弹的像。我也容易地用我正在使用的较有缺陷的干板得到声波（电火花波）的非常精美的像。但是，没有看见射弹产生的大气冷凝。我现在测定我的射弹的速度，发觉它只有每秒240米，或明显地小于声速（声速是每秒340米）。我紧接着看到，在这样的境况下，不可能产生显而易见的大气压缩，因为任何大气压缩必然地必须以与声音相同的速度向前行进，因此总是在射弹前部并迅速前进远离射弹。

---

① 德语词组是 Schleierenmethode（纹影[照相]法），甚至美国物理学家经由这个术语也知道该方法。在英语中，它也被称为“阴影法”（shadow-method）。但是，一个术语必然将覆盖所有派生词，于是我们交替地使用词 striate（加条纹法）和 dufferential（差异法）。schleieren（纹影）的词源看来似乎是不确定的。它目前的用法是从它玻璃制造中的技术意义派生出来的，在此所谓 die schleieren 意指玻璃中起伏不平的条纹和缺陷。因此，它普遍地应用于检测小光学差异和缺点的方法。埃文斯顿的克鲁教授向译者建议，schleieren 可能与我们的 slur（L. G.，slüren，to Trail，to draggle）有关；这一猜想无疑是正确的，与在大德语词典给出的 schleieren 的意义和我们自己的动词 slur（有重影……）的不及物用法二者一致，缺点在于正在被想象为“trailings”（痕迹……）、“streakings”（条纹……）等等的疑问。——英译者

不管怎样，我如此完全地相信，存在所设想的超过每秒 340 米速度的现象，以至我请求在内罗海湾的奥地利港市阜姆的扎尔歇教授，着手用高速率飞驰的射弹做实验。在 1886 年夏天，扎尔歇教授与里格勒尔教授协力，在皇家帝国海军学院校长安排供他们处置的宽敞而适合的房间内，进行所指出的类型的实验，这些实验具有预期的精确结果，它们在方法上严格符合我做过的那些实验。事实上，这个现象完好地与我事先就该实验草拟的先验的现象梗概一致。由于实验继续进行，新的和未预见的特征注定出现。 319

当然，指望绝对第一的实验完美无缺和高清晰照片，大概是不公平的。保证成功，以及我使自己相信进一步的劳动和实验不会是徒劳的，这倒是足够的。因此，基于这个理由，我超乎寻常地感激上面提到的两位先生。

奥地利海军部接着在亚得里亚海的海港城市波拉安置了一门大炮供扎尔歇处置，我本人与我的当时是医学学生的儿子一起收到并接受了来自克鲁伯[①]的殷勤邀请，奔赴汉诺威的一个城镇梅佩恩，我们在那里用仅仅必要的仪器在露天大炮靶场进行了几个实验。所有这些实验提供了尚且良好和完备的图像。也做出某种微小的进步。不管怎样，我们在两个大炮靶场实验的结局使下述信念得以立足：真正良好的结果只能在特别适合于该意图的实验 320

① 克鲁伯（Alfred Krupp，1812～1887）是德国军火制造商，该厂商制造的克鲁伯火炮最为有名。现今在厦门胡里山炮台陈放的克鲁伯火炮，是当年清政府购自德国克虏伯兵工厂的一门巨炮。它的长度是 13.13 米，重 50 吨，口径 28 厘米，射程 1 万 6 千米。据说，这是世界上现存的唯一最大的古海岸炮，已列入“吉尼斯世界纪录”。——中译者注

室通过最谨慎的实验实施获得。在这里，大规模的实验花费昂贵并不是决定性的考虑，因为射弹的尺寸是不同的。给予相同的速度，结果是十分相似的，不管射弹是大还是小。另一方面，在实验室，实验者可以完美地控制初速度；倘若合宜的设备是现成的，那么通过改变射弹的炸药量和重量，能够随意简单地改变初速度。因此，我在我的布拉格实验室进行所需要的实验，一部分是与我的儿子共同做的，一部分是后来他一个人做的。后半部分实验是最完美的，因而我在这里将只详细地讲解这些实验。

给你们图示的仪器，是在暗室安装的检测光学条纹的。为了不使描述太复杂，我将只给出仪器的基本特征，而全然不顾较微小的细节，这些细节对实验的技术执行比对它的理解更为重要。我们让射弹在它的路线上飞驰，相应地通过我们差分的光学仪器的区域。在到达该区域中心时（图 51），射弹脱离照明电火花 a，这样

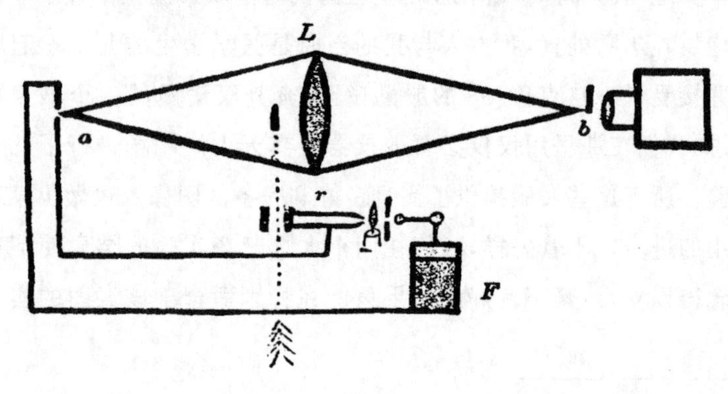

图 51

产生的射弹的像经拍摄留存在照相机的底片上，而照相机则安放在阻拦滑动片 b 的背后。在最后的和最好的实验中，透镜 L 被维

也纳的 K. 弗里奇(从前的普罗克施)制作的球形镀银玻璃镜代替,因此仪器自然比它在我们的示意图中出现的更复杂了。正在被仔细对准的射弹,穿越两个竖直的绝缘金属线——金属线与莱顿瓶 F 的两个敷层连接——之间的差分的区域,并且完全填满使莱顿瓶放电的金属线之间的间隔飞驰而过。在差分仪器的轴上,有第二个间隙 a,该间隙提供照明火花,间隙的像落在阻拦滑动片 b 上。正在引起种种扰动的差分区域中的金属线随后被去掉。在 322 新的安排中,射弹穿过一个环(参见图 51 用点构成的线)进入空气,它在空气中产生尖锐的脉冲,脉冲作为具有近似每秒 340 米速度的声波在管 r 内向前传播,通过电屏幕的缝隙向前,使处于管的另一个开口的蜡烛火焰倾斜,并使莱顿瓶放电。管 r 的长度如此调整,使得放电发生在射弹进入现在充分明净和空余的可见区域的时刻。我们也将不顾下述事实:为了完全保证实验的成功,大莱顿瓶首先被火焰放电;而且由于第一次放电的作用,招致具有十分短暂周期——其间提供实际照明射弹的电火花——电火花的第二个小莱顿瓶放电。来自大莱顿瓶的电火花具有可察觉到的持续时间,而且由于射弹的高速度,电火花只提供模糊不清的照片。通过仔细地节约使用差分仪器的光,而且因为以这种方式到达照相底片的光比别的方式到达它的更多这一事实,我们能够以不可思议小的电火花得到漂亮的、优质的和清晰的照片。图像的轮廓看来是十分纤细和十分分明的、紧密毗连的双线。从它们的相互距离以及射弹的速度来看,发觉照明或电火花的持续时间是 1/800000 323 秒。因此很显然,使用机械喀嚓滑动片的实验不能提供名副其实的结果。

现在让我们首先考虑如图 52 描绘的草图中的射弹图像，然后

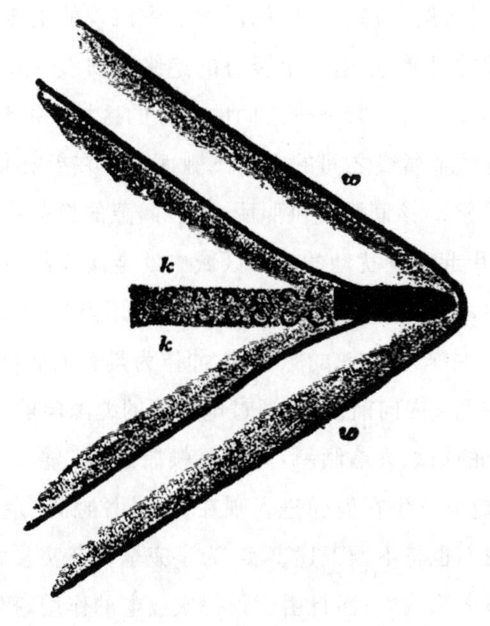

图 52

让我们像在图 53 看见的它的照相底板中审查它。后者的图像来自奥地利曼利歇尔步枪的射击。如果我不告诉你们该图像描绘什么的话，那么你们十分可能把它想象为迅速通过水面运动的船的鸟瞰图。你们在船头看到舷波，在船体后边看见一种密切类似于在船的尾波中形成的旋涡。而且，作为一个无可否认的事实，从射弹尖端流出的黑暗的双曲面弧实际上是被压缩的空气波，除了空气波不是表面波这个例外，这种波严格类似于通过水面运动的船产生的舷波。空气波是在大气空间产生的，它以壳的形式在各个侧面包围射弹。该波出于同一理由是可见的，即围绕我们以前实

324

验的蜡烛火焰的、已被加热的空气壳是可见的。摩擦加热的空气圆柱射弹以涡旋环的形式甩掉的摩擦加热的空气圆柱，实际上对船的尾波中的水做出反应。

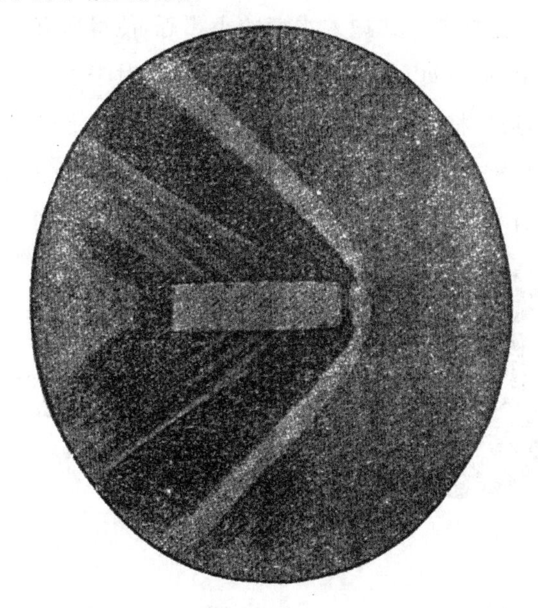

图 53

现在，正像缓慢运动的船不产生舷波，除非在船以速度大于表面波在水中传播的速度运动才能看见舷波一样，以相似的方式，只要射弹的速度小于声速，压缩波同样在射弹的前部是看不见的。但是，如果射弹的速度达到并超过声速，那么正如我们将要称呼的头部波在力量上显著增大，并且越来越延伸，也就是说波的轮廓与飞行方向构成的夹角愈来愈减小，恰如当船的速度增加时，与舷波有关的相似现象被注意到一样。事实上，由如此拍摄的瞬时照片， 325

我们能够近似地估计射弹飞驰的速度。

船的舷波说明和在大气空间运行的物体的头部波说明，二者都基于惠更斯以前早就使用过的同一原理。请设想若干按规则的时间间隔以这样的方式抛入水塘的小漂砾，使得所有击中点处在同一直线上，而且每一个接续击中的点位于对于右侧较远的短距离。于是，第一批击中的点将提供最大的波圆，它们中的全部一起将在它们最密集的地点形成一种密切类似于舷波的丰饶角饰。326 (图 54)若小漂砾越小，它们相互接续得越快，相似则越大。如果

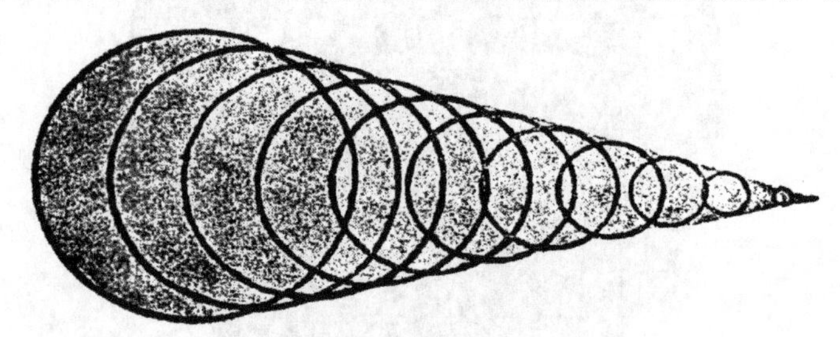

图 54

把一根杆子伸入水中，循着它的表面迅速提起，那么可以这么说，小漂砾将不断下沉，我们将拥有真实的舷波。如果使压缩空气波处在水的表面波的地点，那么我们将拥有射弹的头部波。

此刻，你们可能有意于说，观察飞行中的射弹是十分美妙的和有趣的，但是它有什么实际用处呢？

确实，我回答说，人们不能用拍摄的射弹进行战争。而且，我同样经常地不得不对参加我的物理学讲演的医学学生说，当他们探究某一物理观察的实践价值时，“你们不能用它治愈病人，先生们。”在学校应该为磨坊主教多少物理学，我也曾经发表过我的见

解，认为必须在那里把讲授**严格地**限定在对于磨坊主来说是必要的东西之内。我被责成回答："磨坊主总是严格地**需要**像他**知道**的那样多的物理学。"人们不能使用他们并不拥有的知识。 327

让我们预先和盘托出这样的考虑：作为一种普遍情况，每一步科学进展，每一个被阐明的新问题，我们关于事实的知识的每一次延伸和丰富，都为实际的追求提供更可靠的基础。让我们宁可提出一个特殊的疑问：从我们关于在包围射弹的空间发生的现象理论了解推知某种真正实用的知识，这是不可能的吗？

对于大气压缩包围飞行的射弹弹头的声波特征，曾经研究声波或拍摄声波的物理学家不会有丝毫怀疑。因此，我们干脆称这种压缩为头部波。

了解这一点后，随之而来的是，梅尔桑的观点是站不住脚的；按照梅尔桑的观点，射弹随它本身携带空气的质量，它强使这些质量进入被击中的物体。向前引导的声波不是向前运动的物质质量，而是向前运动的运动形式，恰如水波或麦田波只不过是向前运动的运动形式，而不是水的质量或小麦的质量移动一样。

关于差分实验，我不能在这里论及，但是将在图 55 中粗略地加以描述；所发现的情况是，上述的钟形头部波是一个极薄的壳，相同的压缩是十分有限的，几乎不超过大气的十分之二。因此，由于如此轻微程度的大气压缩，对于在射弹击中的身体中的爆炸效应不会有什么疑问。例如，伴随步枪弹丸造成伤口的现象，不能像梅尔桑和布施说明它们那样加以说明，而要像科赫尔和雷格尔坚决主张的，把这些现象归之于射弹本身的冲击效应。 328

一个简单的实验将表明，空气摩擦所起的作用或所猜想的伴

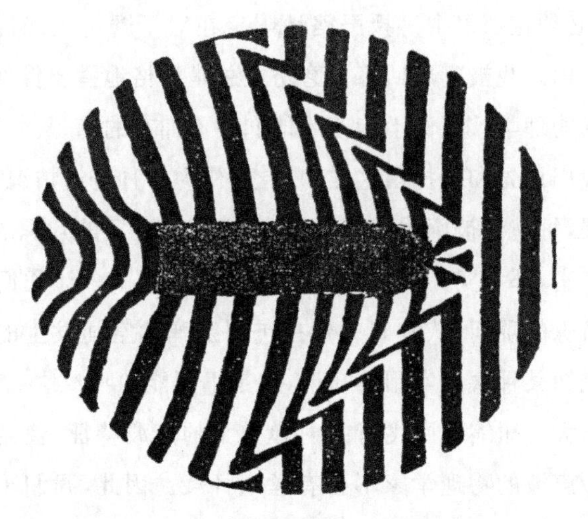

图 55

随运动射弹的空气的输送是多么重要。如果在射弹通过火焰即可
329 见气体时拍摄它的照片,那么将看见火焰像任何固体一样,不分裂和不变形,而是被平滑地和干净地穿孔。在火焰的内部和周围,将看见头部波的轮廓。只有当射弹在它的路线上行进相当大的距离,而且受到在弹丸后面加速的炸药气体或位于炸药气体之前的空气的影响后。火焰的摇曳、熄灭等等才会发生。

审查头部波和承认它的声波特征的物理学家也看到,所研究的波与电火花产生的短暂而尖锐的波属于同一类型,它就是**噪声波**。因此,任何头部波的任何部分无论何时传入耳朵,它都会作为爆炸声被听到。外观指向这样一个结论:射弹随它本身传送这种爆炸声。除了这种以射弹的速度前进、并且如此经常以大于声速的速率行进的爆炸声外,必定还能听到爆炸的炸药的劈啪声,该声音以通常的声速传播。从而将听到两次爆炸，每一个在时间上是不同的。这个事实长期被实际观察者误解，其时只是习以为常接受的荒诞说明受到注意，最终我的观点被作为正确的观点被公认，所述的境况在我看来本身就是对下述断言充分的辩护：像我们在这里谈论的研究，即使在实践方向上也不是绝对不相干的。大炮 330 发射的闪光和声音被用来估计炮兵的距离是众所周知的，它必定会导致推断，在这里包含的事实的任何不清楚的理论概念，将严重影响实际计算的正确性。

对于初次听到一次射击由于两个不同的传播速度而有两次爆炸声的人来说，可能感到很惊讶。但是，思考一下小于声速的速度的射弹不产生头部波（因为给予空气的每一个冲击严格以声速向前传播，也就是在前边传播），那么在逻辑地进展时就能充分阐明上面提及的特殊境况。如果射弹比声音运动得快，那么它前边的空气不能足够迅速地从它退去。空气被压缩和加热，正如大家知道的，在其上声速增加，直到头部波与射弹本身一样急速向前行进为止，以至不需要传播速度的任何另外的增加。如果听任这样的波完全自便，那么它会在长度上增大，不久转换为以较小的速度传播的普通声波。但是，射弹总是在它后边，从而把它维持在适当的密度和速度。即使射弹穿透截获和阻挡头部波的一片纸板或木板，正如图 56 所示，在新近成形的而不是新近产生的露头顶点立即出现头部波。我们可以在纸板上观察头部波的反射和衍射，借助火焰可以观察它的折射，结果就其本性而言不能留下怀疑。

此刻，请容许我借助从较陈旧的和较少完善的照片中选取几 331 张粗略的图样，图示地阐明一下最基本的观点。

332

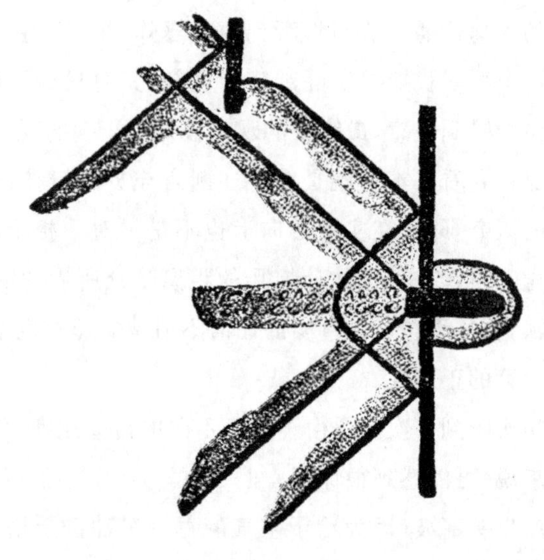

图 56

在图 57 的略图中,你们看见刚刚离开步枪枪管的子弹触及一根金属线,并脱离照明火花。你们在子弹的顶点已经看见强大的头部波的开端,在波前你们看见透明的蘑菇状集束。这后者是被子弹强使从枪管出来的空气。圆形的声波、马上被子弹超过的噪声波也从枪管涌出。但是,在子弹后面,不透明的炸药气体烟雾向前冲出。几乎没有必要接着说,用这种方法可以研究冲击力学中的其他问题,例如研究诸如炮架的运动。

法国杰出的炮术专家 M. 戈索,以截然不同的方式应用这里给出的头部波观点。测量射弹速度的实践是使射弹通过在它的路线的不同点上放置的金属丝屏幕,通过划破这些屏幕在落下的平333 板或转动的鼓轮上引起电磁报时信号。戈索使这些信号直接由头

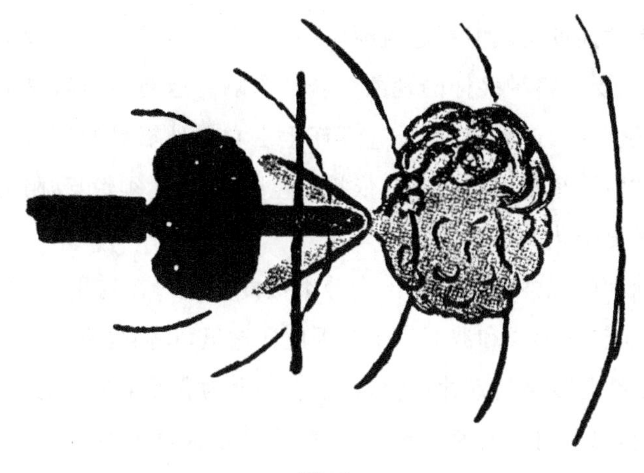

图 57

部波的冲击造成，如此撤除金属屏幕，并维持该方法直至能够测量在高空行进的射弹的速度，在高处金属丝屏幕的使用是完全不可能的。

物体在其中行进的流体和空气的阻力定律形成一个极其复杂的问题，这个问题作为一个纯粹哲理的内容能够简单地和巧妙地加以推断，除非在实践中未呈现少数困难。具有速度 2、3、4……的相同的物体在相同的时间间隔 2、3、4……迫使排出所在时间的相同的空气质量或相同的流体质量，并另外给予它以 2、3、4……所在时间的相同的速度。但是，就此而言很显然，需要 4、9、16……所在时间的原来的力。因此，一般认为，阻力随速度的平方增加。这都是十分巧妙的、简单的和明显的。不过，实践和理论在这里有势不两立之处。实践告诉我们，当我们增加速度时，阻力定律变化。对于速度的每一部分，定律是不同的。

334

有才能的英国海军建筑师弗劳德阐明了这个疑问。弗劳德表明，阻力受到多种多样的现象组合的影响。运动中的船取决于水的摩擦。它引起涡流，此外它还产生由它向外辐射的波。这些现象中的每一个都以某种方式依赖于速度，因此无须惊讶，阻力定律必定是复杂化的定律。

前面的观察就射弹提出十分类似的见解。在这里，我们也有摩擦、涡流的形成和波的产生。因此在这里，我们也不会对空气的阻力定律是复杂的定律而惊奇，或者不会为获悉下述情况而困惑：实际上，只要射弹的速度超过声速，阻力定律就发生变化，因为这是一个准确之点，在该点一个重要的阻力要素即波的形成首次开始起作用。

没有一个人怀疑，尖头子弹比钝头子弹以较少的阻力穿过空气。照片本身表明，头部波对于尖头子弹是比较微弱的。类似地，并非不可能的是，将发明产生较小涡流等等的子弹的形状，我们也将凭借照片研究这些现象。根据我在这个方向所做的几个实验，我具有这样的主张：在速度十分大时，通过改变射弹的形状能够做的并不是很多，但是我没有透彻地探索这个问题。我们正在考虑的类型的研究肯定会有利于实际的大炮，同样可以肯定，炮术专家大规模的实验将对物理学具有毋庸置疑的益处。

凡是有机会细察枪炮和射弹的惊人的完善、威力和精确的人，都不得不承认，高水平的技术成就和科学成就在这些对象中找到它的化身。我们可能完全地沉溺于这种印象，以致片刻忘却它们服务的恐怖意图。

因此，在我们分别之前，请允许我就这一显眼的对照讲几句话。当今时代产生的最大战争狂人和缄默不语的人都曾经断言，持久和平是一个梦，而且不是一个漂亮的梦。我们可以把在这些事务上的判断给予深刻的人类研究者，我们也能够正确评价士兵极度厌恶过于漫长的和平引起的停滞不前。但是，需要一种强烈的信念：在没有希望和期望国际关系大大改善的情况下，中世纪的野蛮状态是无法克服的。想一想我们的祖先和那个时代吧：当时暴力政治处于至高无上的支配地位；当时在同一地域和同一国家内，残忍的攻击和同样残忍的自卫是普遍的和不言而喻的。这种事态变得如此暴虐，以至许许多多的境况最终迫使人们结束它，而在完成这项工作中，多半是大炮不得不讲话。可是，暴力政治的统治毕竟没有如此迅速地被废除。它只不过转换为其他暴力政治。我们不必沉湎于卢梭型之梦。法律的问题依然在某种意义上永远是强权问题。即使在作为一个原则问题给予每一个人同样权利的美国，按照斯特洛的中肯评论，投票权只是对暴力政治比较温和的代替。我也不需要告诉你们，我们自己的公民中的许多人还迷恋原有的老方法。然而，随着文明的进步，人们的交往逐渐采取比较文雅的形式；从来没有一个真正了解真实古代的人会真诚地希望他们再次倒退到古代，不管古代在绘画和诗歌中可能被描绘得多么美妙绝伦。

336

然而，在民族的交往中，旧的暴力政治还占据至高无上的支配地位。但是，由于它的统治正在极度地对民族理智的、道德的和物质的资源横征暴敛，在和平时期比在战争时期几乎没有减少负担，胜利者比被征服者几乎没有减少枷锁，因此它必然变得越来越不可忍受。所幸的是，理性不再为那些庄重地称呼他们自己是上流社会的人独有。在这里正像在每一个地方一样，罪恶本身将唤起理智的和伦理的力量，这些力量注定要减轻它。任由种族和民族337仇恨尽其可能地肆虐，而民族交往还将更加密切地增加和成长。与把民族分开的问题相比较，要求未来人的独特力量的伟大而共同的理想将陆续更加显著、更加有力地显露出来。

十五　论古典著作和科学的教育*

338

也许最为异想天开的命题，是声誉卓著的柏林科学院院长莫佩尔蒂为得到当代人的赞同曾经提出的命题：为了教育和训练年青学生，兴建一座应该只说拉丁语的城市。莫佩尔蒂的拉丁语城市依旧是一个徒然的希望。但是，在诸多世纪，拉丁语和希腊语的**建制**存在着，在其中我们的儿童耗费他们年轻有为时期的相当大一部分，该建制的氛围甚至越过它们的围墙，经常地围困

339

---

* 1886年4月16日在多特蒙德德国男子实科中学联合会代表大会上所做的演讲。演讲的完整题目是“论古典著作和数学物理科学在学院和中学相关的教育价值”。

虽然该演讲的内容实质上包含在我1881年在萨尔茨堡自然科学家会议所做的演讲（因巴黎博览会而延迟）和我1883年发表的“预备学校中的物理学教育”系列讲座的引言中，但是德国男子实科中学联合会的邀请给我提供了第一次机会，把我关于这个论题的观点提交到大范围的读者面前。由于演讲的地点和境况，我的评论最初当然只适合于德国中学，但是由于在这篇译文中稍微做了修改，它们对于其他国家的教育也不是无能为力的。在把这里的表达归于很久以前形成的强烈信念时，使我深感满意的是，发现它们在许多要点与保尔森（*Geschichte des gelehrten Unterrichts*（《深奥课程发展史》），Leipsic, 1885）和弗拉里（*La question du latin*（《起因于拉丁语的疑问》），Paris, Cerf, 1885）最近以独立的形式提出的观点一致。在这里讲许多是新的东西既不是我的愿望，也不是我的努力所在，而仅仅把我的绵薄之力贡献给完成在初等教育中现在准备的不可避免的革新。按照有经验的教育家的看法，这次革新的第一个成果将是，在德国中学的高年级和其他国家相应的建制中，使希腊语和数学成为交替任选的课程，就像在丹麦杰出的教育体制中所做的那样。于是，在德国的古典中学和德国实科中学之间的沟壑，或者一般地在古典学校和科学学校之间的沟壑之上能够架起桥梁，因此依旧不可避免的转变将会相对和平和平静地实现。（布拉格，1886年5月）

他们。

数世纪间，古代语言教育受到热情的培育。数世纪间，它的必要性交替地得到拥护和争辩。比以往的权威声音更强烈，现在出现了反对古典著作教育在力量上的优势，支持更适合于时代需要的教育，尤其是赞成较为宽宏大量地对待数学和自然科学。

我接受你们的邀请，在这里就古典著作和数学物理科学在学院和中学的相关教育价值讲话；我发觉，我的正当理由在于每一个教师担负的责任和紧迫需要——他从他自己的经验形成对这个重要问题的看法，虽然部分地也在于我年青时的特殊环境——我正好在进入大学前仅有的短时间内亲身受到学校生活影响，因此有充裕的机会观察各种各样的不同方法对于我本人的作用。

现在，我们转而审视一下古典著作教育的鼓吹者提出的论据，以及物理科学教育的拥护者接着引证什么；此时，就列举的第一个340 论据而论，我们发觉我们自己处在相当茫然不解的境地。因为这些人在不同的时期是不同的，甚至现在他们也具有五花八门的特征，这一点必定是人们提出他们可能想出的一切的所在，以支持现存的和决定他们不惜任何代价保留的教育。在这里，我们将发现许多明显被提出的东西，为的是给无知者的心智留下深刻的印象；也发现许多诚实提出的东西和并非完全没有根据的东西。通过考虑下述论据，我们将获得所运用的公平推理观念：首先是从与起初引入古典著作相关的历史境况中成长起来的论据，最后是作为偶然的事后思考继之提出的论据。

*　　　*　　　*

正如保尔森[①]详细证明的，拉丁语教育是由罗马教会随基督教一起引入的。古代科学贫乏不足的残迹也用拉丁语传达。无论谁希望获取这种古代教育，即当时唯一名副其实的教育，拉丁语对他来说都是独一无二的和不可或缺的工具；这样的人要跻身有教养的人之中，就必须学习拉丁语。

罗马教会广泛传播的影响造成多种多样的结果。在一切都是令人高兴的那些人中间，我们可以借助拉丁语保险地考虑建立一种民族之间的**一致性**和正常的国际交流，这在从15世纪到18世纪推进的共同文明工作成果中把民族联合起来极为有用。于是，拉丁语长期是学者的语言，拉丁语教育是通向通才教育的道路——一个还在使用的口号，尽管它在很长的时间内是不恰当的。 341

对于作为一个社会等级的学者来说，也许对拉丁语停止作为国际交流媒介感到遗憾。但是，依我之见，把拉丁语丧失这种功能归咎于它本身无能力容纳在科学发展过程中出现的许多新观念和新概念，则是完全错误的。大概很难找到一个像牛顿这样的以许多新思想丰富科学的近代科学家，可是牛顿知道如何用拉丁语十分正确、十分精确地表达那些观念。如果这种观点正确，那么它对于每一个活着的语言也适用。原来，每一种语言都必须使自己适应新观念。

更为可能的是，由于贵族的影响，拉丁语作为科学的文字载体被取代了。由于贵族需要通过比拉丁语较少使人厌烦的媒介，享

---

① F. Paulsen, *Geschichte des gelehrten Unterrichte*（《深奥课程发展史》），Leipsic, 1885.

342 用文学和科学的成果,他们普遍地为人们做出无懈可击的服务。尽管对科学语言和文献的了解局限于一个社会阶层的时代现在已经一去不复返了,而这种了解在这个阶段也许做出了近代最重要的进展。今天,当国际交往不顾所使用的许多语言而牢固地建立起来时,再也不会有人想到重新引入拉丁语了。①

古代语言适宜于方便地表达新观念,可以由下述事实得到证明:我们的大部分科学观念,像拉丁语交往的这个时期的幸存物一样,都具有拉丁语和希腊语的名称,即使当今在很大程度上,科学观念还被授予出自这些来源的名字。但是,从这些术语的存在和使用推出,就使用它们的所有人而言,还有必要学习拉丁语和希腊语,这就把结论推进得太不着边际了。所有合适的和不合适的术语——在科学中存在大量不适合的和怪异的组合——都仰赖约定。基本的事态是,人们应该把符号所赋予的精确观念与符号联系起来。一个人是否能够正确地推究**电报**、**正切**、**椭圆**、**进化**等词的由来无关紧要,倘若他在使用它们时在他的心智中呈现正确的观念就行了。另一方面,不管他多么充分了解它们的词源,如果他 343 缺乏正确的观念,那么他的知识对他来说将毫无用处。请求普通的和受到相当教育的古典学者从牛顿的《原理》和惠更斯的《时钟》中翻译几行给你们,你们将立即发现,语言知识仅在这样的事情中起极其次要的作用。词与思想不联系,依然只不过是声音。使用希腊语和拉丁语名称的风尚——因为只能这样称呼它——在历史

① 在下述事实上存在特殊的命运嘲弄:当莱布尼兹为普适的语言交往的新媒介物想方设法时,对这个意图依然最为有用的拉丁语言越来越退出使用,莱布尼兹本人对这个结局没有做出最小的贡献。

上有自然的根源。它不可能在实践时突然消失，但是近来显著地开始废弃它。术语**气体**、**欧姆**、**安培**、**伏特**等在国际上通用，但是它们既不是拉丁语，也不是希腊语。只有把非本质的和偶然的外壳评估得比它的内容还要高出一筹的人，才能纵论因为这样的理由学习拉丁语或希腊语的必要性，而闭口不谈在这个任务上要花八年或十年时间。关于这样的问题要求的一切信息，一本词典不是在几秒钟之内就能够提供给我们吗？①

无可争辩的是，我们的近代文明承接了古代文明贯穿的主线，344 在许多要点它在后者停止的地方开始，数世纪之前古代文化的遗存曾是欧洲现存的唯一文化。当然，那时古典教育实际上是通才教育、较高级的教育、理想的教育，因为它是**唯一的**教育。但是，当同一主张现在为了古典教育而被唤起时，它由于失去所有的根据受到毫不妥协的辩驳。由于我们的文明逐渐获得它的独立性；它把自己远远提升到古代文明之上，并且普遍地进入新的进步方向。它的显要、它的独有的特征是一种启蒙，这种启蒙来自过去数世纪

---

① 作为一个规则，人的大脑过多地和错误地担负可以更方便地和更准确地保存在书籍里的事情，它们能够以瞬间注意在书籍中找到。最近，来自杜塞尔多夫的尤德格·哈特维希在给我的信中写道："存在一大群是不折不扣的拉丁词和希腊词，这些词汇被受过良好教育的人完全正确地使用，而他们从来没有给他们教古代语言的好运气。例如，像词'dynasty'(王朝、朝代)等词汇。儿童正当他学习词汇'父亲'、'母亲'、'面包'、'牛奶'时，他是作为共同的说话语系的一部分，甚或是作为他的母语的一部分学习这样的词汇的。普通人知道这些萨克逊语的词汇的词源吗？把仅有的一点微光投射到我们自己母语起源和成长的格林兄弟和其他日耳曼的历史比较语言学家，难道不需要几乎难以置信的工业？此外，成千上万的所谓拥有古典教育的人，难道每时每刻不使用他们并不知道其起源的大量的外来词汇？他们之中真正没有几个人在词典查寻这样的词汇时，认为它是有价值的，尽管他们喜欢断言，人们应该仅仅为了词源的缘故学习古代语言。"

伟大的数学和物理学研究；它不仅渗透实际的技艺和工业，而且也逐渐找到了它通向所有思想领域的道路，其中包括哲学和历史、社会学和语言学领域。在哲学、法律、艺术和科学中还能够发现的古代观点的那些痕迹，与其说起帮助作用，还不如说起妨碍作用，它将不会长期滞留在独立的和更自然的观点的发展面前。

345 因此，古典学者认为他们自己今天是有教养的杰出阶层，责备不理解拉丁语和希腊语的所有人是未受教育的，抱怨与这样的人无法进行有益的交谈，如此等等，不一而足，这就使他们变得不健康了。最令人开心的故事已经传播开来，用以说明科学家和工程师的教育有缺陷。例如，据说一位有名望的探索者曾经宣布，他打算用“frustra”[①]一词支持大学讲演的自由方针；据说一位花费他的闲暇时间收集昆虫的工程师宣称，他正研究“语源学”。的确，按照我们的精神状态和气质，这种角色的插曲使我们感到战栗或觉得好笑。但是，我们必须承认，在下一时刻，在对这样的情感失去控制时，我们只不过屈从于幼稚的先入之见。在使用这样一知半解的表达时，显露的是鉴赏力的欠缺，肯定不是教育的欠缺。每一个直言不讳的人都供认，有许多知识分支，对此他最好是缄默不语。我们不会如此不宽恕，以致掀翻餐桌，并讨论古典学者在谈到科学时在科学家和工程师身上可能造成的印象。很可能，关于他们和更为严肃的含义，有人可能讲述过许多荒唐可笑的故事，这可以充分补偿其他派别不策略的蠢话。

① 该拉丁词的意思是错误地，徒然地，无效地，无目的地，无根据地。——中译者注

我们在这里遇到的彼此判断的严厉，也能够使我们深切地感到，一种真正自由的文化实际上是多么缺乏。在相互之间的这种态度中，我们还可以察觉某种狭隘的、中世纪的等级地位的傲慢，在那里人们根据言者的特殊视角以学者、士兵或贵族的身份开始讲话。在其中没有发现关于人类**共同**任务的见识和正确评价，在文明的伟大工作中没有发现关于需要相互帮助的情感，没有发现心智的宽广，没有发现真正自由的文化。 346

拉丁语知识，部分地也有希腊语知识，对于几种职业的成员来说还是必要的，这些职业就其本性而言或多或少直接与古代文明有关，例如法学家、神学家、历史比较语言学家、历史学家，并且一般而言，对少数不得不在刚刚过去的数世纪的拉丁语文献中寻找资料的人也是必要的，我时时把我本人计算在他们之内。① 但是，寻求较高教育的所有年青人应该如此过多地为这个理由追求拉丁语和希腊语，打算成为医生和科学家的人应该到有缺陷教育的甚或坏教育的大学，他们应该被迫仅仅来自**不**给他们提供适当的预备知识的学校，这些说法就有点走火入魔了。 347

*　　　　*　　　　*

在给出学习拉丁语和希腊语的条件后，它们的高度重要性便

① 站在远离法律职业的立场上，我不应该冒险宣称，希腊语学习对于法学家不必要；可是，在高级别职业法学家紧接着这个讲演的争论中，这个观点被采纳了。按照这种见解，在德国实科中学获得的预科教育，对于未来的法学家也是充分的，仅仅对于神学家和历史比较语言学家是不充分的。[在英格兰和美国，不仅希腊语不是必要的，而且拉丁法是如此特殊，甚至具有**良好**古典教育的人也不能理解它。——英译者注]

不存在了，传统的全部课程自然而然地得以保留。再者，人们认识和注意到这种教育方法的好的和坏的不同后果，而在引入它时却没有一个人想到过。作为惯常的现象，那些对保留这些学习具有强烈兴趣的人，出于不懂得其他东西，或者出于依靠它们生存，的确太乐于强调这样的教育的好结果了。他们指向好结果，仿佛用该方法有意识地对准它们，仿佛只能通过该方法的力量获取它们。

学生可以从正确进行的古典著作的路线中得到的一个实际好处也许是，展现了古代丰富的文学财富，密切了由两个先进国家拥有的世界概念和世界观点。一个阅读过和理解了希腊和罗马作者的人，其感觉和经验比局限于目前印象的人要多一些。他看到，处于不同境况的人对同一事物的判断与我们今天所做的判断多么迥异。因而，他自己的判断变得更独立。再者，在白天劳累之后，希腊语和拉丁语作者无可争辩地是再创造、启发和理智愉悦的丰富源泉，个人——一般而言简直是整个文明的人类——将依然时时感激他们。谁没有愉快地回忆尤利西斯[①]的漫游呢，谁没有喜悦地聆听希罗多德的简朴叙述，到底谁对了解柏拉图的对话或鉴赏卢奇安[②]的非凡幽默感到后悔呢？谁会放弃他从西塞罗[③]的书信、

348

① 尤利西斯(Ulysses)是古希腊史诗中英雄 Odysseus(奥德修斯，或译俄底修斯)的拉丁名。他在特洛伊战争中献木马计，使希腊军队获胜；古希腊史诗《奥德赛》中的主人公。——中译者注

② 卢奇安(Lucian，约 120～约 180)是 2 世纪希腊修辞学家、讽刺作家，主要作品有《神的对话》、《冥间的对话》等。他的文风以机智辛辣著称，对当时罗马帝国黄金时代的文学、哲学和文化生活的虚伪和荒唐进行了巧妙而激烈的批评。——中译者注

③ 西塞罗(Marcus Tullius Cicero，公元前 106～前 43)是罗马政治家、律师、古典学者、作家，主要著作有《论演说术》、《论共和国》、《论法律》等。他遗留下 900 多封书信，其中有 835 封是他本人写的，不少流传后又遗失。——中译者注

从普劳图斯[①]或泰伦提乌斯[②]那里获得的对古代私人生活的一瞥呢？苏埃托尼乌斯[③]的描绘对谁不是不朽的回忆呢？事实上，谁愿意扔掉他曾经获得的**任何**知识呢？

可是，仅仅从这些源泉汲取的人，只知道这种文化的人，确实没有权力武断其他一些文化的价值。作为个人研究的对象，这种文献是极有价值的，但是作为我们年青人教育的几乎独有的手段是否同样有价值，则是不同的问题。

我们应当从中学习的其他民族和其他文献难道不存在吗？我们的第一个教师难道不是自然本身吗？就希腊人把世界划分为“希腊人和野蛮人”的褊狭地方性而言，就他们的迷信而言，就他们的对圣贤的无穷质疑而言，我们最高的典范难道必须总是希腊人吗？亚里士多德没有从事实学习的能力，而具有词语技巧；柏拉图具有沉重的、冗长的对话，具有无趣的、有时幼稚的辩证法；他们难道不可超越吗？[④] 罗马人冷淡漠然，用令人作呕的和言过其实的 349

① 普劳图斯(Plautus，约公元前254～前187)是古罗马著名喜剧作家，与泰伦提乌斯齐名。主要作品有《安菲特律翁》、《一罐金子》、《商人》、《凶宅》、《吹牛军人》等。——中译者注

② 泰伦提乌斯(Terence，公元前186/185～前161)是古罗马著名喜剧作家。在短暂的一生中，他共写了六部诗剧：《安德罗斯女子》、《婆母》、《自责者》、《阉奴》、《福尔弥昂》、《两兄弟》。——中译者注

③ 苏埃托尼乌斯(Suetonius，约69～约122后)是古罗马传记作家、文物收藏家。主要著作有《名人传》、《诸恺撒生平》等。——中译者注

④ 柏拉图和亚里士多德著作具有薄弱的方面，这是我在阅读这些著作的德语译本时强加在我的注意力之上的。不用说，这里强调他们的弱点，我并未打算低估这两个人的伟大功绩和高度的历史重要性。他们的意义不必用下述事实衡量：我们的思辨哲学在很大程度上还在他们的思想路线上运行。更为可能的结论是，这个分支在过去两千年只做出很小的进步。自然科学在数世纪也暗含在亚里士多德思想的罗网中，并把它的兴起归因于抛弃了这些羁绊。

话语激起浮华外表,他们的哲学眼光短浅、平庸低级,疯狂地追求感官刺激,在折磨动物和人时显露出残忍的和兽性的放纵,对他们的臣服者蛮横虐待、恣意劫掠,他们难道是值得模仿的榜样吗?或者,普林尼[1]引证助产士作为权威,并使他本人站在他们的视点上,我们的科学难道也许要用他的著作开导自身?

此外,如果确实达到对古代世界的了解,那么我们就会与古典教育的鼓吹者达成某种协议。但是,协议仅仅是向我们的年青人提供的词语和形式,以及形式和词语;甚至附带的问题被强使塞入同一僵硬方法的紧身衣之中,并造成词语技巧即十足的机械记忆的技艺。真的,我们感到我们自己把时钟回拨了一千年,倒退到中世纪阴暗的修道院小屋。

350

这种状况必须改变。有可能通过更简短的路径了解希腊人和罗马人的观点,而不必通过用八年或十年时间习得词形变格、动词变位、分析和即席发言的抑制理智的过程去了解。今天,有大量受教育的人,他们通过良好的译本获得了比我们古典中学和学院的毕业生更生动、更清楚、更公正的古代传统观点。[2]

对于我们现代人来说,希腊人和罗马人像所有其他人一样,仅仅是考古学和历史学研究的两个对象。如果我们以栩栩如生的图

---

① (老)普林尼(Pliny, 23~79)是古罗马作家。据说,他一共写了七部作品,但是仅存的只有《博物志》以及其他片段。《博物志》成书于77年,共7卷,涉及大量的自然科学。——中译者注

② 我片刻也不想坚持认为,我在译本阅读希腊作者与在原著阅读他取得完全相同的益处;但是,在我看来,可能对大多数不是职业的历史比较语言学家的人而言,这种差别即在第二种情况下超额的收获代价太高了,不值得花费八年的宝贵时间去购买。

景、而不仅仅以只言片语把他们放在我们年青人面前，那么效果就能得到保证。当我们在学习文明史的近代研究结果后接近希腊人时，我们能够从他们那里得到全然不同的乐趣。当我们用自然科学知识以及关于石器时代和史前时期湖上居民的信息装备起来时，我们能够大相径庭地阅读希罗多德的许多篇章。我们的古典教育**自命**给予我们的东西，将借助必须提供的适用**历史**教育，能够而且实际上以更加富有成效的结果给予我们的年青人，这种历史教育不仅仅提供人名和数字，也不只是提供王朝和战争的历史，而在该词的每一个意义上是真实的文明史。

虽然一切"高级的、理想的文化"，我们世界观的一切扩展，是 351 通过历史比较语言学研究获取的，在较小的程度上是通过历史研究获取的，可是由于数学和自然科学的有用性，因而不应该忽视它们，这样的观点依然广泛流行。这是一种我必须拒绝赞同的见解。假如人们从几个古老而破碎的罐子碎片，从雕刻的石碑或发黄的羊皮纸文稿，比从自然的所有其余部分能够学到更多的东西，能够汲取更加理智的营养，那才是不可思议的呢。的确，人是人的首要关切，但是他不是他的唯一关切。

在终止把人视为世界的中心时，在发现地球是围绕太阳旋转的陀螺、而太阳和它一起急速离开进入无限的太空时，在察觉恒星中存在与地球相同的元素时，在处处遇见相同的过程、而人生仅仅是这个过程的沧海一粟时——在这样的事件中，也存在我们世界观的扩大、启迪和诗篇。在这里，也许有比在受伤阿瑞斯[①]的吼

① 阿瑞斯（Ares）是希腊神话中的战神，相当于罗马神话中的战神玛耳斯（Mars）。——中译者注

叫、迷人的卡里普索[①]岛或环绕地球的洋流更宏伟和更有意义的事实。了解这两个思想领域的人只应该谈论二者的相对价值，谈论它们的诗意。

在某种程度上，物理科学的"实用性"仅仅是产生科学的理智352飞翔的**伴随**产物。然而，分享近代工业技术实现东方神话世界的人，没有一个会低估科学的实用性，更不用说在没有他的帮助或了解的情况下，这些财宝仿佛从第四维倾泻到他身上的人了。

我也不可能相信，科学仅仅对实际人有用。科学的影响渗透在我们的所有事务，我们的整个生活；科学的观念处处都是决定性的。不管律师、议员或政治经济学家的想法多么不同，但是他们都知道，比如一平方英里最多产的土地用其每年消耗的太阳热只能支撑有限数目的人类生存，技艺或科学不能增加这一点。根据这样的知识，可能使开辟进步的新空中路线(air-paths)——在该词字面意义上的空中路线——的许多经济学理论变得不可能。

* * *

古典教育的颂扬者喜爱强调的是，培育源于对古代模特职业的品味(taste)。我坦率地承认，在这方面存在着在我看来绝对反感的东西。为了形成这种品味，我们年青人于是必须牺牲他们一生中的十年！奢侈品优先于必需品。未来的几代人面对必然遇到并且必须以坚强的心智和心态应付的困难问题即大量的社会疑问

① 卡里普索(Calypso)是荷马《奥德赛》中的一海中女神，截留奥德修斯在其岛上居留七年，甚至用使他永生的诺言也未打消他思乡的念头。最后，她奉宙斯之命放他回家。——中译者注

时，他们难道没有比这更重要的责任要履行吗？

但是，让我们假定，这个目标是值得向往的。品味能够通过法规和戒律形成吗？美的理想不变吗？一些事物——假如我们拥有这样的属于**我们自己**的事物——多半与我们的思想和情感的仰赖不相干，而用它们的所有历史趣味，用它们在个别之点的所有美，迫使人的自我意识人为地赞美这些事物，这难道不是惊人的荒谬吗？一个确实是这样的民族具有他自己的品味，它也不能求助其他民族赞同这种品味。每一个有个性的完善的人都有他自己的品味。[①] 353

品味的这种培养究竟在于什么？在于获得几个优秀作家的个人文字风格！一个人偏要强迫一千年之后的年青人通过多年实践掌握今天一些成功的律师或政治家转弯抹角或夸夸其谈的风格，我们应该对他有什么看法呢？我们难道不应该公正地指责他们可悲地缺乏品味吗？

这种想象的品味培养的不幸结果常常充分地表现出来。认为科学论文的创作是修辞学的运用而不是事实和真理的简单和朴素描述的年轻**专家**，还无意识地停留在经院席位上，还不知不觉地讲述罗马人的观点，而罗马人则把雕章缋句的演说视为庄重的科学 354

① 尤德格·哈特维希写道："在我看来，认为希腊、罗马时代古人的'品味'是如此宽厚和卓绝的诱惑，似乎主要起源于这样的事实：古人在裸体美术作品方面是胜过一切的。第一，由于他们对人的身体持续的关切，他们产生了著名的模特；第二，在他们的体育馆和体育比赛中，他们经常在他们眼前拥有这些模特。因此，毫不奇怪，他们的雕像依然激起我们的赞美！就外形而言，人的身体的理想典范在诸多世纪的进程中没有变化。但是，关于理智的内容，情况完全不同了；从一个世纪到另一个世纪，甚至从一个十年到另一个十年，它们发生变化。现在，十分自然，人们可能无意识地使用如此容易看见的东西即雕塑作品，作为古人的高度发达品味的普适标准——这是一种谬见，按照我的判断，这是不能过分强烈地告诫人们抵御的谬见。

(!)工作。

*　　　　*　　　　*

我绝不会低估演说本能的发展和增强对我们自己语言理解的价值，这种增强的理解来自历史比较语言学家的研究。根据对外国语的学习，尤其是对与我们的语言迥然有别的语言的学习，词的符号和形式首先与它们表达的思想之区别泾渭分明。不同语言最密切的可能对应的词，从来不会绝对地与它们代表的观念重合，而是轮廓鲜明地突出同一事物的稍微不同的方面，通过语言学习注意力被指向这些少许差异。但是，坚决主张拉丁语和希腊语学习是达到这个目标最富有成效的和和最自然的途径，更不用说是**唯一的**途径了，却远非可采纳。任何一个人都可以给予自己几个小时与中文语法结伴的愉悦，任何一个人都愿意力图使自己厘清中国人的言语和思维模式——中国人就分析吐字清晰的声音而言从未取得进展，而停留在音节的分析上，因此对他来说，我们的按字母顺序的字符是莫名其妙的难题，而且他借助带有可变的强调和位置的少数音节表达他的丰富而深刻的思想——这样的人也许会在语言和思想的关系上获得新颖的和极其明确的观念。但是，我们的儿童因此应该学习中文吗？肯定不应该。于是，不再应该把拉丁语的重负加在他们身上，至少在他们负担的限度内不应该如此。

对**译者**而言，用现代语言以最为忠实的意义和表达复制拉丁语思想，是一项漂亮的成就。而且，因为译者的工作成绩，我们应该十分感谢他。但是，要求每一个受教育的人都具有这种技艺，而不考虑它使人承受的时间和劳动的牺牲，则是没有道理的。正是因此之故，正如古典教师承认的，除非在拥有有特殊才能和勤奋不懈的学者的罕见实例中，这个理想从未完美地达到。因此，在不忽视作为一种职业学习古代语言的高度重要性情况下，我们依然可以确信，作为每一个通才教育一部分的演说的本能能够而且必须以不同的方式获得。实际上，假如希腊人没有生活在我们面前，我们难道会永远不知所措吗？

事实是，我们必须比古典历史比较语言学的代理人更进一步推进我们的要求。我们必须要求每一个受教育的人具有关于语言 356 的本性和价值、语言形式、词根的意义变化、固定的言语形式向语法形式退化的完全科学的概念，简而言之，具有现代相对的历史比较语言学一切主要结果的完全科学的概念。我们可以断定，通过仔细学习我们的母语和与之密切联系的语言，接着通过仔细学习前者由以起源的比较古老的语言，可以达到这一点。如果任何一个人反对说，这太困难了，需要过多的劳动，我会劝告这样的人把英语、荷兰语、丹麦语、瑞典语和德语《圣经》并排放置，比较它们中的几行；他会为呈现给他们的诸多启示而惊愕。[1]事实上，我相信，

[1] 英语："In the beginning God created the heaven and the earth. And the earth without form and void; and darkness was upon the face of the deep; and the spirut of God mouved upon the face of the waters."（"在开端，上帝创造了天和地。而且，地没有形状和空虚；黑暗笼罩在深渊的表面。上帝的精灵在水面上运动。"）荷兰语："In het begin schiep God den hemel en de aarde. De aarde nu was woest en ledig, en duesteernis was op den afgrond; en de Geest Gods zwefde op de wateren."丹麦语："I Begyndelsen skabte Gud Himmelen og Jorden. og Jorden var ode og tom, og der var morkt ovenover Afgrunden, og GudsAand svoevede ovenover Vandene."瑞典语语："I Begynnelsen skapade Gud Himmel och Jord. Och Jorden war öde och tom, och mörker war pä djupet, och Gods ande swäfde öfwer wattnet."德语："Am Anfang schuf Gott Himmel und Erde. Und die Erde war wüst und leer, und es war finster aof der Tiefe; und der Geist Gottes schwebte auf dem Wasser."

实际进步的、富有成效的、合理性的和有教育意义的语言学习只能够按这个计划进行。我的听众中的许多人也许愿意回忆辉煌的和鼓舞人心的感受，像在阴暗的日子对太阳光线的感受一样，在库尔提乌斯[①]的希腊语法中关于相对的历史比较语言学贫乏的和诡秘的评论，在动词双关语那片贫瘠的和无生命的荒漠就产生这种感受。

357

* * *

目前学习古代语言的方法得到的首要结果，来自学生运用它们的错综复杂的语法。该方法在于通过把特殊实例归入普遍规则，通过在不同的实例之间做出区分，使注意力敏捷，并训练判断力。显而易见，同一结果可以用许多其他方法达到；例如，用困难的卡片游戏。在这种判断的训练中，每一门科学，包括数学科学和物理科学，即使没有完成得更多，也完成得同样多。此外，这些科学处理的事情对于年青人来说具有更高的固有兴致，因此自发地吸引他们的注意力；而在另外的方面，在语法无能为力完成的其他方向上，它们也是可以阐释的和有用的。

就其内容而论，尽管下述事实对历史比较语言学家来说是有趣的，可是谁关心我们是用所有格的复数形式说 hominum(人)，还是说 hominorum(人)呢？而且，谁会争执因果洞察的理智需要不是被语法唤醒的，而是被自然科学唤醒的呢？

---

① 库尔提乌斯(Georg Curtius，1820～1885)是19世纪德国最有影响的语言学家之一，其《希腊语法教程》、《希腊语源学纲要》等著述为希腊语言学的发展奠定了基础。

因此，我们的意向一点也不否认，学习拉丁语和希腊语语法也是训练判断力敏捷的这一好影响。就学习像这样的词汇必定大大促进表达的明晰和准确而言，就拉丁语和希腊语对许多知识分支还不是完全必需的而言，我们心甘情愿地把我们学校的一块地盘给予它们，但是会要求，分配给它们的、从其他有用的学习中错误抽取的不相称的时间总量应该显著地缩短。我们充分确信，最终拉丁语和希腊语不会作为教育的普适手段使用。它们将被放逐到学者或职业历史比较语言学家的密室，逐渐为现代语言和现代语言科学让路。 358

很久以前，洛克为被夸大的概念限定它们的合适限度，这些概念是从思想和言语、逻辑和语法的密切关联中得到的；最近的研究把他的观点建立在更为可靠的基础上。几乎没有多少复杂的语法对于表达思想微妙的细小差别是必要的，意大利人和法国人可以证明这一点；虽然他们几乎全部抛弃了罗马人的语法累赘，但是在思想的精确性方面罗马人并没有超过他们；他们的富有诗意的文学，尤其是他们的科学文献，能够与罗马人一比高下。

通过再次审视所提出的有利于古代语言学习的论据，我们不得不说，基本上在应用于现在时，这些论据完全缺乏力量。就这种学习在理论上追求的目的还是值得达到的而言，在我们看来这些目的全都太狭隘了，在这方面只有借助使用的手段超越它们。作为这种学习几乎唯一的、无可争辩的结果，我们必须计入学生在表达方面的技艺和精确性的增加。倾向于不仁慈的人也许会说，我们的高级中学和古典学院培养出能够演说和写作的人，但是不幸的是，他们却几乎没有写作和演说。不需要迷失在关于那种广阔 359

的、自由主义的观点，关于全部古典课程期望产生那种有名的普适文化的庄严诺言。也许，可以更恰当地把这种文化称为偏窄的文化或片面的文化。

*　　*　　*

在考虑语言学习时，我们对数学和自然科学从侧面投以几瞥。现在，让我们探究一下，作为学习的分支，这些学科是否不能完成不用其他方式就可以获得的许多东西。当我说，没有最低限度的基础数学和科学教育，一个人在他所生活的世界上依然是十足的陌生人，在养育他的时代的文明中依然是陌生人时，我不会遇到反驳。无论他在自然界或在工业界遇到什么，它对他来说根本没有360 吸引力——由于他既无眼睛看它又无耳朵听它，或者它对他用完全不可理解的语言讲话。

然而，对世界及其文明的真正理解，并不是学习数学和物理科学的唯一结果。对预备学校来说，更为本质的东西是来自这些学习的**形式的**修养、理性和判断的增强、想象力的训练。数学、物理学、化学和所谓的描述科学，在这方面除了几点外是大同小异的，我们不需要在我们的讨论中把它们分开。

观念的逻辑顺序和连续性对富有成果的思想来说是如此必要，这些都是数学的杰出的结果；使事实之后紧接思想的能力即观察和选择经验的能力，主要是借助自然科学发展的。我们是否注意三角形的边和角以确定的方式相关，等边三角形具有某些确定的对称性质，或者我们否注意磁针受电流偏转，锌在稀硫酸中溶解；我们是否看到蝴蝶翅膀在下表面稍微改变颜色，衣蛾前翅在上表稍微改变颜色——我们在这里不加区别地从**观察**出发，从个人直接的直觉认识的行为出发。观察的领域是比较受限制的，而在数学中它近在手头；在自然科学中它比较多变，比较广泛，但是更难以达到。不过，对于学生来说，基本的事情就是学会在所有这些 361 领域做观察。对我们来说，在数学中我们的认识行为是否具有特殊的类型，这个哲学问题在这里没有意义。当然，观察确实也能够用语言去实践。但是，的确没有一个人会否认，与语言提供的和注意力肯定不是如此自发给予、也不是以这样好的结果给予的抽象而模糊的图像相比，在刚才提及的领域中描述的具体而生动的图景，对年青人的心智具有异常的和更强大的吸引力。[①]

由于观察揭示给定的几何学对象或物理学对象的不同特性，人们发现，在许多实例中，这些性质以某种方式相互**依赖**。特性的相互依赖（比如说在三角形的等边和等角的特性相互依赖，压力与运动的关系的特性相互依赖）在任何地方都没有像在所提及的领域那样如此明显地标示出来，相互依赖的必然性和恒久性在任何地方都没有像在所提及的领域那样清晰得显而易见。因此，在那些领域，我们获得观念的连续性和逻辑推论。在这里，几何学关系和物理学关系的简单性和明晰性提供自然的和从容的进步的条件。在语言学习向我们敞开的领域中，无法满足同等简单性的关 362 系。无疑地，你们中间的许多人常常在微不足道的方面为因果概念及其关联而惊奇，在古典研究的职业代表人物之中有时能发现

① 比较埃尔岑杰出的评论，*De l' enseignement secondaire dans la Suisse romande*（《在瑞士法语地区的中等教育》），Lausanne，1886.

这一点。对此的说明可能不得不在下述事实中寻找:他们从自己研究中熟悉的动机和行为的类似关系,并没有呈现像原因和结果的关系那样清楚的简单性和确定性。

对所有可能实例的那种完美把握,由此而来的思想的经济秩序和有机统一,对于每一个始终品味它的人来说,这已经成长为他在每一个新范围力图满足的恒久需要,这一切只能够通过数学和科学研究的相对简单性的运用而得以发展。

当一组事实与另一组事实处于明显的冲突时,当问题呈现出来时,它的解决通常在于更精细地区分事实,或对事实拥有更广泛的眼界,这可以恰当地用牛顿解决色散问题为例证。当新的数学事实或科学事实被**证明**或被**说明**时,这样的证明也仅仅立足于表明新事实和已知事实的关联;例如,可以说明能够把圆的半径画成363 在该圆上恰好六倍的弦,或者用把圆内接正六边形分割为等边三角形来证明。在传输电流的导线中,在电流加倍时,一秒钟产生的热量为四倍,我们根据因电流强度加倍引起电势降加倍,也可以根据流过的电量加倍说明这一点,一句话,从所做的功的四倍说明它。在原则之点,说明和直接证据差别不多。

科学地解决几何学问题、物理学问题或专门问题的人容易察觉,他的步骤是**方法的**心理探求,这种探求由于该范围经济的秩序而变得可能,与非方法的、非科学的猜测对比,它只是简化的、有目的的探求。例如,几何学家必须作一个与两条给定直线切触的圆,他把他的眼光投射在所要求的构图的对称关系上,并且仅在两条直线的对称线上寻找圆心。想要两个角与边之和给定的三角形的人,在他的心智中把握这个三角形的形状的确定性,并且把对它的寻求局限于**相同形式**的三角形群。因此，在十分不同的境况下，可以感觉到数学和自然科学问题的简单性、理智的可接受性，而且促进理性的训练和自信。

毫无疑问，当采纳比较自然的方法时，通过数学和自然科学教育，能够得到比现在得到的还要多的东西。在这里，一个重要之点是，不应该用过早的抽象毁坏年青学生的兴致，而应该在使他们用纯粹推理的方法对它起作用之前，让他们从它的活生生的图景中熟悉他们的题材。例如，从几何图样和实际的模型作图，能够获得几何学经验的良好存储。在仅仅适合于特殊而受限制使用的欧几里得方法无成效之处，必须采纳更广泛的和更有意识的方法，像汉克尔指出的方法。[①] 于是，在审视几何学时，如果它没有呈现实质性的困难以及在此之后，那么可以免除更一般的观点即科学方法的原则，并意识到这些东西，正如冯·纳格尔[②]、J. K. 贝克尔[③]、曼[④]和其他人完好地做过的，确实会获得富有成效的结果。以同样的方式，在尝试更深刻地和理性地把握自然科学的主要内容之前，应该借助图像和实验使这些题材变得熟悉。在这里，必定要延缓对于更普遍观点的强调。

在我的在座的听众面前，进一步争论数学和自然科学是健全教育的组成部分有正当理由，在我看来也许是多余的——要知道，

364 365

① *Geschichte der Mathematik*（《数学发展史》），Leipsic，1874.

② *Geometrische Analyse*（《几何分析》），Ulm，1886.

③ 在他的基础数学教科书中。

④ *Abhandlungen qus dem Gebiete der Mathematik*（《来自数学领域的论文》），Würzburg，1883.

甚至历史比较语言学家在做出某种抵制之后，也不情愿地承认了这一主张。当我在这里说，与仅仅追求历史比较语言学分支能够产生的教育相比，仅仅作为教育手段而追求的数学和自然科学，在内容和形式上产生更为丰富的教育、更为普遍的教育、更为适应时代需要和时代精神的教育时，我可以期待人们的赞同。

但是，在我们的中等教育机构的全部课程中，将如何实现这种观念呢？依我之见，毫无疑问的是，与高级中学(gymnasium)本身相比，德国中学(Realschulen)和实科中学(Realgymnasien)——在这类学校全部古典课程大部分被数学、科学和现代语言代替了——给予**普通**人以较为合乎时势的教育，尽管还不能认为它们对未来的神学家和职业历史比较语言学家是合适的预备学校。德国高级中学太片面了。对于这些中学，必须使头一批变革成功；在这里，我们只想谈谈这些变革。很可能，适当计划的**统一的**预备学校能够为所有意图服务。

于是，在我们的高级中学中，我们将用尽可能重大和多样的数学和科学内容的数量充满学习时间，而这些时间要落实在我们的安排中，或者还不得不从古典学者那里强夺吗？不要预期这样的建议来自我。没有一个自身积极从事科学思想的人会提议这样一366个方针。思想能够被唤起和结果实，就像一块田地由于阳光和雨露而结果实一样。但是，既不能通过堆积材料和教育时间，也不能通过任何种类的规定，去诈取和骚扰思想：思想必须出于自身自由的自发性自然地成长。而且，思想在一个人的头脑里积累不能超过某一限度，就像一块田地的出产不能增加得超过某一限度一样。

我相信，对有用的教育来说必需的内容量，例如给预备学校的

所有学生应该提供的内容量，是十分少的。如果我有所需要的影响，我会以十分镇静的态度完全相信，我正在做的最佳事情是，首先在低年级大大缩短古典课程和科学课程二者的内容量；我要显著地删减上课时间的数量和在校外所做的作业。我不赞同许多教师的看法：对儿童来说，一天十小时的工作并不太多。我确信，如此轻率地提出这一意见的成年人，自身都不能把他们的注意力在这么长的时间内给予对他们来说是新的课程（例如，给予基础数学或物理学）；我愿意请求每一个思索对立意见的人，不妨在自己身上做一下实验。学和教不是在长时期内能够机械地坚持下去的例 367 行公事。不过，甚至对例行公事终归也会感到厌倦。如果我们的年轻人不是以迟钝的和枯竭的心智进入大学，如果他们在预备学校没有舍弃他们应该在那里积蓄的生气勃勃的精力，那么伟大的变革必定会做出来。撇开过度工作对身体有害的影响不谈，依我之见，它对心智的后果肯定令人恐怖。

我不知道比学得太多的可怜家伙更烦恼的事情了。他们的思想在词语、原理和公式后面战战兢兢地、受催眠术影响般地爬行，不断地沿着同一路线爬行，而没有健全的、强有力的判断能力——假如他们一无所学，这种判断能力也许还会成长呢。他们获得的是微弱得无法提供可靠支撑的思想蜘蛛网，而且错综复杂得足以产生混乱。

但是，如何把数学教育和科学教育的较好方法与减少教学内容结合起来呢？我想，至少就**所有**年青学生的需要而言，可以通过统统放弃系统的指令。不管怎样，我看没有必要使我们中学和预备学校的毕业生应该成为微不足道的历史比较语言学家，同时又是微不足道的数学家、物理学家和植物学家；事实上，我也看不到这种结果的可能性。在达到这一结果的努力中，每一个教师都力图为自己的分支谋求地位而撇开其他分支，我从中看到我们整个368 体制的主要错误。如果每一个青年学生能够与仅仅**几个**数学发现或科学发现的终极的逻辑结果保持鲜活的接触，并能够追踪它们到终极的逻辑结果，那么我就会感到心满意足。能够把这样的教育完全而自然地与伟大的科学名著的选择结合起来。这样一来，可以使几个强大的和清晰的观念开始在心智中生根，从而完全收到苦心经营的成果。这一点得以实现，我们的青年人便会做出不同于他们今日做出的展示。①

例如，用所有植物学论著的所有细节加重青年学生的头脑负担，有什么必要呢？在老师的指导下采集和研究植物的学生，在各个方面没有发现不感兴趣的事物，而是发现已知的或未知的事物，他受到这些事物的激励，他的收获也变得持久。我在这里表达的不是我自己的见解，而是一位实践的教师朋友的见解。再者，在学校提供的一切内容都应该学习，是完全不必要的。我们学到的最好的东西，最后终生归属我们的东西，要比考试测验经久。当内容层层堆叠，当新材料不断地堆积在旧的、未消化的材料之上，心智怎么能够茁壮成长呢？在这里，问题更多的不是实证知识的积累369 问题，而是智力的训练问题。认为**所有的**分支都应该在学校处理，

① 在这里，我的意见是从伽利略、惠更斯、牛顿等人那里选择合适的读物。选择容易做，不会有困难和问题。可以与学生讨论内容，并与他们完成最初的试验。唯有那些不期待系统的物理科学教育的学生，才应该在高年级接受这种教育。在这里，我不是第一次提出这一改革建议。而且，我毫不怀疑，这样的根本改变只能慢慢开始。

严格相同的学习应该在所有学校追求，似乎也是不必要的。作为对所有学生教育的共同课程而追求的单一历史比较语言学的、单一历史的、单一数学的、单一科学的分支，都足以完成理智发展所必需的一切。另一方面，有益于身心健康的相互激励，能够由人的正面文化中这种庞大的多样性产生。一致对于士兵来说是极好的，但是一致并不适合于头脑。查理五世了解这一点，永远不要忘记它。相反地，教师和学生二者都需要显著的自由，倘若他们要产生良好结果的话。

与约翰·卡尔·贝克尔一样，我也具有下述见解：对于每一个学习的个体来说，应该精确地确定效用和数量。超过这一数量的一切，应该从低年级无条件地放弃。就数学而论，按照我的判断，贝克尔[①]已经巧妙地解决了这个问题。

对于高年级，该要求呈现不同的形式。在这里，对所有学生强制性的内容数量也不应超过某一限度。但是，在年青人今天为他的职业必须获得的大量知识中，他青年时代的十年不再由于纯粹的序曲而浪费掉。高年级应该为职业提供真正有用的准备，而不要仅仅按照未来的律师、部长和历史比较语言学家需要的模式塑 370 造。再者，试图严格地为所有不同的职业准备同一类型的人，是愚蠢的和不可能的。在这样的情况下，正如利希滕贝格担心的，学校的功能可能成为仅仅选择最适合于受训练的人，而恰恰会把不服从不加区别训练的、最优秀的有特殊才能的人从竞争排挤出去。

① *Die Mathematik als Lehrgegenstand des Gynnasiums*（《作为高级文科中学教学内容的数学》），Berlin，1883.

因此,在高年级必须引入适量的学习选择的自由,从而对于每一个明白其职业选择的人来说,都将自由地把他主要的注意力或投身于历史比较语言学-历史学的分支的学习,或投身于数学-科学分支的学习。于是,现在探讨的内容就能保留下来,在某些分支也许还可以审慎地扩展,[①]而不用许多分支加重学生的负担,或不增加学习时间。由于是较为同质的工作,学生的工作能力得以增强,致使他的劳动的一部分支持其他部分,而不是阻碍它。不管怎样,如果年青人后来要选择不同的职业,那么正是**他的**职责弥补他失去的东西。对社会来说,从这种变化中肯定不会得到坏处;如果具有数学教育的历史比较语言学家和律师,或具有古典教育的物理科学家会不时出现,那也不能把它看做是不幸的事情。

371

*   *   *

而今,下述观点正在广泛传播:拉丁语和希腊语教育不再遇到时代的普遍需要,存在比较适宜的、比较"自由的"教育。短语"自由的教育"被大大滥用了。真正自由的教育无疑是十分罕见的。**中世纪的书院**(schools)几乎无法提供这样的教育;它们至多只能使学生认识到它的必要性。因此,使他尽可能获得或多或少的自由教育,正是他的职责。要在任何时候给"自由的"教育下一个能

① 就像为神学家和历史比较语言学家的缘故加重医生和科学家的负担是错误的一样,强迫神学家和历史比较语言学家为医生的缘故学习诸如解析几何这样的课程当然也是错误的。而且,我不能相信,在其他方面充分精通数量思维的医生来说,不了解解析几何会是严重的妨碍。在奥地利文科中学的毕业生中,尽管他们中的所有人都学习解析几何,但是一般观察不到特别的好处。[参考迪布瓦-雷蒙的主张。]

够满足每一个人的定义，总是十分困难的，而要给出在一百年内都成立的定义，就难上加难了。事实上，教育的理想变化多端。对一个人来说，古典的古代知识好像花不太高的代价“用早死”就可以买到。我们不反对这种人，或者不反对那些像他一样思考的人依照他们自己的样子追求他们的理想。但是，我们肯定会申明，强烈反对这样的理想在我们自己的孩子身上实现。另外的人例如柏拉图，把对几何学无知的人放在与动物同等的水平上。[①] 假如这样 372 狭隘的观点具有妖女喀耳刻[②]的魔法力量，那么许多也许恰好以为他自己受到良好教育的人，会变得意识到不十分满意他自己的转变。因此，让我们在我们的教育体制中试图满足我们目前的需要，而不为未来规定先入之见。

但是，我们必须询问，像德国文科中学这样陈旧的机构，能够如此长久地在与公众意见的对抗中存活下来，这究竟是如何发生的呢？答案是简单的。学校最初是由教会组建的；自宗教改革运动以来，它们处在国家手中。在如此巨大的规模上，计划显示出许多优势。能够把多种手段供教育自由支配，至少在欧洲，私人资源无法装备这样的教育。工作能够按照相同的计划在许多学校实施，致使试验能够由广大范围构成，这个范围在其他方面也许是不可能的。在这样的境况下，具有影响和想法的单个人可以为促进教育做大事情。

但是，问题也有它的相反的一面。权力派别为它自己的利益

① 比较 M. Cantor, *Geschichte der Mathematik*（《数学史》），Leipsic，1880，Vol. I，p. 193.

② 喀耳刻（Circe）是荷马史诗《奥德赛》中的妖女。——中译者注

而尽力，利用学校为它的特殊意图服务。教育竞争被排除在外，因为所有成功的改进尝试都是不可能的，除非由国家承担或准许。373 由于人们教育的同质性，正在流行的偏见一度永久地确立起来。最崇高的理智，最强大的意志，不能迅速地废除它。事实上，因为每一事物都适合于所述的观点，所以突然的变革实质上是不可能的。实际上在国家掌握权力控制的两个社会等级法学家和神学家，只知道片面的、占支配地位的古典文化，他们在公立学校获得这种文化，并且仅仅具有这种受到重视的文化。一些人出于轻信接受这一主张；另外一些人低估它们对社会的真实价值，在流行的主张的强权面前点头哈腰；再者，还有一些人倾向于统治阶级的主张，这种主张甚至与他们的比较健全的判断针锋相对，结果却与后者继续同样受到重视。我不想进行指控，但是我必须承认，就你们实科学校(Realschulen)毕业生的合格性问题而论，学医的人的举止时常给我造成那种印象。最后，让我们牢记，有影响的政治家，甚至在法律和民意给他设定的界限之内，也能够因为认为他自己的片面观点一贯正确，并鲁莽地和轻率地强制实施它们，从而严重伤害教育事业——这不仅**能够**发生，而且反复发生。[①] 因此，在我看来，国家对教育的垄断[②]呈现多少有点不同的关系。于是，重提 374 上面询问的问题，丝毫用不着怀疑，如果国家不支持德国文科中学的话，那么它们早就不以目前的形式存在了。

这一切必须予以改变。但是，变革不会自行进行，也不会在没

① 比较 Paulsen，在上述引文，pp. 607，688。

② 人们必定希望，美国人将小心守卫他们的学校和大学不受国家的影响。

有积极干预的情况下进行，而且将会缓慢地做出变革。但是，路线向我们标明，人们的意志必定获得更巨大的和更有力的影响，并把这种影响施加在我们学校的法规上。进而，必须公开地和公正地讨论有争议的问题，以便有可能澄清人们的观点。有必要把所有感到现存体制的缺陷的人组合到一个强大的团体中，从而他们的观点可以给人以深刻印象，个人的主张不至于无声无息地消失。

先生们，我最近在一本出色的旅行书中读到，中国人不喜欢谈论政治。这类交谈通常由于评说他们可能为这样的事情——它是谁的职责，谁为它付款——烦扰而中断。现在，对我来说情况似乎是，它不仅仅是国家的职责，而且也是我们大家的非常严肃的关切：在我们付费的公立中学，我们的儿童将如何受教育。

375

附　　录

（一）

声学史稿*

当我搜寻阿蒙通的论文时，巴黎科学院在18世纪头几年的数卷论文集落在我手中。很难描述一个人在翻阅这几卷书页时经受的喜悦。作为一名实际的旁观者，本人看到最重要的发现几乎重现，并且目睹许多知识领域从近乎一无所知到相对完全清晰的进展。

在这里，我打算讨论一下索弗尔在声学方面的基础性研究。令人惊讶的是，索弗尔多么异乎寻常地接近在一百五十年后由亥姆霍兹第一个以充分的广度采用的观点。

1700年的《科学院史》第131页告诉我们，索弗尔已经成功地使音乐成为科学研究的对象，他赋予这门新科学以“声学”名称。连续五页记录了若干发现，在随后那年的卷本中更加充分地讨论了它们。

376

---

* 这篇文章发表在1892年布拉格的德国数学学会的会议汇编中，作为（本书边码）第32页起《论和声的原因》一文的附录。

索弗尔认为，在谐和振动率之间获得的比率的**简单性**是某种普遍已知的东西。[①] 通过进一步研究，使他对确定音乐作曲的首要规则抱有希望，也对彻底弄清“悦耳的形而上学”抱有希望，他断言它的主要法则是“简单性与多样性”的统一。恰如多年后欧拉[②]精确地完成的那样，他认为，如果谐和振动率的比率用较小的整数表达，那么和声是比较完美的，因为这些整数越小，两个乐音的振动越频繁地重合，从而越容易领悟它们。他采纳比率 5∶6 作为和声的限度，尽管他没有隐瞒实践、敏锐的注意力、习惯、品味甚至偏见在这件事上起伴随作用的事实，也没有隐瞒这个问题不是纯粹的科学问题的事实。

377 由于索弗尔在各个方面建立了比他的前辈更加精确的定量研究，他的观念得以发展。他第一个想到，要把能够随时复制的 100 次振动的固定音符确定为音乐调谐基础；要通过共同的定音哨，接着使用在他看来不适当的未知的振动率固定乐器的音符。根据梅森（《普适的和声》，1636）的观点，一根特定的 17 英尺长、8 磅重的绳一秒钟完成 8 次明显的振动。此时，缩短绳的长度，按照既定的比例，我们可以获得成比例增大的振动率。然而，在索弗尔看来，这个过程似乎太不确定，于是他按照自己的意图使用对他那个时期的风琴制造者来说已知的节拍（*battemens*），而且他正确地说明

① 目前的阐述摘自 1700 年卷（1703 年发表）和 1701 年卷（1704 年发表），部分也摘自 *Histoire de l'Académie*（《科学院史》），部分摘自 *Mémorire*（《论文集》）。这里很少考虑索弗尔后来的著作。

② Euler, *Tentamen novae theoriae musicae*（《音乐理论新探》），Petropoli, 1739.

节拍是由所定不同音符的相同振动周期交替的重合和非重合产生的。[1] 在每一个重合处，都有增强音，因此每秒的节拍数将与振动率之差相等。如果我们按照小调和大三和弦的比率，将三个管风琴中的两个调到余留的管风琴的音，则头两个管风琴的振动率的相互比率将是 24∶25，也就是说，对于每一个属于低音的 24 次振动，将存在属于高音的 25 次振动和 1 次拍音。如果这两个管风琴一起在 1 秒钟产生 4 个拍音，那么高音就有 100 次振动的固定音。因此，上述管风琴的空风管将是 5 英尺长。按照这个步骤，我们也可以确定所有其他音符中绝对的振动率。

378

随之即刻而来的是，长 8 倍或 40 英尺长的空风管，将会产生 $12\frac{1}{2}$ 的振动率，索弗尔将其归为可以听到的最低音，进而也可以得到，小 64 倍的空风管将完成 6400 次振动，索弗尔认为这是可听到的最高音的限度。这位创造者感到高兴的是，他对“难以察觉的振动”的成功计数在这里得到明确断定；而且当我们想到，即使在今天，只要对索弗尔原理稍做修改，就可以构成我们用来准确测定振动率的最简单最精致的方法时，就有理由认为它是有正当理由的。可是，索弗尔在研究拍音时所做的第二个观察还要重要得多，过会儿我将重提它。

在这样的研究中，其长度可以被活动的琴马[2]改变的弦比空

① 索弗尔尝试在科学院面前做节拍实验时，完成得不十分成功。*Histoire de l'Académie*(《科学院史》)，Année 1700. p. 136.

② 琴马(bridge)是弦乐器上一块有弹性的木片，它把弦的振动传到共鸣体上。——中译者注

风管更容易操作，索弗尔愿意利用它们是很自然的。 379

他的琴马之一意外地没有充分而稳固地与弦接触，所以才不完美地阻碍振动，索弗尔起先凭借无助的耳朵发现弦的和声的泛音，并且从这个事实得出弦被等分。在弹拨时，且当琴马位于比如三度音的分界线时，弦产生它的基音的十二度音。可能是按照一些院士[①]的建议，把形形色色的纸叠件置于节点(noeuds)和腹节(ventres)，而且由于受到属于它的基音(sonfondamental)的泛音(sonsharmoniques)的激发，弦的分界线因此变得很明显。不久，更加方便的滑键或刷子代替了不灵活的琴马。

在从事这些研究时，索弗尔也观察到，一根弦受与之同度的第二根弦的激发引起和应振动。他还发现，弦的泛音能够响应调到它的音符的其他弦。他甚至走得更远，发现在正在激发的一根弦上，它与另一个定了不同音高的弦共同具有的泛音，可以在那个弦上产生出来；比如，在拥有振动比为 3∶4，即低音四度音和高音三度音的弦上，可以产生响应。由此无可争议地得出，受激发的弦与它的基音同时产生泛音。在这以前，索弗尔的注意力就被其他观察者引向下述事实：乐器的泛音可以通过专心聆听分辨出来，尤其 380 是在夜晚。[②] 他本人提到泛音和基音的同步发声。[③] 他并没有对这种境况给予恰当的考虑，如同后面将要看到的，这对他的理论来说是致命的。

---

① *Histoire de l'Académie*(《科学院史》)，Année，1701，第 134 页。

② 同上书，第 298 页。

③ 同上书，第 91 页。

在研究拍音时,索弗尔评论道,拍音令听觉不快。他认为,只有当每秒出现的拍音少于六个,才可以清楚地听到它们。较多的拍音数不能明显地察觉到,相应地也不产生干扰。接着,他试图把谐和与不谐和之间的差异划归为拍音问题。让我们听听他自己的话。[1]

"拍音令听觉不悦,是因为声音不匀称,也可以很有说服力地认为,八度音如此愉悦的原因在于,我们从来听不到它们的拍音。[2]

在追究这一观念时,我们发现,我们听不到其拍音的和音正是音乐家们称做谐和的和音,听到其拍音的和音是称做不谐和的和音,并且当弦在一个八度音是不和谐,而在另一个八度音是谐和时,它在一个八度音上产生拍音,在另一个上却不产生拍音。因此,它被称为不完美的谐和。通过 M. 索弗尔在这里建立的原理,极容易确定,什么和音产生拍音和在什么八度音上产生拍音,是高于固定音符还是低于固定音符。如果这个假设是正确的,它将揭示出作曲法则的真正根源,这是迄今为止科学所不了解的,并且几乎完全交付给听觉判断。尽管自然判断的这些种类有时看起来不可思议,但是它们没有不可思议到没有真正原因的地步,只要它能够由此获得领

381

① 摘自 *Histoire de l'Académie*(《科学院史》),Année 1700, p. 139。

② 因为在音乐中使用的所有八度音呈现出太大的振动率差异。

地，对它的认识就属于科学。”[①]

于是，索弗尔在拍音中正确地觉察到干扰谐和的原因，而所有非和声“**可能**”不得不归诸于这个原因。不管怎样将会看到，按照他的观点，所有远的音程必然地必须是谐和，所有近的音程必然是不谐和。他同样忽略了在他开头提到的旧观点和新观点之间在原则方面的绝对差异，更确切地说，他试图忘却这个差异。

R. 史密斯[②]注意到索弗尔的理论，并引起对上面提到的第一个缺陷的关注。虽然他本人基本上专注于索弗尔的旧观点——通常把这个观点归功于欧拉，但是他在他的评论中也迈出了更接近

---

① “Les battemens ne plaisent pas à l'Oreille, à cause de l'inégalité du son, et l'on peut croire avec beaucoup d'apparence que ce qui rend les Octaves si agréables, c'est qu'on n'y entend jamais de battemens.

En suivant cette idée, on trouve que les accords dont on ne peut entendre les battemens, sont justement ceux que les Musiciens traitent de Consonances, et que ceux dont les battemens se font sentir, sont les Dissonances, et que quand un accord est Dissonance dans une certaine octave et Consonance dans une autre, c'est qu'il bat dans l'une, et qu'il ne bat pas dans l'autre. Aussi est il traité de Consonance imparfaite. Il est fort aisé par les principes de Mr. Sauveur qu'on a établis ici, de voir quels accords battent, et dans quelles Octaves au-dessus ou au-dessous du son fixe. Si cette hypothèse est vraye, elle découvrira la véritable source des Règles de la composition, in connue jusqu'à présent à la Philosophie, qui s'en remettait presque entièrement au jugement de l'Oreille. Ces sortes de jugemens naturels, quelque bisarres qu'ils paroissent quelquefois, ne le sont point, ils ont des causes très réelles, dont la connaissance appartient à la Philosophie, pourvue qu'elle s'en puisse mettre en possession.”

② *Harmonics or the Philosophy of Musical Sounds*（《乐声的和谐或哲学》），Cambridge, 1749. 我在 1864 年只是匆匆看见这本书，在 1866 年出版的一本著作中注意到它。直到三年前，我才得以实际拥有它，并且只有在那时我才了解它的确切内容。

382 现代理论的一小步，正如下述段落显示的。[①]

“真相是，通过比较不完美谐和与完美谐和——不完美谐和产生拍音，是因为它们的短循环连续被间歇性地混淆并打断了，完全谐和音不可能产生拍音，是因为它们的短循环[②]连续从来没有被间歇性地混淆和打断，这位先生混淆了完美谐和与不完美谐和的区别。

上述**震颤的嘈杂刺耳声**在所有其他完美谐和中可以觉察出来，其察觉程度随着它们的循环变得较短促和较简单、它们的音高变得较高而成比例地减小；而且，这种震颤的粗糙刺耳声属于来自**比较和谐悦耳的拍音**和**调和谐和**的波荡的不同种类；在特定音高上的谐和是完美的，因为我们可以通过改变调和来改变波荡率，而不是拍音的速率；并且因为敏锐的耳朵常常能够同时听到调和谐和的颤音和拍音，从而足以使二者相互区别开来。

尽管忽略它的原因，没有什么东西比那些高而响的音的急剧尖叫的拍音更加冒犯听者了，这些拍音相互造成不完美的谐和。可是，少数慢拍音，像不时插入的闭颤音的慢波荡，却远非令人不快。”

因此，史密斯清楚，除了索弗尔考虑的拍音以外，还存在其他

① *Harmonics*(《论和谐》)，pp. 118，243.

② “短循环”是使两个配合音调的相同周相在其中重复的周期。

“嘈杂刺耳声”;要是研究在索弗尔观点的基础上继续下去,那么就可以证明这些附加的嘈杂刺耳声原来是泛音的拍音,于是该理论 383 就会达到亥姆霍兹的观点了。

通过审视索弗尔观点和亥姆霍兹观点的差异,我们发现以下几点:

1. 该理论似乎出自不能接受的新观点,因为按照这个理论,谐和取决于振动的频繁而有规律的一致和计数的容易。在振动率之间获得的比率的简单性,实际上是谐和的**数学**特征,因此也是谐和的**物理**条件,因为泛音的重合以及泛音的更深一层的物理和生理结果与这个事实有关。但是,这个事实没有给出谐和的**生理学**或**心理学的**说明,简单的理由在于,在听觉神经过程中,对应于有声刺激的周期性的东西是不可能发现的。

2. 在认为拍音是对谐和的干扰方面,两个理论是一致的。不过,索弗尔的理论并没有考虑下面这个事实:叮当声或一般而言乐声是复合的,并且在远音程的谐和中的干扰原则上由泛音的拍音引起。而且,索弗尔错误地断言,为了产生干扰,必须使拍音的数目少于每秒 6 次。甚至史密斯也知道,极慢的拍音并不是干扰的原因,而且亥姆霍兹找到干扰极大值的更高次数(33)。最后,索弗 384 尔并没有考虑,虽然拍音的数目随着从同音的退回而增加,但是它们的**强度**减弱了。在比能原理与和应振动定律的基础上,新理论发现,不能把同样振幅但不同周期的两个大气运动 $a\ \sin(rt)$ 和 $a\ \sin[(r+\rho)(t+\tau)]$ 以相同的振幅传递到同一神经终器。相反地,对周期 r 做出最佳反应的终器对周期 $r+\rho$ 反应较弱,彼此行进的两个振幅之比是 $a:\varphi a$。在这里,当 ρ 增加时,φ 就减小;当 $\rho=0$

时，它变得等于1；于是，只有刺激 φa 部分属于拍音，$(1-\varphi)a$ 部分不受干扰地继续平滑向前。

如果存在从这个理论的历史中引出任何寓意的话，那就是在思考索弗尔的失误与真理是多么接近时，有必要使我们对新理论也保持某种谨慎。实际上，似乎也有理由这样做。

音乐家从来不会把在没有调好的钢琴上比较完美谐和的和音与在调好的钢琴上不太完美谐和的和音弄混，尽管这两种实例中的嘈杂刺耳声可能是相同的，这个事实足以表明，嘈杂刺耳的程度并是和谐的唯一特征。因为音乐家知道，甚至贝多芬奏鸣曲的和谐美，也不容易在调得拙劣的钢琴上消除；它们绝不会比以粗糙的未经润饰的笔触完成的拉斐尔绘画更糟糕。把一个和谐与另一个和谐区别开来的**确定的心理-生理**特征并不是由拍音引起的。在下面的事实中同样找不到这个特征：例如在发出大三度音中，较低音符的五度分音与较高音符的四度分音重合。只有出于研究和抽象的理由，这个特征才得以考虑。如果我们愿意认为它也是感觉的特征，那么我们就会陷入也许完全类似于在(1)中引用的根本错误。

如果音程**确定的生理**特征可以对单个声音感觉器官进行非周期的刺激，例如触电似的刺激，那么它无疑地会很快展现出来，在这种情况下可以完全消除拍音。不幸的是，简直很难认为这样的实验可以实行。对短期的、从而免除拍音影响的声波刺激的运用，包含了无法精确确定音高的附带困难。

（二）

386

评空间视觉理论*

按照赫尔巴特的观点，空间视觉依赖于复现序列。当然，在这样的事件中，如果该假定是正确的，那么使感知或表征与之结合在一起的残留数量就具有主要的作用。而且，由于结合首先必须在它们出现之前彻底加以完善，由于在它们出现时让抑制比率起作用，于是最终的结果是，如果我们不考虑在其间引起感知的时间的偶然次序，那么在空间视觉中的每一事件取决于对立和类同，或者简而言之，取决于进入序列的感知的特性。

让我们看看，这个理论对于所包含的特殊事实如何持续有效。

1. 如果仅仅在先前和以后展现的交叉序列对产生空间感觉是必不可少的，为什么在所有感官中找不到和它们类似的器官呢？

2. 为什么我们用同一个空间尺度衡量不同色彩的物体和斑驳陆离的物体呢？我们如何辨认不同色彩的物体在大小上是相同的？我们从哪里获得我们的空间尺度，它是什么呢？ 387

3. 相同形状的不同颜色的图形相互复现，而人们认为它们是同一个，这是为什么？

这里存在着足够的难题。赫尔巴特根据他的理论无法解决它们。没有偏见的学生立刻看出，他的“凭借形状抑制”和“凭借形状

---

* 这篇文章意在历史地说明那篇在（本书边码）第 89 页起论对称的文章，首次于 1865 年发表在 *Fichte's Zeitschrift für Philosophie*（《费希特哲学杂志》）。

偏爱"是绝对不可能的。想想赫尔巴特红字母和黑字母的例子吧。

"对结合的帮助"好比是通行证,是就感知的名字和容貌填写的通行证。与别的感知结合的感知无法复现与它具有本质不同的所有其他感知,其理由很简单:后者以相似的方式彼此结合在一起。两个在特性上不同的序列肯定不复现自身,因为它们呈现相同的结合度次序。

如果可以确定,只能复现同时发生的事物和相似的事物,那么即使最绝对的经验论也不会否定的赫尔巴特心理学的基本原理,就只需修改空间感觉的理论,或者以所指出的方式发明新原理代替它,这是任何人几乎不会认真着手去做的步骤。新原理不能不使心理学陷入最恐怖的混乱之中。

388

就所需要的修改而论,在面对事实并适应赫尔巴特自己的原理时如何实行它,几乎不存在任何疑虑。如果两个相等大小而颜色不同的图形相互复现,而且认为它们是等同的图形,那么只能将结果归于,在两个表象序列中存在在特性上**相同**的表象或感知。颜色是不同的。因此,相似或相等的感知必定与仍然与这些颜色无关的颜色相关。我们不必始终寻找它们,因为当我们面对两根手指时,它们对眼睛的肌肉感觉是相同的效果。通过在分级的肌肉感觉一览表中记录光感觉,我们可以说,我们达到空间视觉。

几个考虑将显示出肌肉感觉作用的可能性。**一只**眼睛的肌肉器官是非对称的。两只眼睛在一起形成垂直对称的系统。这已经说明了大量事实。

1. 图形的**位置**影响它的视域。根据在其中观看物体的位置,不同的肌肉感觉开始起作用并改变印象。要辨认颠倒的字母,就需要像这样的长期经验。这方面最恰当的证明就是字母 d、b、p、q，它们是用处于不同位置的相同图形表征的，仍然总是被区分为不同的字母。[①] 389

2. 出于相同的原因，甚至用相同的图形和在相同的位置，注视点同样是决定性的，这不会逃过专心的观察者的注意。在视觉活动期间，图形似乎发生改变。例如，在一个规则的八角形中，相继把第一个角和第四个角连在一起，把第四个角和第七个角连在一起等等，在每一境况中略过两个角，如此构建的八个有尖头的星，按照我们允许视觉中心停留的位置，交替呈现突出构造的特点或更自由、更开放的特点。根据什么是斜线，对垂直线和水平线总是理解不同。

3. 为什么我们偏爱垂直对称并且把它看做在类型上特殊的东西，却根本无法立即认出水平对称，其原因在于眼睛的肌肉器官垂

图 58

直对称。伴随垂直对称图形的左边 a 在左眼中引起与在右眼中右边 b 相同的肌肉感觉。令人愉悦的对称效果，其原因主要在于肌肉感觉的重复。实际上这里产生的重复，有时在特征上足够明显， 390

① 比较 Mach, *Ueber das Sehen von Lagen und Winkeln*（《论通过眼球运动而产生的视觉位置和角度》），*Sitzungsb. Der Wiener Akademie*（《维也纳科学院会议通讯》），1861.

以致导致对象的混乱，且不说理论，这一点被每一个小学教师(quem dii oderunt)[①]都熟知的事实佐证，即孩子们常常把从左到右的图形弄反，但是从来不会将上下图形弄反；比如，将3写成ε，直到最后他们才注意到两者微小的区别。图59显示，肌肉感觉的

图 59

重复会多么让人愉悦。这一点很容易理解，垂直线和水平线呈现与对称图形类似的关系，当针对线选择倾斜位置时，对称图形很快会被打乱。请比较一下亥姆霍兹就分音的重复和重合所说的话吧。

请允许我添加一个总的评论。在心理学中，一个非常普遍的现象是，某些在特性上大相径庭的感知系列相互唤起和复现，并且在某些方面产生相同或相似的外观。我们就这样的序列说，它们具有相像的或相似的形式——我们把它们的被分离出来的相像性称为**形式**。

1. 我们已经就空间图形发表过意见。

2. 当两个旋律呈现相同的音高比率接续时，我们称它们为相似的旋律；绝对音高(或者主音)可以尽可能不同。我们能够这样选择旋律，甚至使每个旋律上音符的两个分音都不是共同的。可是，我们却辨认旋律是相似的。尤其是，我们更容易注意旋律的形

391

① 这里使用了"神不喜欢谁，就让他教小孩"的拉丁成语。译者在此感谢赵振江研究员在拉丁文翻译方面给与的诸多帮助。——中译者注

式，比弹奏它所在的主音（绝对音高）更容易再次辨认它。

3. 我们在两个不同旋律中辨认相同的节奏，无论这些旋律在其他方面可能多么不同。我们识别和辨认节奏甚至比识别和辨认绝对期间（速度）更容易。

这些例子足够了。在所有这些实例中，在所有相似的实例中，辨认和相似性不能依赖于感知的特性，因为这些特性是不同的。另一方面，与心理学原理符合的辨认，仅仅对于在特性上是相同的感知才是可能的。因此，除了把两个序列的特性不同的感知想象为与其他特性相像的感知必然关联之外，别无他法。

既然在相似形式的不同颜色的图形中，如果图形被辨认为相像的，那么就必然引起相似的肌肉感觉，从而在所有形式的基础也必然存在独具特性的感知，我们甚至可以说在所有抽象化的基础必然存在独具特性的感知。这对于空间和形式以及对于时间、节奏、音高、旋律形式、强度等等都有效。但是，心理学必须从何处得到所有这些特性呢？不用担心，它们全都会被找到，如同肌肉感觉是就空间理论而言一样。有机组织目前仍然很丰富，足以满足心理学在这个方向的所有需求，而且现在正是认真倾听"肉体的共鸣"这个问题的时候，心理学非常喜欢详述它。 392

不同的心理特性彼此之间似乎具有十分密切的关系。对该课题的专门研究以及一般可以在物理学中使用这一评论的证明，将在以后接着进行。[①]

---

① 比较 Mach，*Zur Theorie des Gehörorgans*（《论听觉器官的理论》），*Sitsungsber, der Wiener Akad.*（《维也纳科学院会议通讯》），1863. ——*Ueber einige Erscheinungen der physiology*（《论一些生理现象》），*Akustik*（《声学》），*Ibid*，1864.

索　引

（索引中的页码为原书页码，本书边码）

· 中译者附录 ·

马赫——伟大的超级哲人科学家

李醒民

他对观察和理解事物的毫不掩饰的喜悦心情，也就是对斯宾诺莎所谓的“对神的理智的爱”，如此强烈地迸发出来，以致到了高龄，还以孩子般的好奇的眼睛窥视着这个世界，使自己从理解其相互联系中求得乐趣，而没有什么别的要求。

在读马赫著作时，人们总会舒畅地领会到作者在毫不费力地写下的那些精辟的、恰如其分的话语时一定感受到的那种愉快。但是他的著作之所以能吸引人一再去读，不仅是因为他的美好的风格给人以理智上的满足，而且还由于当谈到人的一般问题时，在字里行间总是闪烁着一种善良的、慈爱的和怀着希望的喜悦的精神。

——阿尔伯特 · 爱因斯坦

恩斯特 · 马赫（Ernst Mach，1838～1916）是奥地利伟大的科学家、科学史家和科学哲学家。无论从哪方面讲，马赫这位超级哲人科学家都是声名显赫的、注定不会被历史遗忘的人物。作为科学家，他在物理学、生理学和心理学诸领域进行了一系列精湛的实验研究和独到的理论探索，取得了众多的、综合性的成果；他是相对论的先驱，是当代认知科学和进化认识论的先知，他的富有洞见的科学思想在某种程度上也对量子论、格式塔心理学、发生认识论、精神分析学的诞生起过助产士的作用。作为科学史家和科学哲学家，他发表了一系列富有洞察力的见解和影响深远的论著，对一代科学家和哲学家起到振聋发聩的启蒙作用和启迪作用。在19世纪和20世纪之交这个需要科学和哲学巨人，而且也涌现出科学和哲学巨人的时代，马赫作为批判学派的首领和逻辑经验论的始祖，以其明睿的眼力、深邃的洞见、恢宏的气度和迷人的魅力，对现代科学和现代哲学发展的走向产生了举足轻重的影响。

马赫也是一位伟大的自然主义者和人道主义者。他具有强烈的社会责任感和博大的自然伦理情怀，他真诚地吁请人与人、人与社会、人与大自然和谐共处。他酷爱真理，向往和平，主持正义，追求公道，无私地奉献于人类的进步事业。他虚怀若谷，锐意进取，在理智的王国里自由地纵情"漫游"。他胸襟坦荡，光明磊落，宽容仁和，古道热肠，是一位有自知之明的、问心无愧的伟人，也是一位伟大的凡人，这自然而然地赢得了世人的赞誉和尊敬。马赫的朋友和同事波佩尔-林科伊斯(J. Popper-Lykeus，1838～1921)认为马赫是"非同寻常的"、"特别有天才的"、"有独创性的人物"，是位"简朴的、明晰的、绝对纯洁和真心实意的科学家"。"他的思维结果逐渐浮现时，似乎不是出自他的头脑，而是出自他的整个身心，类似于某些纯朴的、热情奔放的艺术作品。"奥地利的希腊哲学史家贡珀茨(H. Gomperz)赞颂马赫是"伟大的奥地利物理学家和认识论家”,“最有独创性的、最深邃的思想家”。“他十分谦逊,有伟大的人格,是一位伟大的思想家。在某种意义上,人们可以称他为科学之佛。……他对所有人普遍友善和友好,似乎从未对一个人感兴趣而对另一个人不感兴趣。在他看来,人是一种有某些事要讲的存在。他认为,唯一重要的是:他所讲的东西是聪明还是愚蠢,是真还是假。在我看来,他似乎是科学精神的化身。”哈佛大学心理学家和哲学家詹姆斯(W. James,1842～1910)1882 年秋在布拉格听完马赫讲演后,在给妻子的信中这样描绘马赫初次留给他的美好形象:“我不认为,任何人始终会给我如此强烈的纯粹智力天才的印象。他显然无所不读、无所不想,行为举止绝对质朴无华,他容光焕发,笑容可掬,这一切都极其富有魅力。”

一、“丑小鸭”变成“白天鹅”

1838 年 2 月 18 日,恩斯特·马赫出生在摩拉维亚布尔诺附近的希尔利茨(现属捷克),同日在不远的图拉斯做洗礼。马赫的祖辈是地道的农民,以耕种和编织为生。马赫的父亲约翰·内波穆克·马赫(Johann Nepomuk Mach,1805～1879)大学毕业后多年教书,具有丰富的人文科学和自然科学知识,是一位开放的自由思想者和热情的达尔文(C. R. Darwin,1809～1882)主义者。马赫的母亲约瑟菲娜·兰豪斯(Josephine Lanhaus,1813～1869)是在一个从事法律和艺术的家庭中长大的,她对音乐、绘画和诗歌兴味盎然,性格温柔而具有艺术气质。马赫诞生的时代是奥匈帝国国内各民族自决日益增长的时代,非日耳曼人语言认同的时代,各个少数民族在经济上和智力上解放的时代。社会环境的影响和双亲的精心教育,不仅在马赫幼小的心田播下热爱大自然、神往科学的种子,而且也培养了他强烈的好奇心、罕有的独立性和批判的怀疑精神,同时也在他身上注入了艺术家的富于想象的素质。

马赫是一个体弱多病的孩子,发育得很慢。他最早的记忆是一个穿皮外套的人站在候车室,那肯定是他两岁时,举家从希尔利茨迁往维也纳以东的乌特尔锡本布龙地方一个孤立的农庄。他记得,他在原野上从一个草坡跑向另一个草坡,忘情地追逐落山的太阳。他记得,他在挤压凤仙花荚壳时被夹住手指,竟以为荚壳像动物一样变活了。他在大自然的怀抱里尽情地嬉戏,为一个个的不解之谜而惊奇。这些儿时的经历,也许为他日后的自然主义和生态伦理思想无意中播下了种子。

三岁时,马赫受到知觉问题的折磨,他为绘画中的透视和阴影所烦扰。他不理解图画中的桌子为什么一边比另一边要长,他觉得画面上的阴影和投光部分似乎是无意义的缺陷。这一切都成了他后来研究视觉和儿童心理的素材,他在文章和讲演中多次提到儿时的记忆。

在四五岁时,马赫开始对因果说明感到困难重重。他听说当几个小孩一起用嘘声轰赶太阳时,能使太阳明显地没入池塘,结果遭到成年人的嘲笑。有一次,他随父亲爬上了维也纳的旧城墙,他不明白从他的视点来看,下面城壕里的人是怎样到达那里去的。这些经验和记忆在他幼小的心灵留下不可磨灭的印象,触发他在科学研究中思考一些根本性的问题。多年后他在谈到关于城墙上的经历时这样写道:

> 每当我从事本文所述的思考时,这种情绪都复现于我的心上,并且我乐于承认,我的这个偶然经验实质上有助于巩固我长期以来关于这一点所抱的见解。事实上和心理上老是走同一条路的习惯,起了很大的迷乱进向的作用。……同样,一个微小的科学暗示就能起很大的启蒙作用。

对于像马赫这样年龄段的孩子来说,知觉的和因果的混乱根本不足为奇,使人惊异的是他对它们的非凡的记忆力。这也许出自他的隔绝和孤独,他家里很少来人,他和妹妹也不大找小伙伴玩耍。

风车的经历在马赫儿童时代是最为非同寻常的。那时他只有五岁,和妹妹一起带口信给磨坊主人。正在运转着的直立风车发出震耳欲聋的轰鸣声,使马赫感到十分害怕,但这并未妨碍他从内部仔细观察风车轴齿与磨面机齿轮的啮合传动。这次难忘的思想经历是一个转折点,它首次教导马赫"因果思维",或更严格地讲是"函数思维"。马赫 1913 年在自传中这样写道:

> 这个印象一直到我的思想成熟时期还有其影响,而且我觉得,正是这个印象把我的幼稚的思想从信仰奇迹的蒙昧阶段提高到因果思想的水平。从此,我不再把我不理解的东西看做背后有什么神秘的东西存在,而是如同在打碎的玩具中寻找那能起作用的引线和连杆一样去寻找它们的因果关系了。在研究康德(L. Kant, 1724～1804)关于因果概念的时候,我还不禁回忆起这些经验和其他的经验,……

风车的故事和马赫的想象并未就此在磨坊中止。不久，聪明的磨坊主人又制造了一架具有平式风轮的风车，其风轮只向一个方向转动，它的运转机制比先前的风车好懂多了。从此，机器和机械零部件充满马赫的童稚的头脑，他后来高超的实验才能也许与此不无关系。

马赫是被父亲引向科学之路的，此时他才七岁。父亲用底部塞上软木塞的花盆给他演示空气存在及空气压力的实验，还利用无脚酒杯和庭院的大盆做其他简单的实验。马赫对科学实验兴致十足，一次在试验樟脑燃烧时竟把眉毛给烧焦了。他也被数学吸引，进步较快，不久便能开始自学了，但他后来并未成为数学家。

1847 年，马赫被送到维也纳以西的一所高级文科中学接受古典的、人文科学的教育。他在学习上并不顺利，尤其是对希腊语和拉丁语感到困难。对于在宗教课程中大讲"敬畏上帝乃智慧之始"的格言，他也丝毫不感兴趣。唯一使他欣慰的是地理课，他觉得地理易学而且有趣。他在自传中说："欧洲大陆的地形直到现在还如此深刻地印在我的脑海中，以至于我一向没有温习地理，就能够不靠地图而做想象中的旅行。"马赫后来对古典教育的批判，对旅游的喜爱以及纵情地在智力王国中"漫游"，显然与此不无关系。

教会学校的老师断言马赫"没有天资"，不可教化，不适宜于研究学问，劝告他父亲领他回家学一门手艺谋生。马赫后来承认，老师的判断就当时的实际情况而言是公正的，因为他的确不会读死书，无法像其他孩子那样成为一个好律师或书记员。

心烦意乱的父亲只好带儿子回家，由此开始对儿子的最坚忍、最有意义的转变工作。他亲自给儿子讲授中学开设的各门课程，包括古代语言和活语言。渐渐地，马赫通过阅读古典作家的著作，才对死语言有了兴致。父亲上午授课，或在住宅、庭院和野外带领马赫进行观察和实验。乡间品类繁多的动植物世界使马赫十分着迷。下午，马赫则和父亲在自己的农庄干活，或外出拜师学木工。全家晚上一起读外国小说几乎成为惯例。父亲还经常给马赫讲述阿基米德(Archimedes，前287～前212)和其他研究者的故事，使马赫大受鼓舞和启发。

生活在奥匈帝国的马赫，他的少年时代正好是1848年反对匈牙利君主专制革命失败的年代，这是一段“严重的教会反动时期”。马赫请求父亲让他学细木工，以便有机会移居他心目中向往的自由国家美国。在马赫的记忆中，学木工的两年多光景，是他一生中极为惬意的时光。晚上疲倦的时候，坐在散发着香味的木堆上，设想未来的机器，诸如飞机之类的东西。学木工不仅方便了他后来的实验工作，也使他懂得对体力劳动的正确估价和对工人发自内心的尊重。

1853年秋，十五岁的马赫考入摩拉维亚的克雷姆锡尔一所高级文科中学，在六年级就读。这所中学一开始就没有给马赫留下好印象，他看不惯学校人际交往中的世故、机巧和狡诈，也对这所由虔敬派教士掌握的学校没完没了的宗教训练格外反感，认为其效果适得其反。但是，他却十分感激以开阔学生思想为宗旨的老师们。博物学老师介绍了拉马克(J. B. Lamarck，1744～1829)的进化学说(此时达尔文的《物种起源》尚未发表)、康德和拉普拉斯(P. S. M. de Laplace，1749～1827)的宇宙形成论，这些与圣经的说教不一致的理论深深触动了马赫的心弦。马赫对王朝更迭的战争史兴味索然,但内容丰富的原始资料课却很吸引他。他从中看到,世俗社会的领导和宗教领袖,并没有为“上帝委托给”他们的臣民的福祉尽心效力。

十五岁的马赫当时受到的最大的激励,来自他偶然在父亲的藏书中发现的《未来形而上学导论》。感到“特别幸运”的马赫,如饥似渴地读完了康德的书。他后来生动地回忆说:

> 这本书当时给我留下强烈的、不可磨灭的印象,这样的印象是我此后阅读哲学著作时始终没有再体验到的。大约两三年后,我忽然感到“物自体”所起的作用是多余的。一个晴朗的夏季白天,在露天里,我突然觉得世界和我的自我是一个感觉集合体,只是在自我内感觉联结得更牢固。虽然这一点是以后才真正想通的,但这个瞬间对我的整个观点起了决定性的作用。我又经过长期的艰苦奋斗,才能够在我的专门领域坚持我新得到的观点。

阅读《导论》不仅对马赫日后的哲学走向起了决定性的作用,而且从中受到诸多启示:它启迪他的自然科学思想和心理学思想,它促动他对力学进行历史批判式的研究。

不知哪一位哲人说过,艺术家的工作的内容和风格,都是从他童年和少年时代的经历、体验和感受的记忆宝库中发掘出来的。这的确不无道理。歌德(J. W. von Goethe, 1749～1832)的诗的内容和形式,就是由他在少年时代对外部世界和内心世界的经验决定的。具有艺术气质的哲人科学家奥斯特瓦尔德亦如此。马赫同这两位讲德语的艺术家和科学家又何尝不是相同的呢？除上述诸多事例外，马赫对力的概念的本体论和伦理学的双重反感，也源于儿时的抚育和健康状况。马赫体弱多病，从不参加保持接触的娱乐活动，不喜欢军队的“英雄”和以“力”取胜的人。

两年后，马赫通过中学毕业考试，他没有决定移居美国。由于无钱去德国求学，他便于1855年秋进入维也纳大学学习数学物理学。当时奥地利大学还未实行教育改革，教学在走下坡路。学校没有开微积分课程，他只好通过自学和请家庭教师弥补。在一些大学教授的眼中，马赫依然是一个陌生人、局外人、不受信任的人。在大学老师中，马赫对埃廷豪森(A. R. von Ettinghause, 1796～1878)印象较深，他在这位物理学家的指导下掌握了娴熟的实验技巧。马赫听过数学家佩茨瓦尔(J. Petzval, 1807～1891)的课，这位老师对马赫的数学理解力并不满意，而马赫也许只对他设计的消色差双物镜照相术以及他的不入流的古怪行为留有印象，并未从他那里学到较多的数学知识。

1860年，二十二岁的马赫参加了按中世纪方式举行的毕业考试，并以其放电和感应的论文获得哲学博士学位。年轻的科学家开始迈入科学的门径，不起眼的“丑小鸭”终于变成展翅欲飞的“白天鹅”！

二、沿“钝角三角形”走向世界

在取得博士学位后的第二年，马赫成为母校的无公薪讲师。他本想到哥尼斯堡诺伊曼(F. E. Neumann, 1798～1895)手下从事电和光的理论研究，但终未能如愿以偿。由于无钱购买足够的实验设备，他不得不做有报酬的通俗讲演，并尝试进行一些花费不多的实验。1861 年秋，除了开设“物理研究方法”外，他还向大量的医学学生讲授“医学学生物理学”和“高级生理物理学”。学生们喜欢听他的课程，但以其中一些讲演出版的教科书《医学学生物理学纲要》(1863)在商业上并不成功。

由于受到费希纳(G. Fechner, 1801～1887)、亥姆霍兹(H. von Helmholtz,1821～1894)、杜博伊斯-雷蒙(E. du Bois-Reymond, 1818～1896)和布吕克(E. W. von Bröcke, 1819～1892)、路德维希(K. Ludwig,1816～1895)的工作的影响，马赫对把物理学应用于生理学研究日益热衷。他在随后的两三年就这个新领域的相关课题做了一系列讲演，还出版了讲演集，但并未引起多大反响。在维也纳大学期间，他还就微缩拍照(1860)、心理病人感知灵敏度(1861)、几何上相似的图形为何在光学上相似(1860 年代)等课题提出口头建议，并就多普勒(C. Doppler, 1803～1853)理论(1860)、费希纳指数定律(1860)、制作改进的血压计(1862)、液体分子行为(1862)和尝试改进亥姆霍兹关于声学及耳朵构造的工作进行了实验研究。他证明，物理刺激与心理反应并不是费希纳所说的指数定律，而是正比关系，且不服从严格的数学测量。液体分子行为实验的失败，被他后来用来作为反对原子理论的证据之一。

在这个时期，马赫结识了两位犹太人朋友。其一是波佩尔-林科伊斯，他是一位发明家和理论家，是马赫的第一个哲学同盟者，促使马赫的兴趣扩展到社会改革、伏尔泰(Voltaire, 1694～1778)和启蒙运动。其二是音乐评论家和自由思想家库尔克(E.

Kulke, 1831～1897),马赫曾敦促他写一本在音乐中如何存在"最适者生存"的书。马赫经常参加库尔克小团体的聚会,就哲学、科学和艺术等论题进行广泛的讨论。

1862 年,马赫在与斯忒藩(J. Stefan, 1835～1893)竞争物理研究所代理所长的职位中败北。从此,斯忒藩和他的同事洛喜密脱(J. Loschmidt, 1821～1895)、玻耳兹曼(L. Boltzmann, 1844～1905)联合起来改变了马赫原来的研究方向,维也纳大学成为原子论者的大本营。大约一年多后,马赫才从感情沮丧和原来的财政拮据中摆脱出来。此时,一个幸运的机会使他填补了格拉茨大学数学讲座教授的空缺,此大学当时是一所不大为人重视的学校。

1864 年,马赫赴格拉茨走马上任。他一开始教微积分和解析几何,在接着的三年中教了数学、物理学、生理学和心理学的各种课程,而他的主要兴趣还是把物理学用于实验心理学和生理学的研究。1866 年年初,他乐意用数学讲座教授交换物理学讲座教授职位,从而有了自己的实验室和足够的实验仪器。在格拉茨的三年间,他出版了三本书,发表了二十七篇文章,他的最重要的发现是所谓的马赫带。他在这里结识了费希纳和赫尔曼(E. Hermann, 1839～1902)。费希纳的哲学和心理学思想激励马赫写出《感觉的分析》手稿,但是费希纳对马赫诸多见解反应消极,致使马赫把书稿搁置了二十年。赫尔曼当时从事所谓的"国家经济"研究,他帮助马赫弄清了他自己的普遍的"经济"理论。马赫后来这样写道:"通过我在 1864 年与政治经济学家 E. 赫尔曼——他按照他自己的专长力图找出每一类工作的经济的成分——的交往,我变得习惯于把研究者的智力活动视为经济的。在 1860 年至

1867 年的七年间，马赫已基本形成他的哲学概念的框架。

1867 年 4 月，马赫到布拉格任实验物理学讲座教授。这不仅使他有可能充分进行科学实验，而且也使他不再为挣钱糊口操心了。同年 8 月 1 日，马赫回格拉茨与深爱他的孤儿路易丝·玛露西(Louise Marussig, 1845～1919)结婚，婚后在布拉格安家。仅一年多点，第一个儿子路德维希·马赫(Ludwig Mach, 1868～1951)就降生了。马赫在布拉格待了将近三十年。这里不仅是他的事业和影响的重要发祥地，也是他的家庭的发祥地——到 1881 年他们生有四子一女。

初到布拉格，马赫讲课覆盖了众多范围，到 1880 年代逐渐有所减少。他开设的实验物理学课程，强调历史地探讨每一个物理学问题。在熟练的技工的配合下，他亲自设计并制作了许多实验器械，像演示摆幅持续时间依赖加速度的特殊摆、演示光通过棱镜折射形成色带的箱、带旋转分析的偏振仪，最有名的是生波机，它能产生渐进的和固定的纵波和横波。

在马赫 1879 年出任布拉格大学校长之前的十二年间，他共出版了四本书，发表了至少六十二篇文章。这些出版物大多数是科学著作，但是《能量守恒定律的历史和根源》却包含不少哲学论题，它使作者首次作为哲学家进入学术界。另外三本书是马赫在他的实验工作的基础上写成的，在接着的三年间相继出版，它们是《光学声学研究》(1873)、《论运动引起音调和颜色变化的多普勒理论》(1874)和《动觉理论大纲》(1875)。在这个时期马赫进行的诸多心理学和生理学研究中，关于运动肌感觉的实验也许是最重要的。在 19 世纪，在这些领域的争论中，马赫已占有一席之地。马赫的几个出色的捷克学生使马赫感到愉快和幸福,但是有一个学生和助手因窃书事件使马赫十分沮丧,并严重影响了马赫的健康,但马赫宽恕了他,对他依然尊重。

布拉格是一个捷克人、德国人和犹太人杂居的都市,处处弥漫着强烈的民族主义情绪。当马赫刚到布拉格时,他前往拜见著名的捷克生理学家和哲学家普尔基涅(Jan Purkynê, 1787～1869),这位对人眼中亮暗的适应性变化素有研究(它与马赫关心的论题有关)的教授对马赫讲捷克语,并说"我已听到你讲捷克语。"马赫用德语回答,并拒绝引入政治话题。当马赫被选入波希米亚科学学会时,他不得不拜会学会主席、捷克历史学家普拉奇基(F. Palacky, 1798～1876)。这位捷克史的奠基人劝说马赫站在捷克人一边。马赫拒绝了这位主席的劝告,依然我行我素。马赫不信奉民族主义,他认为民族主义是感情用事的和反动的。马赫这位讲德语的奥地利科学家,想在民族主义的争执中保持缄默和超然,而不想因政治问题烦扰他的科学研究。

但是,回避和中立难以持续下去,尤其是当马赫被选为校长(1879～1880)之后。当时,捷克人在当局的赞同下,要求在大学实行充分的语言平等,这把马赫置于必须做出抉择的地步。经过与大学各院长协商,马赫提出捷克人另建一所分开的大学。由于捷克人不愿放弃古老的历史建筑物,每一栋大楼只好被一分为二,各走各的门——这样做当然只是暂时缓和了矛盾。1880 年 5 月 12 日,德国学生团体邀请马赫在其成立二十周年大会上讲演,马赫集中讲了理想与现实问题,让学生注意可能的需要和可以达到的东西的差异,这实际上是对民族主义学生的劝诫。由于医学院院长在会上发表了蔑视捷克人的讲演,被激怒的捷克学生以暴力进行报复,马赫采取果断措施制止了骚乱。两个月后,不知是按照科学成就,还是出于政治原因,马赫接受了迟到的、珍贵的荣誉——奥地利科学院正式院士。

在1880年第一届任期结束和第二届校长任期(1883～1884)开始之间,马赫工作十分忙碌。除了教学、做实验、监督新科学大楼的基建外,他集中精力撰写《力学史评》一书,该书于1883年初版。由于1882年詹姆斯的来访和与阿芬那留斯(R. Avenarius, 1843～1896)相识等事件,马赫对哲学发生了浓厚的兴趣,于1886年出版了心理学和哲学著作《感觉的分析》。在1895年重返维也纳之前,马赫几本带有哲学色彩的著作和他的哲学思想已在学术界产生了较大的影响。

马赫被推选为德语大学校长不是小荣誉,是对他的学术成就和处事能力的肯定。但是,事情一开始就很棘手:德国人坚持古老的、传统的授职仪式,而州议会暂时还只有原来的一个席位,德国人宣称拥有它,这使捷克人感到蒙受羞辱。尤其是,受捷克人支配的神学院还依附于德语大学,而教育部则以神学学生不应该从非天主教校长那儿授予学位为由,把学位授予权交给神学院。这不仅削弱了马赫的行政权力,而且使这位无神论者处于十分困难的境地。马赫经过深思之后,毅然辞去德语大学校长职务。到1890年代,最后一个未分开的神学院也一分为二了。

摆脱行政事务的纠缠之后,马赫全身心地投入科学研究和著述工作。在整个布拉格时期,他在物理学方面最重要的实验是关于冲击波的研究,此外在理论物理学领域也做过不少探讨。马赫撰写了三本物理学教科书，它们可能影响了正在求学的未来的物理学家和哲学家。马赫对捷克物理学的发展也有重大影响，他在捷克建立了一个技术专门化的学派，使光学和声学成为第一流的学科。

在布拉格的后期，马赫的实验室渐渐不景气起来：对物理学感兴趣的学生人数下降，教育部的财政支持递减，实验室工作人员效率下降且热衷争论。马赫坚持捍卫犹太人正当权利的立场，也使他成为反犹主义者的眼中钉。尤其是，马赫的二儿子海因里希·马赫（Heinrich Mach，1874～1894）在获得博士学位后不久因精神变态自杀，这给马赫以沉重的打击，为此他决心离开布拉格去维也纳，即便是作为一个无薪水的"名誉"教授在那里教书也在所不惜。经过一番曲折，奥地利皇帝和匈牙利国王在1895年5月5日签署文件，任命马赫为维也纳大学哲学正教授，其正式头衔是"归纳科学的历史和理论"讲座教授。马赫因此成为世界上第一位科学哲学教授。

马赫重返维也纳是一次凯旋，几乎一夜之间，他就以维也纳第一流的哲学家而家喻户晓。从1895年赴任到1898年中风偏瘫这几年，是这位忧虑的思想家整个智力生涯中最成功、最满意的年份。他的讲演、新出版物和先前不大为人所知的再版书，使这个多瑙河畔的大都市入了迷。他成为该城最受人敬仰的人物，尤其是青年学生和年轻的知识分子，都为他的智慧所折服。1895年10月21日，他在大学讲演厅以"偶然性在发明和发现中扮演的角色"为题，发表就职演说。大厅挤得水泄不通，听众被他明晰的思想和娴熟的表达所征服，一个个听得如醉如痴。马赫不愧是一位出色的教师。

在这一时期的五个学期中,马赫开设的课程分别是:力学和力学科学的发展、科学研究的心理学和逻辑、声学和光学史、感官感知理论、热和能量理论的历史、物理教育的批判性讨论、电理论史、论自然科学的一些问题、自然科学发展的主要时代、论心理学中的一些特殊问题。与布拉格前二十年相比,课程涉及的领域大大拓宽了,而这并未满足马赫的胃口,他的过人的精力还驱使他做各种特别讲演。这些工作先后都成为他的出版物的内容,1896 年出版的《科学与哲学讲演录》和《热理论原理》即是。

马赫写了物理学两个分支(力学和热学)的历史书,他还想写一本类似的关于光学史的书。他收集了材料并做了确证实验。此时,X 射线的发现引起了全欧物理学家的注意,也攫取了马赫的心。1896 年 1 月 4 日,他得知伦琴(W. K. Rontgen, 1845～1923)新发现后,立即以他关于光学、体视学和照相术的技艺,提出一种方法,使观察者能"看到"X 射线照射的物体,仿佛它是三维的。1896 年 2 月,有人就用马赫提出的方法发表了第一张 X 射线寰椎图。马赫事实上是 X 射线体视学的最早贡献者。

通过三位无公薪讲师,马赫的哲学深深根植于维也纳大学的智力土壤中。拉姆帕(A. Lampa, 1868～1938)倾向马赫的现象论,也为马赫的有关教育、和平主义和佛教的思想所吸引,他部分平衡了玻耳兹曼对学生的影响。耶路撒冷(W. Jerusalem, 1854～1923)和贡珀茨都是犹太人,都在维也纳大学教书三十余年。前者对马赫的生物学认识论和反教条主义感兴趣,后者倾向于马赫的现象论哲学,二人可能在马赫哲学与逻辑实证论之间起过牵线搭桥的作用。在世纪之交,马赫作为一位坚持文明化的、人道主义的、非天主教的奥地利自由主义哲学家,其哲学不光在维也纳青年人、科学家、犹太人、非教条的社会主义者以及文学艺术人士中有巨大影响,而且其影响遍布欧美乃至整个文明世界。

就这样,从 1860 年获得博士学位,到 1898 年不幸中风瘫痪,马赫在维也纳、格拉茨、布拉格、维也纳这个钝角三角形的点上奋斗了三十八年,他的科学和哲学思想也由此走向世界。

马赫爱好旅行。他访问过巴黎、柏林、伦敦,在短暂的夏季假期,他常去维也纳之南的山脉攀登。1898 年是他第一个也是唯一的休假年。年初,他访问了意大利。7 月,他前往耶拿探望在蔡司光学工场做事的儿子路德维希。马赫后来在讨论意志和反应问题时,把自己中风的经过和感受作为例子逼真地描绘出来:

> 在一次乘火车旅行的时候,我没有什么其他不适之感,就突然觉得我的右臂和右腿完全麻痹了,这种麻痹是间歇性的,因而我有时显然也能完全正常运动。几小时以后,这种麻痹依然持续下去,并且还伴随着右脸肌的感染,由于这种感染,我的言语声只能很轻,并且很吃力。我在完全麻痹时期的状况,我只能做这样的描述:我在想移动肢体时,感到无能为力;我决不可用意志引起运动。反之,在不完全麻痹阶段和渐愈时期,我则觉得我的臂与腿是十分巨大的负担,我用极大的努力,才能把它们举起来。

沉重的打击不仅使马赫从此再也无法旅行,而且损害了他的记忆，也不能动手写作和讲演了。出版的洪流很快干涸了：1898年尚有一本书和两篇文章，1899年一无所有。即将到来的新世纪给全世界带来新的希望和憧憬，但给予马赫的却是如此残酷的现实。马赫并没有被击倒，他用意志同命运抗争。

三、卓越的实验家和独特的理论家

在物理学领域，马赫是一位卓越的实验家和独特的理论家。也许马赫最出色、最重要的实验发现是关于冲击波的研究。1881年，马赫在巴黎参观第一届国际电气博览会时，他听到比利时炮术专家梅尔森斯(L. Melsens)关于火枪弹发出的压缩空气产生像火山口一样的爆发冲击力的理论。他既受到震撼，又觉得不解，决心用实验检验该理论。马赫是胸有成竹的，因为在此前他有关于弹道实验和拍照高速运动物体的背景。马赫在1875年至1878年间还作过电火花波(冲击波)穿过煤烟的实验，并发现后来被人称谓的“马赫效应”和“马赫反射”。这一切为马赫拟想的实验打下了良好的基础。

1884年，马赫在辞去校长职务后，开始他拍摄子弹冲击波的重大努力。冲击波除快而小外，通常看不见。马赫的解决办法是，利用照明放大镜，它能使冲击波内的水汽冷凝，从而变得可见。由于子弹速度小等原因，尽管马赫的实验装置设计得十分巧妙，但数次未获成功。1886年，他改进了有关设备，重新开始他的研究。6月10日，成功终于来临。马赫把一个简短的备忘录连同两张成功拍摄的照片呈交奥地利科学院，这些照片立即被发表了，甚至刊登在通俗杂志和报纸上。马赫用确凿的实验证明，梅尔森斯的理论是错误的：枪弹并不随之携带空气质量，而是相对静止空气的连续动力学扰动（冲击波）；子弹头部波很薄，对于对象只有可以忽略的速度，肯定不足以对战斗人员的伤口产生有效的伤害。通常听到的炮弹的两个声响，第一个是伴随炮弹头部的冲击波发出的，第二个是普通的声波。

1885年，马赫发表了一篇最有意义的论文，他在论文中首次描述了我们今天所谓的马赫数，即流速除以声速，它是阿克雷特(J. Ackeret)教授在1928年命名的。1940年代以来，随着超音速喷气机的出现，马赫数（以及1马赫、2马赫等）广泛应用于航空和航天技术中，此外还出现了马赫仪、马赫同步、临界马赫数等新术语。接着在1886年，马赫也许是在多普勒的启示下提出方程 $\sin\alpha$ ＝声速/流速，即今天所谓的马赫角。马赫关于冲击波工作的副产品包括解释流星震响、模型定律、风洞理论等。在这一实验之后，马赫和他的儿子路德维希用他们改进的干涉仪测出，冲击波波阵面的相对密度大约是普通声波的五十倍。

冲击波这项和马赫名字紧密联系在一起的工作，完全可以表明马赫卓越的贡献，然而马赫却认为这种工作比起他对经典力学的批判和在心理生理学方面的实验来说，则是微不足道的。确实，马赫在对经典力学批判中所体现的思维方式、方法论原则和科学思想，对20世纪理论物理学的发展产生了举足轻重的影响，尽管马赫不相信也不使用理论物理学这个术语。

从1862年夏天起，马赫是在题为"力学原理和在其历史发展中的机械论物理学"的讲演中开始批判经典力学的，在1883年出版的《力学史评》中达到高潮。当时,物理学家们还沉浸在对经典力学和经典物理学的顶礼膜拜之中。在《力学史评》中,马赫系统地批判了牛顿力学的基本概念和基本原理,尤其是对绝对时空观的批判特别精粹,格外引人入胜。马赫还批判了当时居于统治地位的教条,即力学自然观和力学先验论,他称其为"力学神话"。马赫的批判引起对物理学基础的生气勃勃的讨论,并逐渐形成下以马赫为首的批判学派。这些批判和讨论,像一股清凉的风,把物理学家从教条式的顽固的昏睡状态中唤醒,从而成为物理学革命行将到来的先声。诚如爱因斯坦所说:"马赫曾以其历史的批判的著作,对我们这一代的自然科学家起过巨大的影响。……我甚至相信,那些自命为马赫反对派的人,可以说几乎不知道他们曾经如同吮吸他们母亲的乳汁那样汲取了马赫的思维方式。"

马赫是名副其实的相对论的先驱。马赫在《力学史评》中对经典力学的批判,为爱因斯坦创立相对论扫清了思想障碍,开辟了前进的道路。在创立狭义相对论的过程中,他由于阅读休谟和马赫的著作而获得批判性的思想,一举把时间和同时性的绝对性从潜意识中排除出去,从而取得决定性的进展。在创立广义相对论的过程中,马赫对于惯性本质的理解,关于加速度相对性的看法,从物理学中消除力的思想,无一不使爱因斯坦深受启发。此外,马赫关于广义协变、等价原理、物理学与几何学结合、把动力学化为运动学、现象论物理学等观点,以及有关科学方法论和探索心理学的论述(比如思维经济、思想实验、幻想和想象力、直觉、科学美、探索性的演绎法和逻辑简单性的胚芽等等),都作为爱因斯坦的建设性的成分,成为爱因斯坦思想和方法武库的一部分。

马赫在生理学和心理学领域的研究，主要是围绕感觉的分析等进行的，他有四分之一以上的论著都涉及这个领域。其具体贡献如下。

（一）关于运动引起的音调和颜色的变化，即多普勒效应。多普勒在1841～1843年间注意到，所观察到的音调或颜色受观察者与源之间相对运动的影响。但是，多普勒的同事佩茨瓦尔依据其振动周期守恒定律反驳多普勒理论。由于两种理论都不是由严格控制变量的实验而来的，所以存在产生争论的肥沃土壤。马赫在得到博士学位后不久，就在埃廷豪森的鼓励下建造仪器。他通过实验表明，多普勒原理和佩茨瓦尔定律都是正确的，前者涉及的是源和观察者的相对运动，而后者涉及的是传导介质相对于一固定源和一个固定的观察者的运动，佩茨瓦尔误解了多普勒原理和他自己的定律的应用范围。马赫当时所做的这个实验事实上是心理物理学实验，他从中看到观察者及其感官在物理现象探究中的不可缺少的中心作用。

（二）内耳迷路的功能和运动感觉。马赫早期曾经尝试把听力与耳朵构造，把运动感觉与人的生理学联系起来，但长期未获成功。在一次乘火车转弯时，他通过观察悟出某种道理，于1873年想用实验来检验。马赫制作了一个装在双重木框架内的旋转椅，把观察者置入其中。马赫发现，如果没有外部暗示，观察者没有均匀转动速度的直觉，只有加速或减速的感觉，即所谓的“第六感”。马赫在了解到内耳迷路的构造资料后断定：正是惯性，有助于压迫半规管液体，碰着壶腹内的感受器，从而引起运动感觉。两组半规管的每一个半规管都对称地排列在三个交叉平面之一上，能够联合提供关于任何方向转动的信息。1873 年 11 月 6 日，奥地利科学院收到马赫的论文。紧接着，维也纳的布罗伊尔（L Breuer，1842～1925）和爱丁堡的布朗（C. Brown）也独立地提出类似的理论，因此上述理论常常被称之为马赫-布罗伊尔-布朗理论。正是力学和流体力学的知识，使马赫能洞察到半规管的功能，而且对运动感觉的实验研究，也可能导致他对绝对空间和绝对运动概念的批判。

（三）关于视网膜各点的相互依赖及其对亮度知觉的影响（马赫带）。马赫取得博士学位后，因经费不足而从事视觉研究。一天，他拿着一个白色的轮子，轮子上有一个逐渐变小的黑缺口，马赫使它旋转。按照当时普遍接受的塔尔博特-普拉特奥（Talbot-Plateau）定律，旋转圆盘的外边缘上应该是连续变化的灰色，如果不规则的较亮部分向着内边缘的话。然而，事实上都出现了完全没有想到存在的两个颜色带。向着较暗的边缘有一个更暗的带，而向着较亮的边缘有一个更亮的带。这如何解释呢？

马赫在 1865～1868 年间写的五篇文章中解决了这个问题。马赫推论说，暗带和亮带是由视网膜形成的神经网中光敏元件（视网膜的杆或锥体）之间的相互依赖和抑制而形成的。因为这些效应随距离的增加而减少，所以在神经末梢受刺激的不同区域边界附近，差别被大大扩大，从而形成后来所谓的“马赫带”。很不幸，马赫的这一发现被遗忘了约三十年，直到 1890 年代几个科学家才独立地发现了马赫带。不过，洞察到神经系统中刺激和抑制对抗过程的意义，并企图用精确的数学术语处理它，确实是马赫对生理心理学的主要贡献。

（四）关于空间和时间的心理学和生理学研究。马赫区分了不同种类的空间和时间。在马赫看来，心理空间是我们注意“外边”的空间，它是直接给予的，是像颜色和声音一样的要素。它是马赫所谓先天空间或直观空间意指的东西，刚从蛋壳钻出的小鸡和新生儿都具有。物理空间是物理要素的特殊相关，是在物理学使用的“函数相关”，以便有助于把感觉以尽可能方便的方式相互关联起来。几何空间或度规空间是几何学家提出的理想化的构造物，它是均匀的、各向同性的、无界的和无限的，它可以有人们想象的那么多的维数。马赫对生理空间讨论得较多。他认为不同的感官都有各自的感觉空间，每一种感觉严格说来都有一定的空间性。视觉空间是最重要的，它不同于几何空间，它是非均匀的、各向异性的，而不是无限的和无界的，也不是度规的，它的位置、距离等只能定性地被区分。触觉空间是两维的、有限无界的，根据肢体的运动感觉才能增添第三维。空间感觉似乎没有达到鼻子，人们无法区分两个试管之一逸出的气味在左方还是在右方。耳鼓却能决定较强声源的方位，尽管十分粗糙。不过，生理空间与几何空间都是三维流形，针对几何空间的连续运动，存在着与之对应的生理空间点的连续运动。

马赫探讨了空间感知在生理上的形成过程。由基本感官提供的感觉部分地依赖于刺激的种类（质），可以称其为严格意义的感觉。而且，基本感官活动的一部分仅仅是由它自己的个体性决定的，以致不管刺激是什么，它都是相同的，虽说它随感官不同而变化；我们称这部分为感官感觉，并认为它等价于空间感觉。因此，可以说生理空间是分等级的感官感觉系统。没有严格意义的感觉,该系统当然不存在。但是,如果这个系统由变化的感觉引起,那么它就形成一个用来排列它们的登记簿。

马赫也详细地论述了与度规时间和物理时间相对照的生理时间。度规时间是一个测时概念,它是由相互比较的物理事件而产生的,与生理时间不同,它对每一个人都是相同的。物理时间是变化的相互关联。生理时间是伴随注意努力的一种感觉,这种注意努力与周期的或有节奏的重复的过程相关联。生理时间与度规时间二者看来是连续的,只在一个方向流逝。

马赫还探讨了图形在空间上全等或对称与我们自己感官构造的关系。他认为,具有垂直对称性的两个图形之所以比具有水平对称的好辨认,是因为垂直对称引起几乎相同的感觉重复,而水平对称则不能。垂直对称的图形为什么会引起几乎相同的感觉呢?马赫的回答是:因为我们的眼睛是垂直对称的。马赫的解释是有道理的,这已为当今视神经元的构造和功能的研究所证明。

(五)马赫是心理学和生理学领域诸多分支的先驱。马赫往往被认为是第一个注意到格式塔的性质,即被试验的整体并非只是等于察觉的部分之和。他在1861年对视觉对称的分析,已成熟地涉及视觉整体论。他表明,许多共同起作用的感觉器官的诸部分,能够实现它们单独不能实现的功能。曾被有的人视为最早写出格式塔性质(1890)的埃伦费尔斯(C. F. von Ehrenfels,1859～1932)在给友人的信中写道,当他把论文寄给马赫时,马赫以友善的方式回答说,他本人在1865年就以心理学方式描述了格式塔的主要思想。马赫对动物、儿童和人的行为的研究也可能对行为主义心理学有所启示和助益。

1861年,马赫就在一群同事面前建议,审查精神病院病人的感知敏感性是有价值的,次年又在奥地利医生协会聚会时正式提出来。遗憾的是,他的思想当时并没有引起应有的反响。马赫对梦、幻觉、儿童时期的经验也很感兴趣,他在谈到梦也是事实时说:

> 究竟这个世界是实在的,还是纯粹梦想的,这个常常提到的问题毫无科学的意义。就是最怪诞的梦,同任何其他事实一样,也是事实。假如我们的梦境更有规则性,更连贯,更稳定,那么它对我们在实用上也会更为重要。在我们醒时,要素的相互关系比在我们梦中丰富得多。我们认为梦是梦。当这个过程逆转过来时,心理的眼界就变得狭窄了。梦与醒的那种对立几乎完全没有了。在没有对立的场合,梦与醒、假象与实在之间的区别是完全无用的、无价值的。

在谈到梦的形成时,马赫揭示出:"梦中的古怪事情几乎全部可以归结为有些感觉与表象根本没有进入意识,而另一些感觉与表象进入意识则太难、太晚。联想的惰性是做梦的一个特点。理智往往只是部分地入睡。……还应补充说明,觉醒意识久已忘却的东西的最轻微的痕迹,对健康状况与心理情绪的最微小的干扰——它在忙碌的白天退居次要地位——都能在梦中发挥作用。"

这一切,与弗洛伊德(S. Freud,1856~1939)的精神分析和释梦研究是否有某种内在联系呢?有证据表明,曾研究过内耳迷路和半规管的布罗伊尔可能使弗洛伊德对马赫感兴趣,因为他们二人有许多接触与合作。弗洛伊德也可能通过波佩尔-林科伊斯的著作受到马赫的间接影响。弗洛伊德直接提及马赫著作和观点是在1900年6月的一封信中:"当我读最近的心理学书——这些书像我的工作一样具有相同类型的目的——并看到它们就梦说了些什么时,我像童话中的小矮人一样高兴,……"

马赫在论著中对自己童年时代经历有许多生动而真切的回忆,他也多次讨论过他自己的孩子和其他儿童的天真提问、议论和心理。例如,他的大儿子四岁时问他:当蜡烛熄灭时,影子和光到何处去了? 有个一岁的幼儿,想从吹口哨的父亲的唇边捉住声音。马赫得出结论:"在儿童看来,一切东西都是实体性的。"他深有体会地说:"对知识进行批判研究的人,同那些尚未入学启蒙的早熟儿童打交道可以得到很多东西。"可以说,马赫在这个领域又是一个先驱,他的研究兴趣和方向对皮亚杰(Jean Piaget, 1896～1980)的儿童心理学和发生认识论的形成有某种定向和启示作用。

(六)马赫对科学探索的心理学还进行了独到的分析和探讨,他仔细讨论过探索动机、感觉、记忆、联想、观念、概念抽象、意识、意志和意图、思想、语言、问题、洞察、判断、预断、预设等等,有兴趣的读者可以参阅他的《认识与谬误——探究心理学论纲》,此处不拟一一赘述。

马赫的心理学和生理学研究有着鲜明的特色:它运用了物理学的概念和方法,它贯穿着整体论的和进化论的思想,它把感觉经验置于认识论中心地位;尤其是,它一反传统的认识论研究的旧格局,即空洞的哲学议论和猜测的思辨玄想,而把认识论真正置于科学的探讨之下。

马赫的思想并不是无源之水、无本之木,他从19世纪的生理学和心理学中汲取了营养,但也坚持了自己的立场。马赫对于德国生理学之父缪勒(J. Müller, 1801~1858)的空间先天论、特殊的神经能理论、神经支配理论、视觉幻象研究留下深刻印象,但他最终认为缪勒的神经支配感觉并不存在。对于亥姆霍兹的迷路是听觉器官、谐音理论、共鸣定义,马赫则持否定态度,尤其反对亥姆霍兹的无意识推理和三色理论。马赫被认为接近于冯特(W. Wundt, 1832~1920),二人都对描述感觉感兴趣,二人均称感觉为要素,二人都严重地依赖内省和自我体验。关于"要素"术语,马赫可能是从冯特那儿借用的,但二人可能都受到费希纳的影响。赫林(E. Hering, 1834~1918)的讲演"论作为有机物质普遍功能的记忆",布伦塔诺(F. Brentano, 1838~1917)的行为心理学,对马赫也有重大影响。

四、杰出的科学史家和科学哲学家

在古往今来的科学史和科学哲学家当中,无论就论著之丰富、议题之广泛、洞察之深邃、思想之敏锐、影响之久远哪一个方面而言,马赫都是名列前茅的,能望其项背者,实在屈指可数。马赫的科学史著作往往包含丰富的科学和科学哲学内容,他的科学哲学著作也是兼容并蓄,斑驳陆离,富有新意。我们不妨先择其主要者介绍如下。

《能量守恒定律的历史和根源》于 1872 年在布拉格初版,第二版无改变地在莱比锡 1909 年再版,马赫仅添加了一个简短的序和几个注释。该书是一个纲要性的小册子,它预期了马赫在其他书中的几乎所有思想。它既包含一般能量学的要点，对自然科学和历史的一些事实的沉思，而且也以尽可能以概括的形式论述了马赫今后要继续探讨的科学哲学课题：科学理论的意义和作用，生理学和感觉心理学对认识论的重要性，思维经济原理，牛顿力学的缺陷，原子论的无结果，对古典的因果关系的批判，物理还原论，力学自然观，物质论（唯物论）以及一切形而上学的臆测形式。马赫这本书的影响虽说比不上其他书，但也不是未被注意。普朗克（M. Planck，1858～1947）在做博士论文前就读过这本书，内在论哲学家勒克莱尔（A. Leclair）在 1879 年的著作中甚至称马赫的书是"革命的"。

《力学及其发展的历史批判概论》（1883，莱比锡）亦译为《力学史评》，它也许是马赫所有书中版本和译本最多的著作。该书虽说是一部力学科学史著作，但操作论的、反形而上学的、反因果的观点以及思维经济的思想充满全书的字里行间。门格（K. Menger）中肯地评论道：

> 恩斯特·马赫的《力学及其发展当批判历史概论》是上世纪最伟大的科学成就之一，现在依然是描述任何领域思想发展的典范。这部著作在它自己的领域还充满着生命力。它能激起科学哲学家的灵感，对物理学史家是有价值的信息源，而且大大有助于力学教师。对初学者来说，它的头一半是具有无与伦比的明晰性和深度的、最鼓舞人心的入门。

《感觉的分析》1886 年初版于耶拿，这是一本关于认识论和心理学的重要著作。它刚一面世,就受到两位第一流的心理学家施通普夫(C. Stumpf, 1848～1936)和利普斯(T. Lipps, 1851～1914)的严厉批评。多年后马赫还哀伤地承认,他的基本观点遭到拒斥,只有细节得到认可。也许正由于这种状况,该书第二版迟至1900年才出版。马赫添加了一些章节和注释,对批评做了答复。正是到这个时候,马赫感到他的哲学毕竟符合时代的潮流,而他在1880年代之前一直是逆潮流而动的。事实上,第二版在几个月内就销售一空,这完全出乎马赫的意料之外,第三版紧接着在翌年出版。马赫这本书代表的普遍而自然的世界观,正在变成时代的智慧。不过,也有人最初对马赫的书就一见钟情。例如,生理学家勒卜(J. Loeb, 1859～1924)在1887年高度评价马赫的著作,并决定朝拜马赫。他从维尔茨堡写信给马赫说:

> 你的《感觉的分析》和《力学史评》是我从中汲取灵感和力量去工作的源泉。……你的思想在科学上和伦理上是我赖以立足的基础,我想也是自然科学家必须赖以立足的基础。

《科学与哲学讲演录》1896年初版于莱比锡,收录了马赫从1864年到1898年的十五篇讲演,到1923年出第四版时,已扩大到三十三篇。英文初版比德文版先一年出版,它包括十二篇文章。该书涉及的论题十分广泛:从液体的形状和科尔蒂神经纤维到和声和光速,从人为什么有两只眼和对称性到静电学和能量学,从方向感、视觉、射弹到学校教育,其中多篇文章涉及重要的哲学和方法论问题。该书是马赫与非科学和非哲学专业的读者进行心心相印交流的真诚尝试。它以有趣的论题、明澈的思路、晓畅的行文、优美的语句传达了科学研究的诗意和魅力,使读者时而有曲径通幽之感,时而有别有洞天之叹。马赫的诗人的想象和艺术家的气质在这里表现得淋漓尽致。该书使读者在马赫这位学识渊博的导游的带领下,能够在科学和哲学的王国尽情漫游,得到美的愉悦和享受。爱因斯坦在谈到马赫关于射弹的讲演时说:

> 在读马赫著作时,人们总会舒畅地领会到作者在毫不费力地写下的那些精辟的、恰如其分的话语时所一定感受到的那种愉快。但是他的著作之所以能吸引人一再去读,不仅是因为他的美好的风格给人以理智上的满足,而且还由于当谈到人的一般问题时,在字里行间总是闪烁着一种善良的、慈爱的和怀着希望的喜悦的精神。

《热理论原理》是为了回应玻耳兹曼(L. Boltzmann, 1844～1906)对奥斯特瓦尔德和能量论的批评而匆促写成的,它初版于1896年。该书涉及计温学、温度概念、热传导、热辐射、量热学、热力学、能量学的发展史,当然不是罗列好奇的和有趣的细节,而是追溯观念的起源和成长。该书有三分之一多的章节处理的是哲学和认识论问题,属于比较普遍、比较抽象的认知心理学文章。该书的目的与《力学史评》等著作一样,也是想"从物理学这个分支中消除无用的、多余的概念和无根据的形而上学假定"。

《认识与谬误——探究心理学论纲》1905年初版于莱比锡,在不到一年的时间内售罄,遂于翌年再版。维也纳的新岗位为马赫阐明他的哲学立场提供了最适宜的讲坛和智力激励。事实上，该书是马赫在 1895 年至 1896 年冬季学期开设的“心理学和探究的逻辑”课程的基础上形成的，只是对所选材料做了自由处理，认识论的心理学和自然科学方法论构成了这部专题著作的主干。全书共有二十五篇文章，书名取自第七篇文章的标题。该书是马赫科学认识论和方法论最清楚、最集中、最综合的阐述，是马赫科学哲学的创新卷。马赫希望这本书“将激励年轻的同行尤其是物理学家进一步思考，把他们的注意力引向某些毗邻的领域，他们倾向于忽略这些领域，但是当任何探索者开始他的思考时，这些领域却能提供许多阐明。”美国科学史家希伯特（E. N. Hiebert）在评论该书时说：

> 这些文章中所接触的观点时时给读者留下下述印象：马赫的学识渊博，他的深刻的、有价值的、第一手的实验敏感性，当然还有他倾注在文字材料中的杰出的、诙谐的、批判的气质，……科学的洞察，丰富而中肯的警句，对习俗和权威的漠视。

《物理光学原理——历史的和哲学的处理》是马赫拟议中的《光学》的第一卷，大约完成于 1913 年，1915～1916 年开始付印，但因故中断，直到马赫去世多年后才于 1921 年出版。在该书中，马赫详细地论述了我们对光现象和光仪器理解的实验进化和理论进化，描绘了数百个光学实验，考察了众多科学家的工作及思想发展。正如该书的副标题所表明的，它与《力学史评》和《热学原理》

一样，也是历史批判的和哲学的处理。该书有马赫对相对论表示不满的序言，该序言至今还在引起人们的争议。

马赫从1870年起一直到逝世为止，一直醉心于科学史研究。他关于能量守恒史、力学史、热学史和光学史的研究，成为科学史中的经典性的文献和科学思想史研究的楷模与范本。马赫把哲学精神贯穿到科学史研究，又从科学史研究中焕发出新的科学洞察和哲学洞见。这不仅建立起科学史和科学哲学的亲密姊妹关系——这是他的历史研究的一大特色——更重要的是对20世纪科学和哲学的发展产生了不可低估的影响。可以毫不夸张地说，迄今还没有任何一部科学史著作，像《力学史评》那样起过划时代的、革命性的作用。

与一般科学史研究论著相比，马赫的科学史研究具有十分鲜明的特征。

第一，它不是档案史和编年史，而是思想发展史。在马赫的科学史著作中，既没有按年代顺序简单地罗列事件，也没有干巴巴的例子堆砌和具体细节的冗长陈述，他关心的是科学观念或思想的起源和发展的来龙去脉。马赫告诫他的读者，不要期望在他的书中发现“档案研究的结果”，他“与其说关心有趣的古玩，毋宁说关心观念的成长和相互关联”。在马赫看来，编年史和档案史是古董商钟爱的事情，而不是他的课题的主旨和核心。马赫的历史批判分析试图阐明的关键问题是：我们如何继承我们目前的科学概念和理论？为什么它们是以我们变得习惯于接受它们的方式给予我们，而不是以可能在逻辑上似乎更加有理、在美学上更加值得称赞的方式给予我们呢？我们能够识别，是什么因素有助于采纳偏爱的推理模式和从其他领域得到类似的适应呢？在任何给定的历史时期，能够把什么东西视为构成科学理论的证据、证实或决定性的证明呢？

第二，马赫的科学史研究不是为历史而历史，而是为了摆脱偏见，启迪思想，发现问题，寻找新的途径。一句话，为了理解眼下的科学，为了激励科学家攻克目前的难题。马赫下述言论对此说得再清楚不过了：

> 不仅被后继教师接受和培育的观念的知识对历史地理解一门科学是必要的，而且探索者抛弃的短暂的思想，不，甚至是明显错误的概念，也可能是十分重要的和有教益的。历史地研究一门科学的发展是需要的，以免其中珍藏的原理变成一知半解的指令，或者更糟糕，变成偏见的体系。历史研究通过表明现存的哪一个东西在很大程度上是约定的和偶然的，不仅推进了对于现在存在的东西的理解，而且也在我们面前带来新的可能性。从不同思想路线在其会聚的较高的视点来看，我们可以用更为自由的眼光察看我们周围的情况，并在未知面前发现道路。

第三，马赫的科学史不是辉格史（Whig history），而是科学思想进化史。所谓辉格史，本意指英国辉格党史学家将该党的活动当做历史的进步运动记载下来的历史。巴特菲尔德（H. Butterfield, 1900～1979）则为辉格史观下了一个更为一般的定义：

许多历史学家站在新教和辉格党人一边撰写著作的一种倾向，目的在于赞扬已经胜利的革命，强调过去的某些进步原则，以便使写出的历史即使不是对现在的赞颂，起码也是认可。

马赫是明显鄙弃这种辉格史倾向的，他反对把科学史写成个人轰轰烈烈的、一帆风顺的传记史，或从过去各种科学理论中挑选出现在看来正确的理论并编上时间顺序的编史学(historiography)。他认为，科学史是充满偶然性和错误的进化史。即使现今视为正确的理论，也只是暂定的，也不能把它看做法定的体系。马赫的这种科学史观已体现在刚才的引文中，他在《热理论原理》的引言中更为系统地表述了他的观点。在马赫看来，在一个给定时期流行的、被过去多代人努力获得的思想模式，并非总是有助于科学发展的，而屡屡起阻碍科学进步的作用。远离学术界，甚至与学术界对立的探索者往往是科学进步的独创者，这只能是因为他们缺乏偏见，摆脱了传统的专业观点。马赫深刻地揭示出：

历史研究是科学教育的十分基本的部分。历史研究使我们了解其他问题，其他假设和其他看待事物的模式以及它们的起源、成长和最终衰退的事实和条件。在先前处于突出地位的事实的压力下，与今天得到的概念不同的其他概念形成了，其他问题出现了，并找到它们的答案，这反过来只不过是为在它们之后来到的新东西让路。一旦我们使自己习惯于认为我们的概念仅仅是为达到不同目的的工具，我们将发现，在给定的情况下，在我们自己思想中实现必要的转变并不困难。

正如马赫所说，他的《热理论原理》像其他几本科学史著作一样，是追溯热理论的概念的进化。在马赫的笔下，热理论缓慢而踌躇地，通过尝试和错误，一点一滴地进展到它现今的规模和相对的稳定性。

第四，马赫的科学史是文献证明的历史和直觉的历史的完美结合。文献证明的历史比较客观，但处理不好则会造成史料的堆砌和罗列，使人感到沉闷和干枯。直觉的历史比较有趣，有启发性，尤其是描述已去世的人物的思想过程时更是如此，但是这种心灵的探险确实充满极大的危险性。马赫懂得多种语言，他掌握了大量的第一手文献，他当然不会无视历史事实而随意想象和杜撰的，他只是不愿把文献证明的历史写成编年史和档案史罢了。马赫在尊重历史文献的基础上，擅长于历史人物心灵的探幽入微。爱因斯坦在马赫的历史批判科学史著作中，敏锐地洞悉到马赫这一高超技艺："他以深切的感情注意各门科学的成长，追踪这些领域中起开创作用的研究工作者，一直到他们的内心深处。"希伯特把马赫称为"科学大侦探福尔摩斯"，也许也有这层意思。

与晚年失去科学创造力转而"玩"哲学的科学家不同，马赫不仅晚年还保持着旺盛的科学热情，而且哲学思维可以说贯穿在他的整个一生。他在幼儿时就为知觉和因果性问题所困扰，1853 年读康德的著作和两三年后的顿悟，是他系统思考和真正步入哲学的起点。在维也纳大学求学期间(1855～1860)，马赫似乎没有读什么哲学书，但是他肯定思考了如何把他的经验论(现象论和实证论)与达尔文思想联系起来,与原子论协调起来,并致力于为科学谋求一个统一的基础。在1860年代初,马赫读了贝克莱(G. Berkeley, 1685～1753)、利希滕贝格(G. Lichtenberg, 1742～1799)和赫尔巴特(J. Herbart, 1776～1841)的著作,但是直到1880年代之前还未直接读休谟(D. Hume, 1711～1776)的原著。另外,1860年在科学上发生了三件大事,对马赫哲学思想的形成起了不可低估的作用。这三件事是:达尔文的《物种起源》(1859年11月24日出版)在德国和奥地利广泛传播;费希纳的《心理物理学基本原理》出版,该书试图描述一种赞同物理实在和心理实在二者的哲学;卡尔斯鲁厄会议听取了支持长期被遗忘的阿伏伽德罗(A. Arogadro, 1776～1856)关于气体中分子和原子数假说的讲演。

马赫曾多次谈及他的哲学思想的形成和渊源。他的最重要的自白也许是:

> 在1853年,在我的青年时代,我的朴素论的世界观已经剧烈地为康德的《导论》所动摇。一两年后,我本能地认识到"物自体"是多余的幻想,因而我又转向潜在于康德哲学中的贝克莱观点。但是,贝克莱的观念论情调是与物理学研究不协调的。自从知道了赫尔巴特的数学心理学和费希纳的心理物理学后,这种烦恼更加深了;可接受的事物与不可接受的事物的紧密联系显示出来了。康德培育的反形而上学倾向,赫尔巴特和费希纳的分析引导我接近休谟的观点。休谟对我没有直接的影响,因为我根本不知道他的著作,而与休谟同时代的更年轻的利希滕贝格则对我有所影响。至少他提出的"它

思”(Es denkt)故存在的论点给我以很深的印象。今天我认为反形而上学观点是一般文化发展的产物。

石里克认可马赫的自白。布莱克莫尔(J. T. Blackmore)认为,马赫宣称康德终止了他的“朴素实在论”。但是事实上,马赫一开始就未接受朴素实在论的因果说明进路,康德只是改变了马赫的认识论的呈现论(presentationalism)——从感官物理对象变为感官感知等价物。简言之,康德只是有助于克服马赫作为对他的“童年现象论”的改进而不完全或不情愿接受的朴素实在论的那些方面。洪谦教授则讲得更为明白:“马赫式实证论的根本思想,有人说来自贝克莱,这是不正确的。说他来自休谟在理论上是对的,但事实并不是如此。马赫的实证论的基本观点是在赫尔巴特的数学心理学和费希纳的心理物理学和利希滕贝格的‘它思’(it thinks)影响之下,通过科学研究和自我探索才形成的。”

关于贝克莱、休谟、康德,我们暂且不表。利希滕贝格是18世纪德国的物理学家和哲学著述家,曾扮演过启蒙的角色。他用“它思”代替“我思”(I thinks),可能激励马赫构造自我(ego或self)的双重定义:狭义的自我是由与特定个人相联系的感觉构成的,而广义的自我意指所有感觉的总和,在狭义的自我和它周围的物理环境之间是难以明确划界的。

赫尔巴特是德国哲学家和教育家,著有《根据经验、形而上学和数学新建的学科——心理学》等。他关于心理学是一门科学,能够像牛顿力学那样应用数学的思想,肯定引起马赫的关注。他的教学法强调对论题的组织和叙述要与学生的存储过程一致即学习经济,这一点也对马赫有所启示。但是,马赫不同意赫尔巴特对实体问题的解决办法,即用“实在的本质”解释“物”。

费希纳是从物理学转向心理学和哲学的,是建立心理物理学或实验心理学的关键人物。马赫多次明确承认他受到费希纳的“最大鼓舞”,并认为费希纳使他摆脱了“一生中最大的理智烦忧”,尽管他纠正了费希纳公式的错误,不愿把费希纳的心理物理平行论无节制地推广。费希纳对马赫最重要的影响也许在于:他把心理学放在科学的基础上;他仅假定一种既可用于物理学,又可用于心理学的实在;这种单一类型的实在有两“面”——物理的“外面”和心理的“内面”,其联系能够借助数学方程和函数来描述;他所创造的心理物理学具有把心与身联系起来的任务。此外,费希纳用函数说明代替力说明的智慧,也增强了赫尔巴特对马赫的影响。不用说,马赫对费希纳的思想进行了改造和改进。

1860 年代和 1870 年代,是马赫哲学形成和发展的时期。当时,马赫哲学的影响不大,也许仅限于马赫周围的有关人员,至多也只是德语国家和地区。以 1883 年《力学史评》的出版为契机,马赫哲学的影响比较迅速地得以扩展,并全面越出了德语世界,直至世纪之交达到鼎盛时期。在 19 世纪末,马赫哲学影响最大的是以马赫为首的批判学派的哲人科学家和具有同样倾向的科学家,当然还有与感觉经验论或实证论相关联的哲学流派和个人。在世纪交替时期和 20 世纪初期,马赫哲学最大的影响是以爱因斯坦为首的一批科学革新家,以及以维也纳学派(马赫被认为是该学派的先师)为主体的逻辑经验论者,从而直接导致 20 世纪初期的波澜壮阔的科学革命(物理学革命)和哲学革命。在这里,我们仅涉及马赫哲学影响的一些其他方面。

马赫哲学的早期影响主要在德语国家和地区，不过也通过移居美国的德国人和詹姆斯等传播到美国，通过皮尔逊和克利福德(W. K. Clifford，1845～1879)传到英国。

马赫与当时德国的几个哲学流派都有相互影响的关系。朗格(F. A. Lange，1828～1875)是德国哲学家、教育家和社会党人，他的重要贡献在于对物质论的论述，并在马堡大学建立了新康德主义。他反对原子论，鼓吹教育改革，提倡一种与马赫哲学类似的科学哲学。

阿芬那留斯是苏黎世教授。他独立地发展了一种类似马赫的现象论和"经济"取向的经验批判论哲学，其影响一开始甚至大于马赫，直至世纪之交才有所减退。他们二人从 1882 年开始通信，但不曾谋面。阿芬那留斯承认他与马赫"观点之间的融合"。马赫也承认："阿芬那留斯和我个人的观点很类似，以致人们难以想象，居于不同研究领域、经过不同发展阶段、相互毫无联系的两个作者会有这样相似的观点。"马赫认为，他们"一致之处""最重要的是在于对物理的东西和心理的东西的关系的看法方面"，并对阿芬那留斯消除形而上学的特别形式"排除嵌入"感兴趣。但是，马赫也明确表示："我不可能，也不愿意对阿芬那留斯所说的一切或其解释表示同意……"。他也反对阿芬那留斯生造"累赘的术语"。

舒佩(W. Schuppe，1836～1913)是德国的内在论(immanentism)哲学家。他坚持认为世界并不是超验的，而是内在于意识之中。他反对以任何方式支持根植于超验假定的假设的实在论者、物质论者、实证论者和观念论(唯心论)者。他把内在的意识观念、自我看做是认识论发展的出发点。作为现象论者的马赫和舒佩都同意我们只能够知道感觉,只有感觉存在,我们能指称的东西只是呈现给意识的东西。舒佩超越了马赫,力图证明只有现在意识到的东西才是实在的。马赫承认:"内在论哲学的代表们和我的观点非常接近。特别是关于舒佩的哲学……"他把他的1905年出版的《认识与谬误》题献给舒佩。

舒佩的哲学对德国思想家胡塞尔(E. Husserl, 1859～1938)及其现象学有明显影响,其中也许包含着马赫的思想成分。马赫从胡塞尔那里接受了心理主义的训示,但他不赞同胡塞尔的不会错的非感觉的"直觉"。胡塞尔对马赫的思维经济给予尖锐的批评。

尼采(F. Nietzsche, 1844～1900)是一位讲德语的哲学家和思想家。马赫和尼采在认识论上有许多和谐之处:二人都是现象论者,都倡导科学和真理服从于满足人的"生物学需要",都具有类似的关于物质、自我、上帝的观点。尤其是,他们都是永不息止的启蒙者。不同之处在于:马赫把感觉作为事实看待,而尼采觉得感觉只不过是解释;马赫指责尼采式的"超人"理想是"骄横的"、"不能容忍的"。尼采读过马赫的文章,并且十分喜欢它。

克利福德是英国一位早慧的杰出的数学家。他大体完成了《精密科学的常识》(手稿由皮尔逊整理增补,于1885年出版),该书深受马赫对质量、力和函数关系的理解的影响。另外,马赫的思维经济理论在克利福德的《讲演与论文》(1879)中也表现得很明显,马赫注意到这一点,并认为这也许是克利福德独立提出的。

马赫哲学在早期就传播到美国哲学界。勒卜对马赫著作甚为迷恋，自称受到马赫的强烈影响。罗伊斯(J. Royce，1855～1916)在1892年就熟悉马赫的《力学史评》和思维经济理论。皮尔斯(C. S. Peirce，1839～1914)在1893年就《力学史评》写了篇未署名的激烈书评。马赫关于逻辑和数学的观点接近詹姆斯、杜威(L. Dewey，1859～1952)等实用主义者的观点，杜威的工具论观点与马赫有相通之处，他还倡导马赫的中性一元论。

马赫与美国实用主义的密切联系和显著影响是通过詹姆斯实现的。詹姆斯是1860年代最早读过马赫著作的人，他像马赫和冯特一样被吸引到费希纳的心理物理学。1882年秋，詹姆斯到布拉格聆听了马赫"漂亮的生理学讲演"，并在一起散步、吃饭，待了四个钟头。他称马赫是"所有同行中的天才"，从此与马赫保持了长达二十八年的通信，直到他1910年去世。詹姆斯急切渴望《感觉的分析》的出版，他后来认真阅读了马赫这本书并加了评注，并称其是"一本特别有独创性的小书"，"一本天才的著作"。他在研究中引用了马赫的实验资料，并对马赫的观点加以评论。马赫把《讲演》第四版(1910)题献给詹姆斯。马赫是詹姆斯受惠最大的三个德语哲学家之一。马赫的中性一元论、彻底的经验论、科学概念的生物学功能、经济功能和函数关系的观点，都对詹姆斯很有影响。詹姆斯在写给马赫的信中，对马赫给予高度评价：

> 你的写作方式之明晰和雅致，你的思想之维妙，尤其是你关于我们的公式与事实的关系的普遍概念之真理(正如我坚定地相信的)，都使你在科学哲学著作家当中处于独一无二的位置。

马赫的著作也通过移居美国的德裔人士得以在新大陆传播。前面提到的勒卜就是一例。他早年深受马赫影响，后来唯一影响他的哲学家也似乎是马赫。他1890年移居美国，把马赫思想也带到美国。黑格莱尔(E. C. Hegeler)1883年就读了马赫刚出版的《力学史评》，他于1887年创办《公开论坛》杂志，以传播哲学和宗教思想。他雇用了德国侨民卡鲁斯(P. Carus，1852～1919)出任编辑，想把《力学史评》译为英语尽快出版。卡鲁斯在1888年和黑格莱尔的女儿结婚，他选中麦考马科(T. J. McCormack)为译者，于1893年出版了《力学史评》英文版。其间，马赫与卡鲁斯进行了一场友好的哲学争论，这有助于卡鲁斯更仔细地思考他的哲学立场。黑格莱尔和卡鲁斯发现，马赫现象论的一元论为使科学与宗教的和解提供了几乎是理想的哲学。马赫也从卡鲁斯那里引起对佛教的兴趣。《公开论坛》在1890年被《一元论者》杂志合并，马赫在该刊上发表了多篇文章。马赫也赞赏这三位人士想出版他的所有著作的计划。

在世纪交替时期和20世纪头十多年，马赫目睹了他的哲学的世界影响。在奥地利，马赫作为一位自由思想家和知识界的领袖，其影响遍及社会的各个阶层。不用说，马赫在维也纳的最大影响是对维也纳学派早期成员的影响。马赫在维也纳也与阿德勒家族长期保持着密切的关系。他与奥地利社会民主党领袖维克托·阿德勒(Victor Adler，1852～1918)过从甚密。维克托的儿子弗里德里希·阿德勒(Friedrich Adler，1879～1960)是马赫的信徒和追随者，他从阅读《能量守恒》时起就被马赫思想所征服，此后力图说服科学家和马克思主义者把他们的科学哲学奠定在马赫思想的基础上。

一般科学家和哲学家对文学艺术人士鲜有影响，但马赫是例外。马赫影响了以“青年维也纳”而闻名的文学运动的成员。施尼茨勒(A. Schnitzler, 1862～1931)是天才的剧作家和小说家，他对科学感兴趣。马赫是他的好友，他们曾一起尝试创作一出歌剧。巴尔(H. Bahr, 1863～1934)像施尼茨勒一样，也写了许多剧本和小说。他在19世纪就通过了他的“马赫阶段”。1903年，他甚至就马赫的“无自我”(egoless)哲学写了一出滑稽短剧《不可救的我》，并且首次指出马赫的本体论和佛教的本体论类似。霍夫曼斯塔尔(H. von Hofmannsthal, 1874～1929)在维也纳听过马赫讲课，并在博士论文中涉及马赫。马赫对文学家的最有意义的影响也许发生在穆西尔(R. Musil, 1880～1942)身上。这位小说家先后做过军官、工程师和科学家兼哲学家。他在1902年这个“恰到好处的时刻”读了马赫的《讲演》，后来就马赫哲学写了“论对马赫思想的理解”的博士论文(1908)。他认为马赫的现象论是有道理的，但却批评马赫的科学哲学。穆西尔的小说《无身份的人》反映了马赫“无自我”观点的影响，其风格强烈地暗示出马赫实验探究的路向。他对角色“无情绪的”处理和“客观性”也许会受到马赫称赞，但小说中的悲观主义情调和缺乏人性却可能招致马赫的反感。

在世纪之交，瑞士的苏黎世成为“马赫主义”的大本营，马赫的哲学同盟者阿芬那留斯在这里教书。在他于1896年早逝后，他的许多追随者如彼得楚尔特(J. Petzoldt, 1862～1929)等转而忠诚于马赫。当时在苏黎世，由来自各国的大学生和研究生组成了一个小团体，爱因斯坦后来也参加进来。一位当年的成员在1922年回忆说：

> 在苏黎世小圈子内，每一个人都有他自己的观念。但是在它外边，有一个人想着我们大家：恩斯特·马赫。这位伟大的维也纳物理学家和自然哲学家是我们中心的太阳。我们以他的名义集体创建了一个半组织的社团。我们把在学术专业内外传播这位大师的教导，并尽可能在我们自己的研究中应用其成果当做我们的任务。

尽管马赫在德国柏林有一系列哲学反对者，如施通普夫和普朗克等，但他的影响在第一次世界大战前夕还是突破了防线。以马赫哲学取向的实证论哲学学会在1912年建立，该学会的会刊《实证哲学杂志》也于次年出版。柏林的运动是周密计划的，事前发表了公开宣言(1911)，在宣言上签名的还有著名科学家爱因斯坦、希耳伯特(D. Hilbert, 1863～1943)、克莱因(C. F. Klein, 1849～1925)、黑耳姆(G. Helm, 1851～1923)、弗洛伊德等。彼得楚尔特和丁勒(H. Dingler, 1881～1954)在整个过程中是最初的提议人，且聚会也常在彼得楚尔特家中进行。

彼得楚尔特在耶拿大学学习物理学和数学时就读了马赫的《力学史评》，他把马赫所列的参考文献也追究到底，留下了深刻印象。马赫后来帮助他在大学谋取了职位，他们关系一直不错，但在对相对论以及某些哲学问题的看法上也有分歧。丁勒在1902年读了马赫的《力学史评》，他的《科学的限度和目的》(1910)对马赫印象极深，从而受到马赫器重。丁勒被认为是德国新实证论运动的“年轻的齐格菲”[①]，马赫很尊重他的观点，因为他理解马赫的科学方法论。他们两人都反对自称能以可靠的方式描述和说明物理本性的思辨数学体系，都认为科学定律是理想化的，但马赫从未接受丁勒的“先验论”。

马赫在德国还有若干“否定的”同盟者，诸如奥斯特瓦尔德、德里施(H. Driesch，1867～1941)和海克尔(E. Haeckel，1834～1919)等，他们反对马赫所反对的东西，但却坚持不同的“肯定的”学说。马赫赞赏德里施对机械论的攻击，但却不支持他的“活力论”。海克尔是达尔文主义的斗士，以《宇宙之谜》(1899)而引起轰动，但也遭到许多反对、攻击乃至谩骂。马赫通过给他写信和强调他们观点一致，试图使他晚年安心自在。确实，他们都拒绝心物二元论，海克尔的呈现论的物质论只是在词句上与马赫的本体论的现象论不同。但是，马赫没有暗示他们的分歧：海克尔使用原子理论，并奇怪地把心理实在归诸于细胞。

在彭加勒、迪昂、勒卢阿(E. Le Roy，1870～1954)、莱伊(Abel Rey，1873～1940)和库蒂拉(L. Couturat，1868～1914)等人的努力下，法国科学哲学从1900年到1914年出现了空前的繁荣局面。马赫哲学在某种程度上对此起到推动作用。柏格森(H. Bergson，1859～1941)虽然把法国智力史从孔德(A. Comte，1798～1857)以来的“实证阶段”引向结束，并以其生命力和直觉学说蜚声学坛，但是他也坚持马赫的普遍的呈现论的观点。柏格森不同意马赫的心理物理平行论，不过二人都认真看待对方的思想，

① 齐格菲(Siegfried)是德国12世纪初民间史诗《尼伯龙根之歌》中的英雄。

尽管他们关于科学的范围和价值的思想是不可沟通的。

英、美哲学的主流是，沿实证论方向逃避思辨哲学从而变得更科学。与此相反，法、意哲学则拒绝实证论而退回到直觉主义和思辨哲学。尽管如此，马赫哲学在意大利的影响也是实在的：《讲演》、《感觉的分析》和《力学史评》的意大利译本分别在1900年、1903年和1908年出版。意大利著名哲学家克罗齐（B. Croce，1866～1952）受到马赫思维经济理论的影响，他也是一位本体论的现象论者。他和马赫都是无神论者并拒斥形而上学，不过他对“经验的”科学评价较低，他更感兴趣的是感情、意图、价值、理想尤其是历史，他甚至把哲学等同于历史。克罗齐充分意识到，思维经济理论的创始人不赞成哲学观念论。

马赫对20世纪英国哲学有重大影响，尤其是影响了罗素（B. Russell，1872～1970）对物理学的理解和他所通过的认识论阶段的理解，即便主要是通过赫兹（H. R. Hertz，1857～1894）、克利福德、詹姆斯、维特根斯坦（L. Wittgenstein，1889～1951）间接影响的。罗素的中性一元论与马赫的统一科学概念和要素一元论有联系，他的《我们对于外部世界的知识》（1914）等著作，都是以马赫的感觉论为出发点，并根据当时的数理逻辑的发展而写成的。

马赫思想在20世纪也影响到美国的主流心理学和哲学。铁钦纳（E. B. Titchener，1867～1927）是英国人，从1892年到1927年在美国康乃尔大学负责心理实验室。他强烈受到马赫心理学和哲学思想的影响，马赫和阿芬那留斯的教导似乎根植于他的日常思维中。

通过詹姆斯及其追随者，马赫哲学对美国两种主流新哲学——新实在论和实用主义——的形成和发展也起了催化作用。例如，在1910年建立新实在论中，马赫的影响成为一个关键性因素。佩里(R. B. Perry, 1876～1957)、霍尔特(E. B. Holt, 1873～1946)和其他四个美国哲学家在是年发表了一个联合声明，尝试创造一个新的认识论立场，其解决方案是采纳马赫的中性一元论以及詹姆斯和马赫的函数理论。但是，他们排斥马赫的生物学需要论和对逻辑与数学的心理学把握。

自从马赫1895年在维也纳大学的就职演说中首次宣布他不是哲学家以来，马赫其后在文章和通信中多次申明他既不是哲学家，也没有所谓的"马赫哲学"。例如，他在《感觉的分析》中就这样写道：

> 我仅仅是自然科学家，而不是哲学家。我仅寻求一种稳固的、明确的哲学立场，从这种立场出发，无论在心理生理学领域，还是在物理学领域里，都能指出一条走得通的道路来，在这条道路上没有形而上学的烟雾能阻碍我们前进。我认为做到这一点，我的任务就算完成了。

马赫在该书中重申："再说一遍，并没有马赫哲学这样的东西。"在这里，我们究竟应该怎样正确理解马赫的"自白"呢？

诚如石里克所说："那些自己不要求成为哲学家的哲学家并不是最不成器的哲学家。……历史早已作出评价：马赫事实上既是科学家，又是哲学家，而且他在哲学史中的地位，历史已经颇为明确地作出定论了。"然而，马赫并不是传统意义上的(职业的或专业的)哲学家,他是作为科学家的哲学家,或作为科学家的科学哲学家,或作为科学哲学家的科学家,或哲学化的科学家,或一言以蔽之曰:哲人科学家。他的哲学也不是传统哲学家的有体系的、有专门名词(或生造术语)的、与科学无缘的哲学,他的哲学是科学家的科学哲学(请注意:它不完全等同于哲学家的科学哲学),即是与科学的基本问题(如科学的本质、目的和对象等)水乳交融、血肉相关的科学哲学,是科学家喜闻乐见的、能从中实际得到启迪的科学哲学。历史表明,正是这些没有被冠以哲学家头衔的科学家的哲学思维成果,大大推进了人类思想的发展,成为思想史上的一个个路标。

马赫是在两种不同的意义上理解和使用"哲学"一词的。当他否定它时,他是把它与"形而上学"等同的,如康德的物自体学说,贝克莱的以神的存在为原因的学说。当他肯定它时,他意指的是"科学方法论和认识心理学",是认识论或"专门科学结果的批判的统一"。马赫不接受哲学家的桂冠,主要不是出于谦虚,而是为了与传统哲学家划清界限,以免遭到这些有体系的人的过分攻击,以便能够接近并吸引科学家。马赫拒绝马赫哲学的花环,也不是轻视哲学,而是为了强调要回答科学家普遍关注的重要问题,并不需要一种专门的哲学。也许马赫嘲笑了传统哲学,但是帕斯卡(B. Pascal, 1623～1662)的名言说得好:"能嘲笑哲学,这才真是哲学思维。"不过,马赫晚年对哲学表现得宽容多了。他认为哲学家和科学家尽管有个人差别,"但几乎都是朝着一个地点会聚的",并把从十分普遍的哲学考虑特殊的科学概念作为一种进路予以承认。

马赫是从科学经过科学史走向科学哲学的,他的哲学思想也是从科学前沿的研究中生发和提炼出来的，这本身就决定了它的独创性和新颖性。但是，马赫在形成自己的哲学时也吸收了众多哲学家和诸种哲学流派的思想和观点；加之经验事实给他规定的外部条件不容许他在构筑自己的哲学时过分拘泥于一种认识论体系，而他面对的问题又迫使他必须从不同的视点关照，这样他便不得不采取一种卓有成效的“机会主义”观点，在诸多的两极保持必要的张力——多元张力。鉴于这种复杂的现实状况，那些仅从自己体系出发的“哲学揣度人”，那些抓住片言只语就恣意发挥、引申的“哲学幻想家”，那些东拉一句、西扯一段、胡乱拼凑的“哲学裁缝匠”，以及出于阶级仇恨和战斗激情的“哲学革命者”，便依据自己的“职业”特点、环境气候、喜怒哀乐，给马赫贴上各种哲学家之“主义”和各种哲学派别之“论”，以及这些“主义”和“论”的种种排列组合的标签，把马赫涂抹得也许自己也不认识自己了。这种哲学上的“对号入座”、“瞎子摸象”式的“两军对垒”的简单化、庸俗化、政治化的做法，长期以来害够了我们的学术研究。其实，马赫也早就觉得他的话“常常被人误解”，他早已有言在先：

> 这些批评家还责难我没有将我的思想适当地表达出来，因为我仅仅应用了日常语言，因此人们看不出我所坚持的“体系”。按照这种说法，人们读哲学最主要的是选择一个“体系”，然后就可以在这个体系之内去思想和说话了。人们就是用这种方式，非常方便地拿一切流行的哲学观点来揣度我的话，把我说成是观念论者、贝克莱主义者，甚至是物质论者，如此等等，不胜枚举。关于这点，我相信自己是没有过错的。

虽说马赫哲学没有一个完整的体系和自造的术语,但只要认真研读一下他的原著并加以冷静思考,马赫哲学的结构和脉络还是明晰可辨的。马赫哲学的目标很明确,这就是把认识论从思辨的、空泛的哲学议论提高到科学的层次上加以研究。为此,他把他的哲学奠定在要素一元论(广义的)或感觉一元论(狭义的)的根基上,其主题自然便落入经验论的范畴——马赫的经验论是感觉经验论。这种经验论虽则激进和彻底,但并不极端和狭隘,它可以被称之为彻底的经验论。由于它与科学密切相关(生发于科学又反作用于科学),也可称之为科学经验论。与目标相联系,马赫哲学的特色充分表现在他的进化认识论和思维经济原理上。这一切进而作用于马赫哲学的反形而上学和统一科学的总意向,这种总意向也反作用于马赫哲学的根基和主题等。不用说,作为哲人科学家,马赫哲学的本体是科学家的科学哲学,即科学方法论和探究心理学,但是深厚的人文精神和强烈的社会责任感又驱使他在社会科学中漫游,从而形成了马赫哲学的侧枝——社会哲学(人道主义、和平主义、科学主义、无神论和教育思想等)和与自然主义联姻的人道主义。马赫哲学不是僵化的知识之学,而是鲜活的智慧之学和沉思哲学,从而显示出其现实的和特有的精神气质——启蒙和自由、怀疑和批判、历史和实践、兼容和宽容、谦逊和进取。马赫哲学仿佛是一株"枝枝相覆盖,叶叶相交通"的哲学常青树——一株拔地而起、枝繁叶茂的智慧之树!有人断言马赫哲学是"大杂烩","是一些矛盾的没有联系的认识论命题的堆砌"(列宁),只能说明他对马赫哲学并无真正的、全面的、深入的研究。

五、满目青山夕照明

马赫在不幸瘫痪之后，并没有向冷酷的现实低头，他以顽强的意志和过人的精力与命运抗争，做出了令正常人也难以想象、难以完成的工作。在生命的黄昏时分，他的大脑涌现出的新思想，依然光彩熠熠，描绘出一幅"落霞与孤鹜齐飞，秋水共长天一色"的绚丽画卷。爱因斯坦在悼念马赫逝世的文章中，准确而传神地揭示了马赫晚年的内心追求和精神境界：

> 他对观察和理解事物的毫不掩饰的喜悦心情，也就是对斯宾诺莎(B. de Spinoza，1632～1677)所谓的"对神的理智的爱"，如此强烈地迸发出来，以致到了高龄，还以孩子般的好奇的眼睛窥视着这个世界，使自己从理解其相互联系中求得乐趣，而没有什么别的要求。

从1898年7月右半身偏瘫到1916年逝世，在将近整整十八年间，马赫不仅行动不便，而且不断遭到其他疾病的折磨。他年事已高，生活无法自理，耳聋，讲话声音含糊，后又患上风湿痛(1903)、神经疼(1906)、前列腺炎和膀胱病(1913)。但是，病魔并没有制伏他。瘫痪后不几天，他就开始练习用左手打字。他不能穿衣、吃饭、洗澡，全靠妻子精心照顾。他不能走路，就借助手杖和轮椅，必要时出动救护车。他不能写字，就用左手的一个指头打字。他不能做实验，他儿子路德维希按他的意图替他完成。路德维希是位医学博士，他从1880年代后期在布拉格就承担起马赫实验室的主要责任，现在又成为他父亲的保健医生，还要在父亲生病时帮助复信和处理诸多事务。因此，布莱克莫尔认为马赫一生最后十八年（在某种程度上是最后三十年）的历史是由马赫父子"共同谱写的"，路德维希是"幕后的巨人"。

马赫1901年从维也纳大学正式退休。他原准备退休后去意大利佛罗伦萨定居，在那里能够同布伦塔诺和斯特洛（J. B. Stallo，1823～1900）交谈。斯特洛这位当时并不引人注目的德、美哲学家，早先就了解马赫的许多思想。马赫在《热理论原理》第二版中提到，他是从罗素《几何学基础》（1898）的参考文献中注意到斯特洛《近代物理学的概念和理论》（1882）"这一丰富的、明晰的著作"的，而斯特洛的思想和文章早在1860年代末和1870年代初就发表了。斯特洛的书给他留下深刻印象，他为该书德文版（1901）写了序，并把他的《热理论原理》第二版（1900）题献给斯特洛。不巧，斯特洛在世纪伊始去世，马赫也就打消了去意大利度晚年的计划。

从1900年至1913年，马赫以惊人的毅力完成了诸多写作和出版任务。他修订了《感觉的分析》（在篇幅上扩大了一倍），删节并增补了《力学史评》。给《讲演》德文版增补了七章，他把自己的科学哲学讲演汇集成一部新著《认识和谬误》。他连续三年（1901～1903）为《一元论者》杂志撰写了三篇论文，从感觉生理学和心理学、历史和物理学的观点讨论了空间概念的本性、起源和发展问题；他的研究对几何学的哲学基础的讨论做出了独特的和不可或缺的贡献，"赢得了权威性和统帅地位"；这三篇文章的英文合集以《空间和几何学》为题于1906年在美国初版。他在1913年还完成了《物理光学原理》的前一半，并为他最后一部著作《文化和力学》收集资料。

在此期间，马赫还就哲学、大众科学、科学实验工作发表了十五篇新写的文章。他的两篇重要哲学文章很长，1919 年以书的形式出版。马赫还为十多本书写了序言，并在旧著的新版本中添加专门的章节或注释，为他的思想辩护。此外，他还就科学和哲学问题与众多的学者和年轻人通信。他还参与了许多支持正义和进步事业的活动，他的政治活动在 1907 年达到高峰。他还在 1910 年发表了"我的科学知识论的主导思想及我的同代人对它的反应"论文，回答了普朗克的挑战。马赫多种著作的外文译本也在这时候相继在世界各地出版，旅居锡兰（现称斯里兰卡）的生理学家比尔（Theodor Beer）甚至在科伦坡看到，马赫的著作的当地语言文本摆在书摊上。

也许下述事件最能说明，马赫直到生命的最后几年还保持对新事物的好奇心和思想的青春活力。1911 年，美国人类学家洛伊（R. H. Lowie，1883～1957）闯入马赫的生活。他在同年 3 月写信给马赫，告知马赫的书在哥伦比亚大学研究生中成为关注焦点，后来又陆续寄来他撰写的文章和书籍。这些出版物讲述了洛伊在印第安部族中的所见所闻，马赫对此产生全新的兴趣。其间，马赫的妹妹出版了她的自传，书中有门的内哥罗（黑山）、布科维纳（俄罗斯、罗马尼亚）等地的民族风俗习惯的细节，这进一步激起马赫对社会学和人类学的兴趣，尤其是对原始文化群体的兴致。到 1913 年春，马赫把未完成的《物理光学原理》放在一边，全心全意地致力于新的研究方向。大儿子路德维希帮他在图书馆和博物馆查找资料，三儿子（他是一位画家）帮他制图和绘画，小儿子（他开设了一个机械工场）为他提供有关用手和机器加工日常器皿的知识的咨询，老伴帮他料理生活，马赫自己则专心致志地撰写力学前史的著作。他想描绘原始人如何逐渐学会制作、使用工具和器皿，他哀叹自己缺乏这方面的准确信息。就这样，马赫克服了令人难以置信的困难，终于在1915年8月为《文化和力学》写完了序言，并于当年出版了这本浸透着马赫及其家人心血的书。洛伊大概没有想到，他的友好的热情使马赫最后几年的岁月变得充实而愉快。

路德维希由于铝镁合金和干涉仪等发明专利而发了财，他于1912年为父亲在巴伐利亚建立了家庭实验室。马赫起初不愿离开旧居，后来当他转而渴望去时，却在一次偶然事故中损伤了髋骨，又受到前列腺炎和膀胱病的折磨，使得他在一段较长的时间内卧床难起。1913年5月，马赫终于离开维也纳附近的多瑙河城，迁居到慕尼黑附近紧靠哈尔镇的法特尔斯特滕村。对于个人生死，他早就置之度外，因为他早已视死如归：

> 自我同物体一样，不是绝对恒久的。我们那么怕死，就是怕消灭自我的永恒性。但这种消灭实际上在生存中就已经大量出现了。我们所珍视的东西在无数摹本中保存下来，或是因为有卓著的特点，通常会永垂不朽。可是，即使是最好的人也有其个人的特点，对于这些特点的丧失，他自己和别人都不必惋惜。其实，死亡作为摆脱个人特点来看，甚至可以成为一种愉快的思想。

但是对于他所处时代的前景(当时距第一次世界大战爆发仅仅一年),马赫却显得忧心忡忡。他在离开维也纳时写给奥地利科学院的一封告别信中,在诙谐的话语中却不免流露出忧悒之情:“这封信应该是我的最后一封信,我只是请你们设想,卡隆[①]这个淘气鬼已把我带到还没有加入邮政联盟的邮政所。”

身体瘫痪的马赫是以“卧式”方式乘火车到慕尼黑,然后改换救护车抵达新宅。也许是地处大森林的幽雅环境,出乎意料的是,马赫的健康状况显著改善了。到1913年7月,他重新开始紧张的写作,并高兴地接待众多来访者。他再次与大儿子路德维希密切合作,进行光学实验。有时困难不能尽快克服,他们就把自己锁在实验室内,靠巧克力度日,直到问题解决为止。他们曾在工作室连续待过两天。在逝世前的两年多时间里,他一直关注着各种科学和哲学问题。例如,1913年,当有位科学家怀疑多普勒理论与相对论不相容时,他用实验证据再次表明,多普勒的思想是正确的。他在1916年发表的最后一篇文章中重申他坚信拉马克、赫林和无意识的“记忆”——这是马赫的“天鹅之歌”。

1916年2月19日,在西线战事暂时平静之时,恩斯特·马赫因患心脏病不愈而安详地合上了他的双眼,享年恰恰七十八岁零一天。一个不断喷涌新思想的大脑永远停止了思维,一颗热爱人类进步事业的心脏永远停止了跳动,一位从不知道疲倦的伟大的人永远安息了!马赫生前留下遗嘱,他的葬礼应该“最大可能地节

---

① 卡隆(Charon)是希腊神话中厄瑞克斯和尼克斯(夜女神)的儿子。他的任务是在冥河上摆渡举行过葬礼的死者的亡灵,船资是放在死者口中的那枚钱币。

省”,把节省下来的钱捐赠给普及教育协会和维也纳社会民主党的机关报《工人报》。他的家人遵照死者的遗愿,葬礼简朴而肃穆。卡鲁斯用如下语句描绘了马赫的火葬仪式:“他躺在冷杉树丛之中,他最近喜爱在冷杉树下消磨时光。他的左手旁放着拐杖,这根手杖十六年来是他的忠实伙伴。他头上戴着月桂花环,这是他女儿亲手编织的。2 月 22 日清晨,马赫教授的遗体被十分平静地送入火焰之中。”

马赫离开了与他日夜相伴的亲人,离开了与他共同奋斗的同事、学者和朋友,离开了他所挚爱的善良的人们。他是幸福地离去的,他有足够的理由感到幸福,因为他的观念和思想已融入永恒的生命之中。他在《感觉的分析》中早就这样写道:

> 每个人都认为自己是一个不可分的、独立于别人之外的单一体,所以他只知道自己。可是,有普遍意义的意识内容会冲破个人的这种界限,又自然而然地附属于个人,不依靠发展出这些内容的那个人,而长久维持着一种普遍的、非私人的、超私人的生命。对这个生命作出贡献是艺术家、科学家、发明家、社会改革家等等的最大幸福。

六、“回到马赫去!”[①]

马赫是 19 世纪末叶到 20 世纪伊始的伟大科学家和伟大哲学

① 据说,这是科学哲学家费耶阿本德讲的。我没有查明其出处,这样反倒能使我不受他的思想的诱导和约束,可以尽情地自由发挥。

家，他的思想直接导致了本世纪初的科学革命（物理学革命）和紧随其后的哲学革命（逻辑经验论）。

仅此两点，就足以确立马赫在科学史和哲学史中的牢固的、不朽的地位。这种历史地位是一个历史的事实，它是任何人也无法抹杀的和取代的。

而且，马赫除在世纪之交对弗洛伊德的精神分析有所影响外，在20世纪中叶相继涌现的爱因斯坦等科学家的科学哲学、皮亚杰的发生认识论、波普尔的批判理性论、以库恩为代表的历史学派、费耶阿本德的批判主义和方法论的多元论以及形形色色的反归纳主义中，都或多或少有马赫播下的种子和掺入的酵素。

在20世纪末叶，马赫富有启发性和预见性的思想，又在自然主义和进化认识论中开花、结果。马赫又一次扮演了思想先驱的角色。

作为时代骄子的马赫，他的思想不仅哺育了他所处的时代，而且也影响了整个20世纪的智力世界。马赫是时代的产儿，时代也是马赫思想活动的大舞台。

马赫无疑是一位有过重大贡献并产生了深远影响的历史人物，这是每一个尊重事实的人有目共睹的。但是，马赫的思想现在还有生命力吗？

有人认为，马赫的认识论态度今天已经过时，它已经失去昔日的吸引力和魅力，正在遁入古老幽深的典籍王国，成为历史博物馆的陈列品。

费耶阿本德却不做如是观。他针锋相对地大声疾呼："回到马赫去！"

费耶阿本德的呐喊不无道理。因为马赫的生命是“一种普遍的、非私人的、超私人的生命”，尽管他本人早已作古；因为马赫的思想是“生活的真正珍珠”，它“能够被唤起和结果实”，尽管它现在已不存在于波普尔的“世界2(马赫的大脑)而仅存在于“世界3”。

诚如亚里士多德所言，以自身为对象的思想是万古不没的。这就是我们今天读马赫的著作还能产生意义共鸣和获得思想启迪的原因。

“回到马赫去!”并不是要回到马赫的激进经验论去。因为经验论和理性论的古老对立，实在论与观念论的传统相背，正在新的探索中逐渐渗透、消融，并失去其绝对僵硬的意义。

“回到马赫去!”也不是要回到马赫的要素一元论去。尽管要素说中的“天人合一”真谛仍待人们去发掘、去认识，但是诚如马赫所说，它毕竟只适应于当时的“知识总和”，它并“不自命为万古不灭的哲学”，并“随时准备”“让位于更好的见解”。

那么，“回到马赫去!”，究竟要回到哪里去呢?

这就是要像马赫那样，把认识提高到科学实践的高度来研究，把科学的新鲜气息注入认识论。当年“一分为二”和“合二而一”争论的“哲学广播操”对此根本无济于事，现今沿用的几对陈旧的、干巴巴的概念的排列组合，对此也无能为力。认识论研究的勃兴只能寄希望于科学的认知理论。

这就要像马赫那样，把科学与哲学密切结合，让古老的哲学焕发青春的活力，让科学哲学真正成为科学家的哲学。这样一来，哲学才能汲取科学的营养，成为与时代精神、现实生活和科学实践密切相关的智慧的哲学；科学才能焕发出哲学精神，成为超越功利和超越知识本体的智慧的科学。

这就要继续弘扬马赫统一科学的思想,使科学文化人文化,人文文化科学化,从而消除二者之间现存的藩篱和鸿沟。

这就要认真发掘马赫的自然主义和生态伦理的思想遗产,使人类学会与自然和谐共处的生存智慧,最终达到“天人合一”的理想境界。

这就要大力发扬马赫及其哲学的自由、启蒙、怀疑、批判、历史、实践、兼容、宽容、谦逊、进取的精神气质,克服盲从和轻信,警惕教条和僵化。我们这个世界受教条之害、蒙盲从之难实在太多了。

这就要批判地继承和光大马赫的科学主义、和平主义、人道主义。这三者已经成为现时代的主旋律,马赫的思想遗产无疑可以成为谱写这个主旋律的一串美妙音符。

“回到马赫去!”就是要开掘和拓展马赫的上述思想遗产,要深思和领会马赫的下述具有现实意义的遗训:

> 今天,当我们看到社会动荡,看到人们像一个机关的登记员按照他的状态和一周的事件改变他在同一问题上的观点时,当我们注视这样产生的深刻的心理苦恼时,我们应该知道,这是我们哲学的不完备和转变特征的自然而必然的结局。有资格的世界观从来也不是作为赠品得到的,我们必须通过艰苦的劳作获得它。只有准予在理性和经验起作用的领域内自由地倾向于理性和经验,对人类的幸福来说,我们才能缓慢地、逐渐地,但却是有把握地趋近统一的世界观的理想,只有

这种世界观才能与健全精神的经济和谐共存。

回顾历史，马赫的思想确曾“杂花纷陈醉流莺”；展望未来，马赫的遗产也能“出水芙蓉晚更明”。我们有理由这样确信和期待。

参考文献

[1] E. Mach, *History and Root of the Principle of the Conservation of Energy*, Translated by Philip E. B. Jourdain, Chicago, The Open Court Publishing Co., 1911.

[2] E. Mach, *The Science of Mechanics: A Critical and Historical Account of Its Development*, Translated by J. McCormack, 6th Edited, The Open Court Publishing Company, La Salle Illinois, U. S. A., 1960.

[3] E. 马赫：《感觉的分析》，洪谦等译，北京：商务印书馆，1986年第2版。

[4] E. Mach, *Popular Scientific Lectures*, Translated by Thomas J. MeCormack, Open Court Publishing Company, U. S. A., 1986.

[5] E. Mach, *Principles of the Theory of Heat, Historically and Critically Elucidated*, Translation Revised and Completed by P. E. B. Jourdain and A. E. Aeath, D. Reidel Publishing Company, 1986.

[6] E. Mach, *Knowledge and Error, Sketches on the Psychology of Enquiry*, Translation from the German by Thomas J. McCormack, D. Reidel Publishing Company, 1976.

[7] E. Mach, *The Principle of Physical Optics*, An Historical and Philosophical Treatment, Translated by John S. Anderson and A. F. A. Yong, Dover Publications Inc., 1926.

[8] *Ernst Mach: Physicist and Philosopher*, Edited by R. S. Cohen and R. J. Seeger, Boston Studies in the Philosophy of Science, Vol. 6, D. Reidel Publishing Company/Dordrech Holland, 1970.

[9] John T. Blackmore, Ernst Mach, His Work, Life, and Influence, University of California Press, 1972.

[10] M. Bunge, Mach's Critique of Newtonian Mechanics, *Am. J. Phys.*, 34 (1966), 585－596.

[11] E. N. Hiebert, Ernst Mach, C. C. Gillispie ed., *Dictionary of Scientific Biography*, Vol. Ⅷ, New York, 1970－1977, pp. 595－607.

[12] F. 赫尔内克:《马赫自传》遗稿评介,陈启伟译,《外国哲学资料》(第5辑),北京:商务印书馆,1980年,第67～96页。

[13] P. K. Feyerabend, Mach's Theory of Research and It's Relation to Einstein, *Stud. Hist. Phil. Sci.*, 15 (1984), pp. 1－12.

[14] E. N. Hiebert, The Influence of Mach's Thought on Science, *Philosophia Naturalis*, Band 21, Heft 2～4, 1984, pp. 598～615.

[15] M. 石里克:哲学家马赫,洪谦译,北京:《自然辩证法通讯》,第10卷(1988),第1期,第16－18页。

[16] G. 沃尔特斯:现象论、相对论和原子:为恩斯特·马赫的科学哲学恢复名誉,兰征等译,北京:《自然辩证法通讯》,第10卷(1988),第2期,第16－26页。该文是按作者寄给李醒民的打印稿翻译的。

[17] 洪谦:关于逻辑经验论的几个问题,北京:《自然辩证法通讯》,第11卷(1989),第1期,第1－6页。

[18] 李醒民:论作为科学家的哲学家,长沙:《求索》,1990年第5期,第51～57页。

[19] G. Wolters, Mach and Einstein in the Development of the Viena Circle, *Ata Philosophica Fennica*, 52 (1992), 14－32.

[20] 李醒民:《马赫》,台北:三民书局东大图书公司,1995年第1版,xvii＋412页。

[21] 李醒民:《伟大心智的漫游——哲人科学家马赫》,福州:福建教育出版社,1995年第1版,xii＋317页。

(原载李醒民主编:《科学巨星——世界著名科学家评传丛书》2,西安:陕西人民教育出版社,1995年11月第1版,第68～127页)

译 后 记

今天是农历辛卯年腊月二十七，窗外不时传来隆隆的鞭炮声提示我，新年的脚步越来越近了。连日来，我一头扎在《科学与哲学讲演录》的编辑校对中，竟然淡忘了即将来临的新年。现在眼看工作接近尾声，心里感到一阵轻松。在这“新桃换旧符”的时节，在译稿即将付梓之时，望着窗外飘舞的雪花，我思忖着，该对过去的那些日日夜夜说些什么呢？

从 2010 年夏日着手翻译直到现在，算起来已经一年有半了。这段时间的心神，除了教学，几乎全部浸润在马赫的十篇讲演中。《科学与哲学讲演录》是马赫的一部名著，自 1896 年出版以来，在西方学术界和思想界引起较大反响。《讲演》体现了马赫对知识论的重要贡献，同时也显示了对心理学方法的有意义的揭示，以及心理学与物理学中范例样本的研究。同马赫的其他著作[①]一样，《讲演》论域广泛，语言丰富，行文方式变化多端，在冷静的科学论理的同时，不时穿插哲学思考和诗意的想象，正所谓“科学与哲思齐飞、逻辑与诗意共融”。因此，有机会迻译这样一部著作是译者的荣

① 马赫的主要著作有《感觉的分析》、《力学及其发展的批判历史概论》、《认识与谬误》、《大众科学讲演》、《热理论原理》、《物理光学原理》、《文化和力学》等。

幸,同时也是对译者的语言能力和心理耐力的挑战和考验。

怀着敬畏与忐忑的心情,我开始初涉译事。这时马赫的讲演对于我,就像流行歌曲所唱的:"你的一切移动,左右着我的视线,你是我的诗篇,读你千遍也不厌倦。"然而,随着逐渐进入状态,我也有了"事非经过不知难"的切身感受。翻译毕竟不同于阅读,阅读总可以不求甚解,而翻译却一定要字斟句酌、穷究细委、熟读精思。一个词汇,甚至一个标点符号弄不清,意思都会走样。因此,有时往往为了一个单词不知要查多少遍词典,为了解析一个句子不知要耗磨多少时间,为了找到合适的语词不知要多少次枯思苦坐、搜肠刮肚。记得翻译《液体的形状》一处段落,由于白日的深潜沉思,睡梦中时而跳出这种译法,时而跳出那种译法,这时恨不能将马赫唤醒或者自己变成马赫本人,去涵泳体察作者的原意。真是"辗转反侧念马赫,一夜憔悴为伊多"。这,大概就是译事的艰辛吧。然而当谜题破解如梦方醒的那一瞬间,顿有醍醐灌顶,甘露滋心之感。这时莫大的喜悦涌上心头,人也立刻精神百倍。我曾经写道:"翻译虽然清苦,却也充满趣味和挑战。当您将一个个长句子分析透彻,将相关代词对号入座以后,复杂变得简单了,混沌变得有序了,模糊变得清晰了,一个蛮横乖张的句子突然变得温顺起来,一切尽在掌握之中。这种感觉真让人兴奋并有些上瘾,这是否与科学家探索宇宙奥秘的动机有几分类似呢。"亚里士多德说,从沉思中获得的快乐几乎相当于神的快乐。的确,理智的愉悦是任何锦衣玉食的物质享受无法比拟的。

"惟有吟哦殊不倦,始知文字乐无穷。"在两种语言的转换过程中,我充分体会到语词的丰富与微妙。例如短语 brilliant play of colors,最初我按字面译为“色彩的绚烂缤纷”,查字典后发现“绚烂”本身就有色彩之意,为了使表达更加恰当洗练,后改为“五光十色”。这样的例子还有很多。人们常戏说,译文好比女人,漂亮的不忠实,忠实的不漂亮。一年多的琢磨玩索让我深切感受到,译文要忠实且漂亮,一定要在语言文字上狠下功夫。其实,在与文字打交道的过程中,每一次咬文嚼字、搜索揣摩,都会让你感觉纸上的文字有了鲜活的生命,它们与你屡屡躲闪较量,似乎是在考验你是否值得“托付”。这何尝不是一种雅趣呢?

翻译的世界是奇妙的。对于学者而言,我觉得翻译就是对心性和定力的修炼。它可以让人完全沉潜下来,全神贯注于一件事情当中,从而摆脱现实的束缚,获得做学问极为宝贵的主观的精神自由。宋诗云:“长壕无事不耐静,若非织绡便磨镜”。我常常想,如果一名学者不能“耐静”,常绸缪于虚名,每纷纶于实利,时髦课题装其怀,职称论文犯其虑,又如何安下心来思考问题呢?如今很多学人不愿将大块时间投到译事中,认为翻译无非是“为他人作嫁衣裳”,原创性少不说,还捞不到实在的“好处”。我却喜欢翻译带我进入的“客观知觉和思维”的宁静世界。因为这里是引发创造的契机,是萌生诗意的土壤,是人生难得的生命体验。诚如李醒民教授“书《科学与哲学讲演录》译稿之后”的诗句所言:“升堂入室究阃奥,游娱中西悟玄妙。学性涵养在琢磨,涤濯身心无骄躁。”

本部译著由我与李醒民先生共同完成。我负责从“液体的形状”到“论能量守恒原理”的前八篇讲演、两篇附录以及索引部分,先生承担从“物理探究的经济本性”到“论古典著作和数学物理科学的教育”七篇讲演以及作者初版序等其余部分,并且对译文进行了通篇校对。先生著作等身，已出版的译著就有 15 部。其中《最后的沉思》自 1995 年由商务印书馆初版后，截至 2011 年共出版四个版本，九次印刷。《科学与假设》、《科学的价值》、《科学与方法》等译著，也深受广大读者的喜爱与好评。可以说，先生是学术翻译方面的斫轮老手，但是仍然孜孜矻矻耽于译事，以科学的求真精神揣摩译本，力求译文精确无误。先生反复叮嘱："译事责任重大，意义深远。我们要对逝去的马赫负责，对学术界和广大读者负责，这也是对自己负责。"我的十篇"处女译"经先生寓目后，先生对比原文逐字逐句修改，包括一些细枝末节如斜体和正体、符号和外文应该有的空格，中、英文的标点等等，并在改动之处打上记号，以方便比对。这种作坊师傅带徒弟式的指导，具体细微到令人感动的地步，也让我受益无穷。可以说，没有先生的鼓励，我不可能在译事上坚持不懈，循序渐进，进而初探堂奥；没有先生的指点，译文不可能以现在这样较为完善的面目面世。先生是在创造中体味生命意义的人，这次有机会合作，亲历先生"为求一字稳，耐得半宵寒"的严谨求实的治学精神，近距离领略先生"仁者不忧，知者不惑，勇者不惧"的君子之风，感受"自由思想者诗意的栖居和孤独的美"，实在是我的福气。

"旧学商量加邃密，新知培养转深沉。"尽管译者在迻译时"战战兢兢，如临深渊，如履薄冰"，但是绝不敢担保万无一失，译文难免有不当之处。诚请慧眼独具者匡我不逮，启妙觉于迷津。

庞晓光

2012 年 1 月 20 日

图书在版编目(CIP)数据

科学与哲学讲演录/(奥)马赫著;庞晓光,李醒民译.—北京:商务印书馆,2013(2023.12重印)
ISBN 978-7-100-09757-4

Ⅰ.①科… Ⅱ.①马…②庞…③李… Ⅲ.①科学哲学—文集 Ⅳ.①N02-53

中国版本图书馆CIP数据核字(2013)第006403号

科学与哲学讲演录
〔奥〕恩斯特·马赫 著
庞晓光 李醒民 译

商 务 印 书 馆 出 版
(北京王府井大街36号 邮政编码100710)
商 务 印 书 馆 发 行
北京虎彩文化传播有限公司印刷
ISBN 978-7-100-09757-4

2013年5月第1版 开本850×1168 1/32
2023年12月北京第3次印刷 印张13⅝ 插页2
定价:66.00元